“十二五”职业教育国家规划教材
经全国职业教育教材审定委员会审定

机械加工检测技术

主编 何兆凤
参编 马元国

机械工业出版社
CHINA MACHINE PRESS

本书是经全国职业教育教材审定委员会审定的“十二五”职业教育国家规划教材，是根据《教育部关于“十二五”职业教育教材建设的若干意见》及教育部最新颁布的中等职业学校相关专业教学标准，同时参考有关职业资格标准编写的。主要内容包括极限与配合、技术测量的基本知识及常用计量器具、几何公差、公差原则及其应用、表面粗糙度等。本书采用了最新国家标准；编排了大量的检测实例，以加强实践环节，体现“做中学、学中做”的理念；呈现形式新颖，每个模块按“知识目标”“情景导入”“任务要求”“知识准备”“技能训练”和“任务实施”六个环节组织内容。

本书可作为中等职业学校、技工院校机械类专业“机械加工检测技术”“公差配合与技术测量”课程教材，也可供企业培训部门、中级技能人才培训和工人自学使用。

为便于教学，本书配有习题集，独立成册，附夹于主教材中；本书配套有电子教案、助教课件等教学资源，选择本书作为教材的教师可登录 www. cmpedu. com 网站，注册、免费下载。

图书在版编目（CIP）数据

机械加工检测技术/何兆凤主编. —北京：机械工业出版社，2015. 10（2026. 2 重印）

“十二五”职业教育国家规划教材

ISBN 978-7-111-52776-3

Ⅰ. ①机… Ⅱ. ①何… Ⅲ. ①金属切削—检测—职业教育—教材 Ⅳ. ①TG80

中国版本图书馆 CIP 数据核字（2016）第 019376 号

机械工业出版社（北京市百万庄大街 22 号 邮政编码 100037）
策划编辑：王佳玮 责任编辑：王莉娜 王佳玮
责任校对：闫玥红 封面设计：张 静
责任印制：张 博
北京机工印刷厂有限公司印刷
2026 年 2 月第 1 版第 10 次印刷
184mm×260mm · 16. 5 印张 · 376 千字
标准书号：ISBN 978-7-111-52776-3
定价：49. 80 元

电话服务 网络服务
客服电话：010-88361066 机 工 官 网：www. cmpbook. com
010-88379833 机 工 官 博：weibo. com/cmp1952
010-68326294 金 书 网：www. golden-book. com

机工教育服务网：www. cmpedu. com

前　言

本书是根据教育部《关于中等职业教育专业技能课教材选题立项的函》（教职成司[2012] 95号），由全国机械职业教育教学指导委员会和机械工业出版社联合组织编写的“十二五”职业教育国家规划教材，是根据教育部最新公布的中等职业学校相关专业教学标准编写而成的。

机械加工检测技术课程是数控技术应用、机械加工技术等机械类专业必修的一门专业基础课，在生产实际中具有很强的实用性。本书结合编者多年职教实际教学和企业实际检测经验，经过广泛调研，吸纳现场工人许多简单、易行、准确的测量方法，力求体现以下特点：

（1）采用最新标准　书中涉及的标准和名词术语全部来自国家和行业的最新标准，反映了本行业的最新动态和技术发展方向，重点突出对“产品几何技术规范（GPS）”系列国标的贯彻。

（2）完善教学体系　根据数控技术应用、机械加工技术等机械类专业的实际需要，调整和完善教学体系，使之更符合教学需求，合理确定学生应具备的能力目标和知识结构，对教材内容的深度、难度做了适当调整，加强了实践性教学，以满足技能型人才培养的需求。

（3）尝试教学改革　根据一体化教学模式，将理论知识与实践操作融为一体，创建“做中学、学中做”的学习过程，设计课堂实验和实践活动，将抽象的理论知识形象化、生动化，实现教学改革。

（4）精心设计形式　打破以往的传统模式，按“知识目标”“情景导入”“任务要求”“知识准备”“技能训练”和“任务实施”六个环节，再配备实物照片和表格等，形成一套完整的教学体系，引起学生浓厚的学习兴趣，激发学生的学习热情，以便使其直观地理解和掌握所学知识。

（5）加强实践环节　涉及测量的相关内容，尽可能多地提供具有可操作性的检测实例，尤其是几何误差的检测，体现得更加充分。通过这种强化技能训练，会大大提高学生的动手能力，使其尽快掌握零件各种误差的检测方法。

本书由何兆凤任主编，马元国参加编写。本书经全国职业教育教材审定委员会审定，评审专家对本书提出了宝贵的建议，在此对他们表示感谢！在编写过程中，参考了相关教材和技术资料等文献，得到了有关教育部门、高等职业院校、相关企业和教材审核小组的大力支持，在此谨向原作者和以上各参与单位及人员致以衷心的感谢！

由于编者水平有限，恳请广大读者对书中的不足之处提出宝贵意见和建议。

编　者

目　录

机械加工检测技术习题集

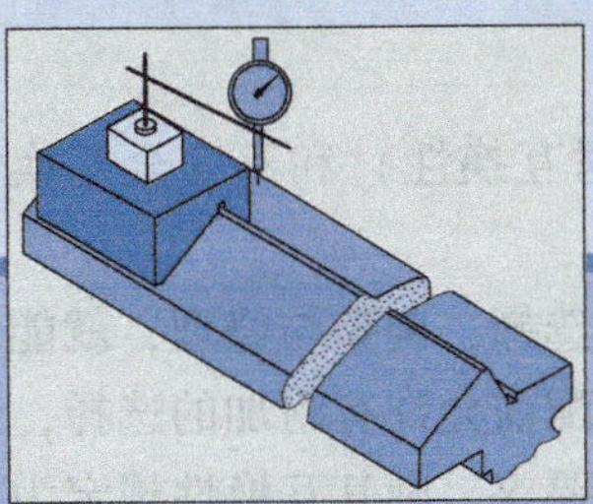

绪　论

一、互换性的概述

1. 互换性的含义

在日常生活中，通过简单地更换零件或部件的方式对台灯、自行车等生活用品进行维修或更换（图 0-1），不但可以方便人们的生活，而且也提高了产品的使用寿命。那么，什么是互换性呢？

图 0-1　互换性的日常应用

在机械制造业中，互换性是指制成的同一规格的一批零件或部件，不需作任何挑选、调整或辅助加工（如钳工修理），就能进行装配，并能满足机械产品的使用性能要求的一种特性。显然，互换性应同时具备两个条件，即不需挑选、不经修理就能进行装配；装配以后能满足使用要求。

2. 互换性的种类

互换性按其程度和范围的不同可分为完全互换性（又称绝对互换性）和不完全互换性（又称有限互换性）两种。

完全互换性是指同一规格的零件在装配或更换时，不需进行选择、调整与修理，就能达到预定的使用要求。完全互换性的应用范围最为广泛。零件在装配前允许有附加的选择，装配时允许有附加的调整但不允许修配，装配后能达到预定的使用要求，则其互换性规定为不完全互换性。当装配精度要求很高、零件的加工难度较大时，可采用不完全互换性。

分组装配法即属于典型的不完全互换性。当装配精度要求很高时，若采用完全互换性，会由于零件公差太小，导致加工难度和制造成本增高，此时应采用不完全互换性。将零件的制造公差适当放大使之便于加工，加工后零件按照尺寸大小分成若干组，然后按组相配，即大孔和大轴相配，小孔和小轴相配。此时，仅组内零件可以互换，组与组之间不可互换。这样，既降低了零件的加工难度，又保证了装配精度。例如，柴油机喷油器柱塞的装配，滚动轴承内、外圈与滚动体的装配，采用的就是分组装配法。

一般情况下，零部件生产需要厂际协作时应采用完全互换性，部件或构件在同一厂内制造和装配时，可采用不完全互换性。

3. 互换性的作用

互换性是工业化生产中的一个重要的技术经济原则。随着专业化、协作化生产模式的不断扩大和深入，互换性原则将更加广泛地被应用于产品设计、加工和装配、维护与修理等各个方面。

在设计方面，能最大限度地采用标准零部件和通用件，可缩短设计周期，对发展系列产品、改进产品性能将起到重要作用。

在制造方面，有利于组织大规模专业化生产，可提高产品质量和生产率，降低生产成本，促进生产发展。

在装配方面，便于实现装配自动化和提高装配效率，缩短装配周期，提高装配质量。

在使用维修方面，便于采用标准零部件和通用件及时对报损零部件进行更换，不仅可以缩短维修时间，而且可以保证维修质量。

二、几何量误差与公差

1. 几何量误差

要使零件具有互换性，就必须保证零件几何参数的准确性。但是零件在实际加工的过程中，由于机床精度、计量器具精度、操作者技术水平及生产环境等诸多因素的影响，其加工后的几何参数会不可避免地偏离设计的理想要求而产生误差，这种误差就是零件的几何量误差。几何量误差主要包括尺寸误差、几何误差和表面微观形状误差。把零件加工后几何参数所产生的差异称为加工误差。虽然零件的加工误差可能影响到零件的使用性能，但只要将其控制在一定的范围内，就仍能满足使用要求，也就是说仍可以保证零件的互换性要求。

2. 公差

为了控制几何量误差而提出了公差的概念。所谓公差就是零件几何参数在加工中允许的变动量。规定公差的目的是限制加工误差，控制加工精度。零件几何公差包括尺寸公差、形状公差、方向公差、位置公差、跳动公差和表面粗糙度等。只有将零件的几何量误差控制在相应的公差范围内，才能保证互换性的实现。

三、标准化

既然要用公差来控制几何量误差，就必须确定公差的大小和零件几何参数的相关要求，这就需要制定公差标准。公差标准是一项技术标准，是对产品的规格、技术质量及其检验方法等方面所做的技术规定。要实现互换性，就要严格按照统一的技术标准进行设计、制造、装配和检验。

技术标准按照对象特征的不同分为基础标准、产品标准、方法标准、安全和焊接保护标准等，其中的基础标准是通用性最强的标准。本书所介绍的极限与配合标准、几何公差标准、表面粗糙度标准等都属于基础标准。

标准化指制定标准、实施标准、修订标准和监督标准实施的社会活动的全过程。在现代化工业生产中，标准化是一项重要的技术措施。一种产品的制造涉及许多部门和企业，为了适应各个部门和企业之间在技术上相互协调的要求，必须有一个共同的技术标准，使独立、分散的部门和企业之间保持必要的技术统一，使相互联系的生产过程形成一个有机的整体，以保证实现互换性生产。所以，标准是保证互换性的基础，标准化是实现互换性生产的基础。

四、几何要素

几何要素存在于产品几何量的设计、工件、检验三个范畴中。设计的范畴，指设计者对未来工件的设计意图进行表述；工件的范畴，指物质和实体；检验的范畴，指通过计量器具对工件取样进行检验来表示给定的工件。

几何要素（简称要素）指构成零件几何特征的点、线、面。它有组成要素和导出要素之分，前者指零件上的面或面上的线；后者指由一个或几个组成要素得到的中心点、中心线或中心面。例如，球心是由球面得到的导出要素，该球面为组成要素；圆柱的中心线是由圆柱面得到的导出要素，该圆柱面为组成要素。

1. 公称组成要素

由技术制图或其他方法确定的理论正确组成要素称为公称组成要素，如图 0-2a 所示。

2. 公称导出要素

由一个或几个公称组成要素导出的中心点、轴线或中心平面称为公称导出要素，如图 0-2a 所示。

3. 工件实际表面

实际存在并将整个工件与周围介质分割开的一组要素称为工件实际表面。

4. 实际（组成）要素

由接近实际（组成）要素所限定的工件实际表面的组成要素部分称为实际（组成）要素，如图 0-2b 所示。

5. 提取组成要素

按规定方法，由实际（组成）要素提取有限数目的点所形成的实际要素的近似替代称

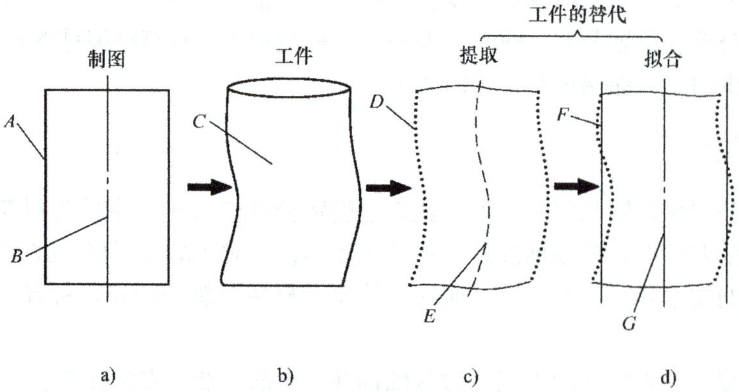

图 0-2　几何要素定义之间的相互关系

A—公称组成要素　*B*—公称导出要素　*C*—实际（组成）要素

D—提取组成要素　*E*—提取导出要素　*F*—拟合组成要素　*G*—拟合导出要素

为提取组成要素，如图 0-2c 所示。

6. 提取导出要素

由一个或几个提取组成要素得到的中心点、中心线或中心面称为提取导出要素，如图 0-2c 所示。

7. 拟合组成要素

按规定方法，由提取组成要素形成的具有理论形状的组成要素称为拟合组成要素，如图 0-2d 所示。

8. 拟合导出要素

由一个或几个拟合组成要素导出的中心点、轴线或中心平面称为拟合导出要素，如图 0-2d 所示。

五、本课程的性质、任务与基本要求

机械加工检测技术是中等职业技术学校数控技术应用专业或与机械类相近专业的一门技术基础课。设置本课程，是为了给专业课的学习和生产实习打下必要的基础。

本课程的任务是通过学习有关国家标准的基本规定，使学生具有识读和标注极限配合、几何公差、表面结构要求的能力；具有查阅标准公差和极限偏差等相关表格的能力；具备能根据不同零件选用适当的计量器具检测各种误差的能力。

通过本课程的学习，应使学生熟练掌握极限与配合的基本术语和计算方法；掌握常用量具和量仪的工作原理、使用方法及维护保养；知道几何公差代号和表面结构代号标注的含义。

复习思考题

1. 什么是互换性？按互换性原则组织生产有哪些优越性？
2. 互换性有哪两种？各适用于什么场合？
3. 几何要素是如何定义的？它通常分为哪两种？

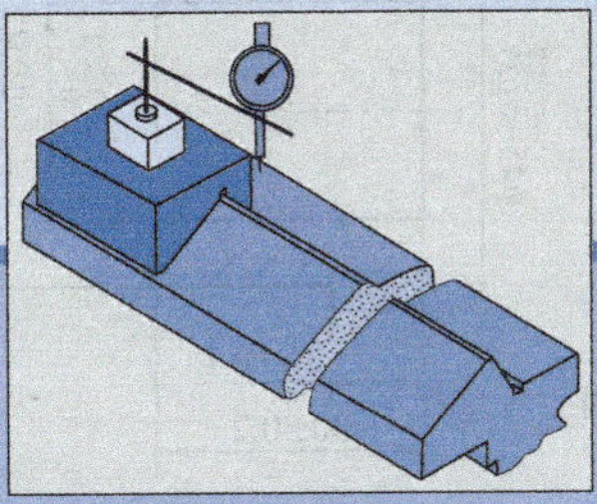

第一单元 极限与配合

GB/T 1800.1—2009《产品几何技术规范（GPS） 极限与配合 第1部分：公差、偏差和配合的基础》，GB/T 1800.2—2009《产品几何技术规范（GPS） 极限与配合 第2部分：标准公差等级和孔、轴极限偏差表》，GB/T 1801—2009《产品几何技术规范（GPS） 极限与配合 公差带和配合的选择》，GB/T 1804—2000《一般公差 未注公差的线性和角度尺寸的公差》是涉及面广、影响大的重要基础标准，适用于圆柱表面和由单一尺寸确定的几何形状的内、外表面的尺寸公差，以及由它们组成的配合。

课题一 基本术语及定义

知识目标

- 理解极限与配合的基本术语和定义。
- 掌握公称尺寸、极限尺寸、极限偏差、尺寸公差的概念。
- 能进行公称尺寸、极限尺寸、极限偏差、尺寸公差之间的换算。
- 能够熟练绘制、分析公差带图。

情景导入

图1-1所示为轴套。能否加工出与图样尺寸完全一样的零件？为什么？如果零件的尺寸与图示尺寸不一样，它能不能使用？怎样判断零件合格与否？

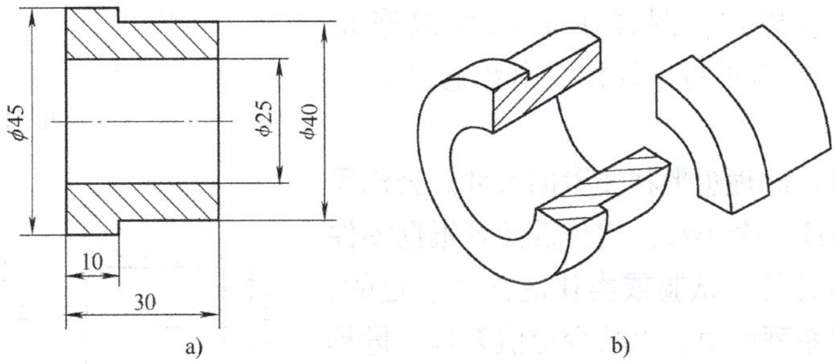

图1-1 轴套

a）全剖视图 b）立体图

任务要求

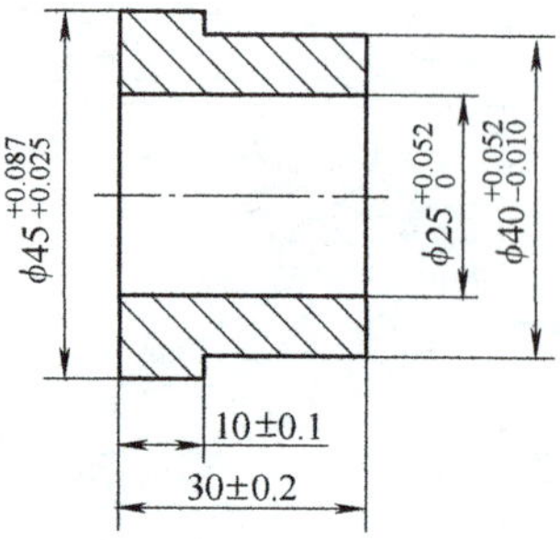

图 1-2　轴套零件图

1. 说明图 1-1 和图 1-2 尺寸标注的不同。

2. 读懂图 1-2 中各尺寸公差的含义。

3. 计算图 1-2 中各尺寸的尺寸公差、上极限尺寸和下极限尺寸。

4. 绘制轴 $\phi40^{+0.052}_{-0.010}$mm、轴 $\phi45^{+0.087}_{+0.025}$mm 和孔 $\phi25^{+0.052}_{0}$mm 的公差带图。

知识准备

一、孔和轴

1. 孔

通常指工件的圆柱形内尺寸要素，也包括非圆柱形内尺寸要素（由两平行平面或切面形成的包容面），如图 1-3a 所示。

2. 轴

通常指工件的圆柱形外尺寸要素，也包括非圆柱形外尺寸要素（由两平行平面或切面形成的包容面），如图 1-3b 所示。

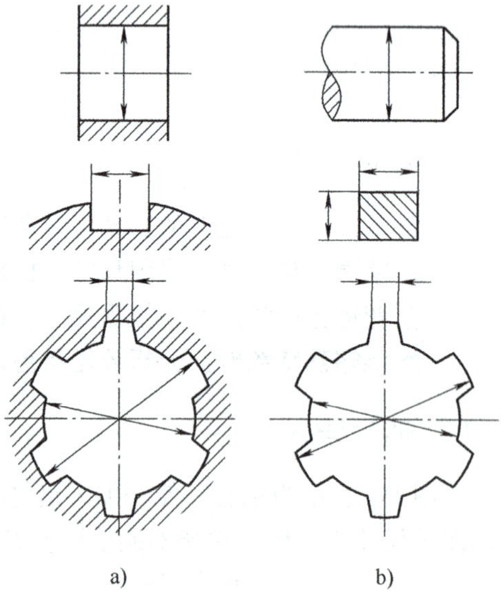

图 1-3　孔和轴
a）孔　b）轴

由定义可知，这里的孔和轴是广义的，既可以是圆柱形的，也可以是非圆柱形的。从装配关系看，零件装配后形成包容与被包容的关系，包容面统称为孔，被包容面统称为轴；从加工过程看，尺寸由小变大的为孔，尺寸由大变小的为轴。此外，孔、轴在测量上也有所不同，如用游标卡尺测孔时用内量爪，测轴时用外量爪。

二、尺寸

尺寸指以特定单位表示线性尺寸值（表示两点之间距离的长度）的数值，它包括直径、半径、宽度、高度及中心距等。尺寸由数字和特定单位两部分组成。国家标准规定，图样上的尺寸以毫米（mm）为单位时可省略不写，仅标注出数值即可。

1. 公称尺寸

由图样规范确定的理想形状要素的尺寸。公称尺寸可以是一个整数或一个小数，它是设计者根据零件的使用要求，通过计算、试验或类比的方法确定的，一般应按标准尺寸系列取值，以减少定值刀具、量具的规格和数量。孔的公称尺寸用 D 表示，轴的公称尺寸用 d 表示。如图 1-4 所示，ϕ10mm 为孔的公称

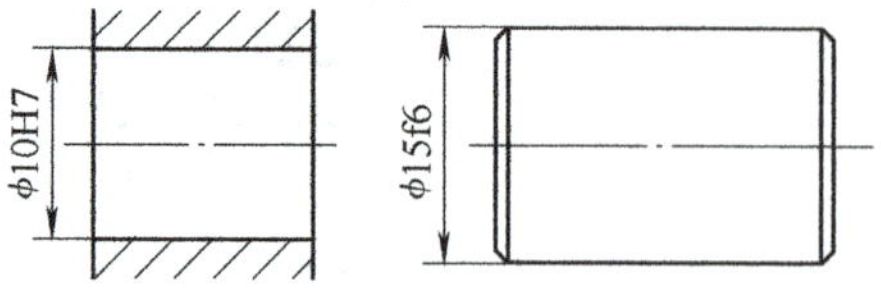

图 1-4　孔和轴的公称尺寸

尺寸，ϕ15mm 为轴的公称尺寸。

2. 提取组成要素的局部尺寸

一切提取组成要素上对应点之间的距离，即通过测量获得的某一孔、轴的尺寸，称为提取组成要素的局部尺寸，简称提取要素的局部尺寸。由于存在各种误差，同一表面不同部位的尺寸往往是不同的，同一部位多次测量的结果也往往不同，所以提取要素的局部尺寸并非被测尺寸的真值。提取要素的局部尺寸一般用两点法测量。孔的提取要素的局部尺寸用 D_a 表示，轴的提取要素的局部尺寸用 d_a 表示。如图 1-5 所示，ϕ10.01mm 为孔的提取要素的局部尺寸，ϕ14.98mm 为轴的提取要素的局部尺寸。

3. 极限尺寸

尺寸要素允许的尺寸的两个极端称为极限尺寸，如图 1-6 所示。提取要素的局部尺寸应位于其中，也可达到极限尺寸。尺寸要素允许的最大尺寸称为上极限尺寸，尺寸要素允许的最小尺寸称为下极限尺寸。孔的上极限尺寸用 D_{max} 表示，孔的下极限尺寸用 D_{min} 表示；轴的上极限尺寸用 d_{max} 表示，轴的下极限尺寸用 d_{min} 表示。

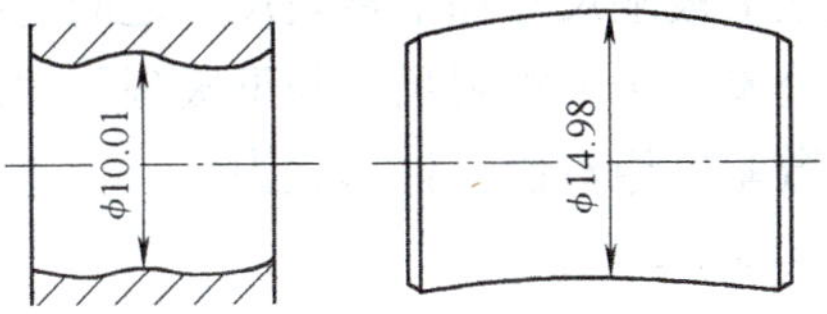

图 1-5　孔和轴的提取要素的局部尺寸

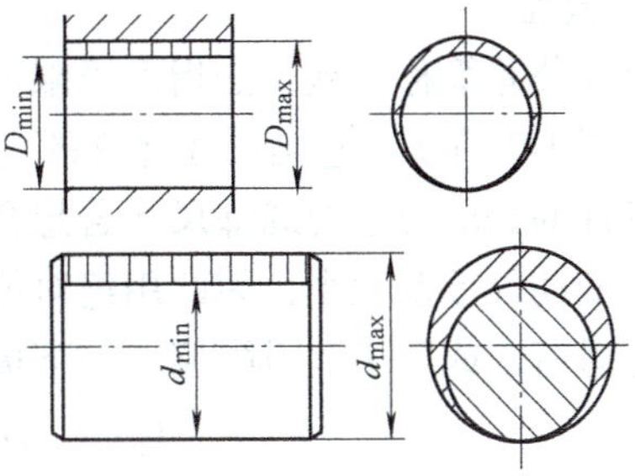

图 1-6　孔和轴的极限尺寸

三、偏差与公差

1. 偏差

某一尺寸（提取要素的局部尺寸、极限尺寸等）减其公称尺寸所得的代数差称为偏差。根据某一尺寸的不同，偏差可分为极限偏差和实际偏差两种。

（1）极限偏差　极限尺寸减其公称尺寸所得的代数差称为极限偏差。由于极限尺寸有上极限尺寸和下极限尺寸两种，因而极限偏差有上极限偏差和下极限偏差之分，如图 1-7 所示。

1）上极限偏差。上极限尺寸减其公称尺寸所得的代数差称为上极限偏差。孔和轴的上极限偏差分别用符号 ES 和 es 表示，用公式表示为

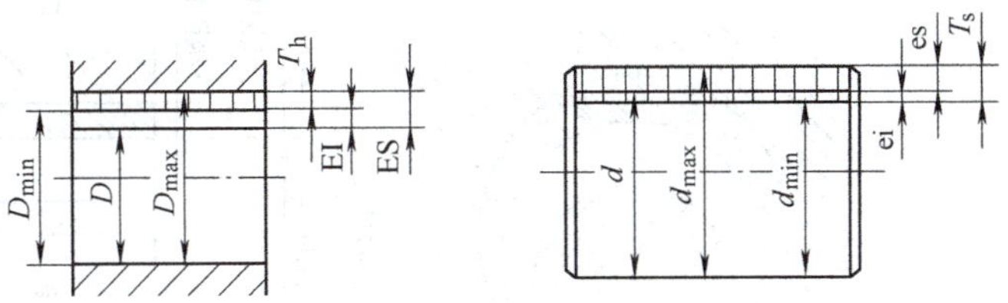

图 1-7　极限偏差和公差

$$ES = D_{max} - D$$
$$es = d_{max} - d$$

2）下极限偏差。下极限尺寸减其公称尺寸所得的代数差称为下极限偏差。孔和轴的下极限偏差分别用符号 EI 和 ei 表示，用公式表示为

$$EI = D_{min} - D$$

$$ei = d_{min} - d$$

标注极限偏差时，上极限偏差应注在公称尺寸的右上方，下极限偏差注在公称尺寸的右下方，与公称尺寸在同一底线上，且上极限偏差必须大于下极限偏差；偏差数字的字体比尺寸数字的字体小一号，小数点必须对齐，小数点后的位数也必须相同，如 $\phi 20^{+0.098}_{+0.065}$ mm、$\phi 40^{-0.310}_{-0.560}$ mm。当上极限偏差或下极限偏差为零时，也必须标注在相应的位置上，不可省略，并与上极限偏差或下极限偏差的小数点前的个位数对齐，如 $\phi 100^{\ 0}_{-0.087}$ mm、$\phi 50^{+0.025}_{\ 0}$ mm。当上、下极限偏差数值相同、符号相反时，须简化标注，偏差数字的字体高度与尺寸数字的字体高度相同，如（$\phi 80 \pm 0.023$）mm、（$\phi 50 \pm 0.035$）mm。

极限偏差是用代数差来定义的，由于极限尺寸可能大于、小于或等于公称尺寸，所以极限偏差可以为正值、负值或零。使用偏差时，除零外，前面必须标上相应的“+”号或“-”号。

（2）实际偏差　提取要素的局部尺寸减其公称尺寸所得的代数差称为实际偏差。合格零件的实际偏差应在规定的极限偏差范围内。

2. 公差

尺寸公差简称公差，是指上极限尺寸减下极限尺寸之差，或上极限偏差减下极限偏差之差，如图 1-7 所示。它是尺寸允许的变动量。孔和轴的公差分别用符号 T_h 和 T_s 表示 。

零件的提取要素的局部尺寸若想合格，则只能在上极限尺寸和下极限尺寸之间的范围内变动。变动仅涉及大小，因此用绝对值定义。所以公差等于上极限尺寸与下极限尺寸之代数差的绝对值，或等于上极限偏差与下极限偏差的代数差的绝对值，计算式为

$$T_h = |D_{max} - D_{min}| = |ES - EI|$$

$$T_s = |d_{max} - d_{min}| = |es - ei|$$

应当指出，公差与偏差是两个不同的概念，公差是用绝对值来定义的，没有正负之分，所以前面不能标“+”号或“-”号，而且零件在加工时不可避免地存在着各种误差，其提取要素的局部尺寸的大小总是变动的，所以公差不能为零。

图 1-8 所示是极限与配合的一个示意图，它表明了两个相互结合的孔、轴的公称尺寸、极限尺寸、极限偏差与公差的相互关系。

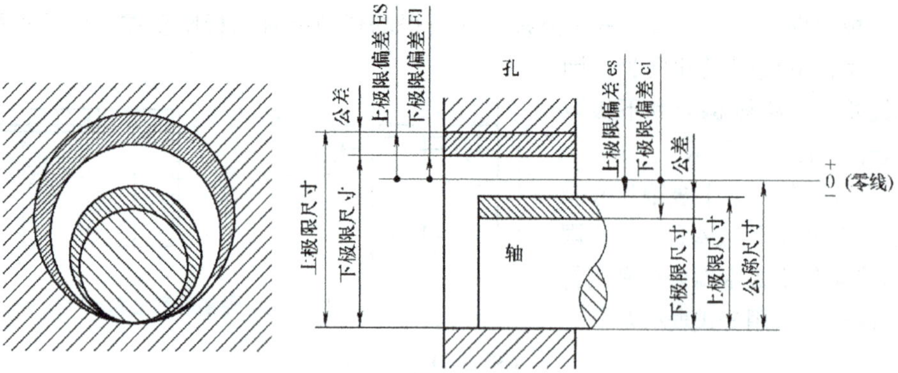

图 1-8　极限与配合示意图

3. 极限与配合图解

由于公差和偏差的数值比公称尺寸小得太多，不便于用同一比例表示，为此，在实际应

用中一般不画出孔和轴的全形，只将公差值按规定放大画出，这种图称为极限与配合图解（简称公差带图），如图1-9所示。公差带图由零线和公差带组成。

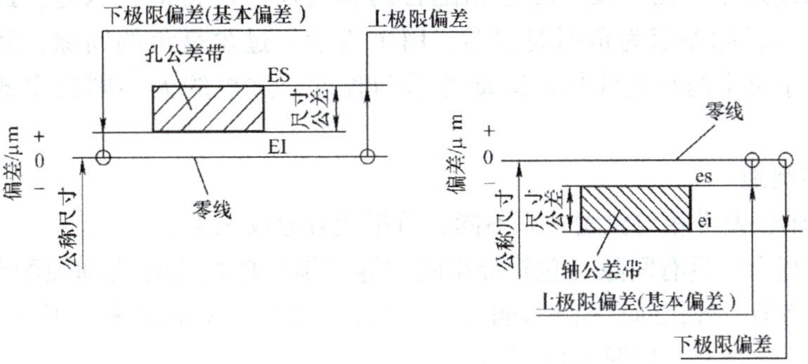

图1-9　公差带图

（1）零线　在极限与配合图解中，表示公称尺寸的一条直线称为零线，以其为基准确定偏差和公差。通常，公差带图的零线水平放置，正偏差位于零线的上方，负偏差位于零线的下方，零偏差与零线重合。公称尺寸通常用毫米（mm）表示，偏差和公差用微米（μm）表示。

（2）公差带　在公差带图中，由代表上极限偏差和下极限偏差或上极限尺寸和下极限尺寸的两条直线所限定的一个区域称为公差带。公差带由公差带大小和公差带位置两个要素组成，前者指公差带在零线垂直方向上的宽度，由标准公差确定；后者指公差带相对于零线的位置，由基本偏差确定。画公差带图时，应注意孔、轴公差带剖面线方向和疏密程度。

练一练

画出孔 $\phi 50^{+0.025}_{0}$mm 和轴 $\phi 50^{-0.025}_{-0.041}$mm 的公差带图。

解析

1）画零线，在其左侧标注出“0”“+”“−”，并在零线的左下方画出单箭头尺寸线，注出公称尺寸 ϕ50mm。

2）选适当比例，画出孔、轴公差带，并将极限偏差数值标注在右侧，如图1-10所示。

3）用粗实线绘制表示公差带的矩形方框，并在方框内画剖面线。

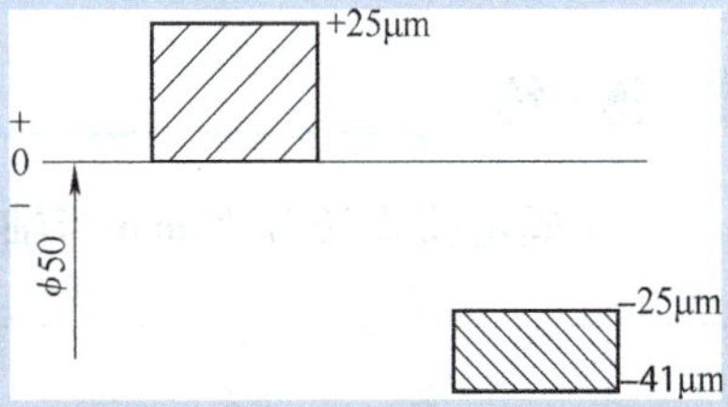

图1-10　练一练图

4. 极限制

经标准化的公差与偏差制度称为极限制。为了使公差带标准化，国家标准相应提出了标准公差和基本偏差两个术语，本单元课题二将详细介绍。

四、配合

1. 配合的基本概念

（1）配合　公称尺寸相同并且相互结合的孔和轴公差带之间的关系称为配合。由于配合指一批孔、轴的装配关系，而不是指单个孔和单个轴的相配关系，所以用公差带关系来反映配合比较确切。

（2）间隙或过盈　孔的尺寸减去相配合的轴的尺寸所得的代数差，此差值为正时是间隙，用 X 表示；此差值为负时是过盈，用 Y 表示。过盈是负的间隙，间隙就是负的过盈。间隙的大小决定两相配件相对运动的活动程度，过盈的大小则决定两相配件连接的牢固程度。

2. 配合的类别

根据孔、轴公差带相对位置关系不同，可把配合分成三类。

（1）间隙配合　具有间隙（包括最小间隙等于零）的配合称为间隙配合。间隙配合必须保证同一规格的一批孔的直径大于或等于相互配合的一批轴的直径。其配合特点是孔的公差带在轴的公差带之上，如图 1-11 所示。

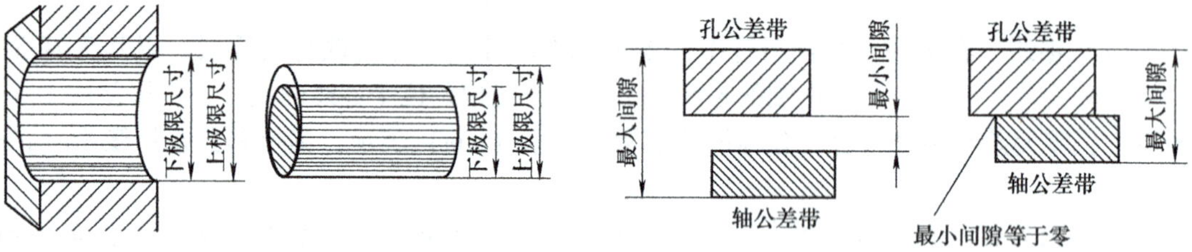

图 1-11　间隙配合

最大间隙用 X_{max} 表示，最小间隙用 X_{min} 表示。确定最大间隙和最小间隙时用下列公式

$$X_{max} = D_{max} - d_{min} = (D + \mathrm{ES}) - (d + \mathrm{ei}) = \mathrm{ES} - \mathrm{ei}$$

$$X_{min} = D_{min} - d_{max} = (D + \mathrm{EI}) - (d + \mathrm{es}) = \mathrm{EI} - \mathrm{es}$$

最大间隙和最小间隙统称极限间隙。

任何间隙配合，若孔、轴加工合格，则其实际间隙 X 均应满足关系式 $X_{min} \leqslant X \leqslant X_{max}$。

练一练

试确定孔 $\phi 30^{+0.021}_{0}$mm 与轴 $\phi 30^{-0.020}_{-0.033}$mm 配合的极限间隙。

解析

$$X_{max} = \mathrm{ES} - \mathrm{ei} = +0.021 - (-0.033) = +0.054\mathrm{mm} = +54\mu\mathrm{m}$$

$$X_{min} = \mathrm{EI} - \mathrm{es} = 0 - (-0.020) = +0.020\mathrm{mm} = +20\mu\mathrm{m}$$

（2）过盈配合　具有过盈（包括最小过盈等于零）的配合称为过盈配合。过盈配合必须保证同一规格的一批孔的直径小于或等于相互配合的一批轴的直径。其配合特点是孔的公差带在轴的公差带之下，如图 1-12 所示。

最大过盈用 Y_{max} 表示，最小过盈用 Y_{min} 表示。确定最大过盈和最小过盈时用下列公式

$$Y_{max} = D_{min} - d_{max} = (D + \mathrm{EI}) - (d + \mathrm{es}) = \mathrm{EI} - \mathrm{es}$$

$$Y_{min} = D_{max} - d_{min} = (D + \mathrm{ES}) - (d + \mathrm{ei}) = \mathrm{ES} - \mathrm{ei}$$

最大过盈和最小过盈统称极限过盈。

任何过盈配合，若孔、轴加工合格，则其实际过盈均应满足关系式 $Y_{max} \leq Y \leq Y_{min}$。

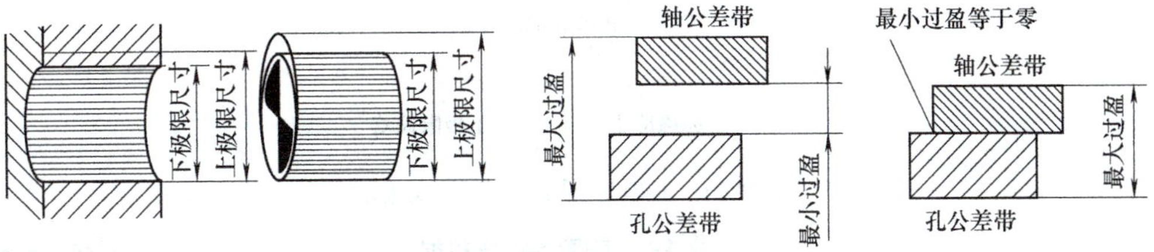

图 1-12　过盈配合

(3) 过渡配合　可能具有间隙或过盈的配合称为过渡配合。过渡配合中，同一规格的一批孔的直径可能大于、小于或等于相互配合的一批轴的直径。其配合特点是孔的公差带与轴的公差带相互交叠，如图 1-13 所示。

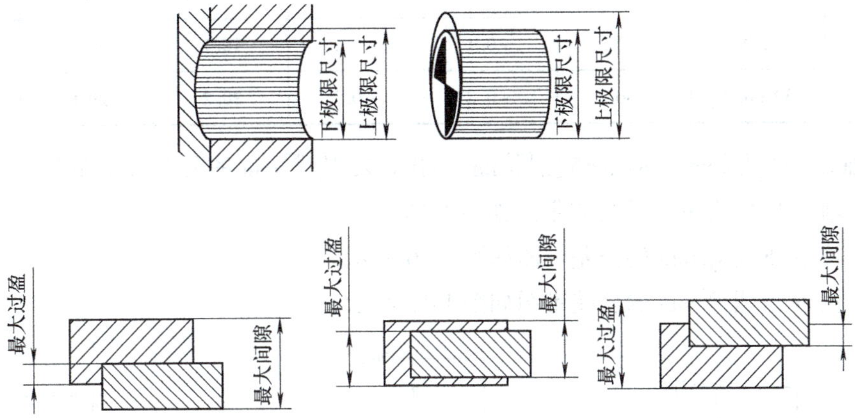

图 1-13　过渡配合

在过渡配合中，当孔的尺寸大于轴的尺寸时形成间隙，反之形成过盈；当孔的尺寸和轴的尺寸相等时形成零间隙或零过盈，但它不能代表过渡配合的性质特征。过渡配合松紧程度的特征值是最大间隙和最大过盈。最大间隙表示过渡配合中最松的状态，最大过盈表示过渡配合中最紧的状态。其计算公式同上。

任何过渡配合，若孔、轴加工合格，则实际间隙或实际过盈均应满足关系式 $Y_{max} \leq X$ 或 $Y \leq X_{max}$。

任务实施

1. 图 1-1 公称尺寸的后面没有给出公差，而图 1-2 各尺寸的后面都标注了公差。

2. 图 1-2 中尺寸公差的含义以轴 $\phi 40^{+0.052}_{-0.010}$mm 为例进行分析，如图 1-14 所示。

3. 轴套的上极限偏差、下极限偏差、上极限尺寸、下极限尺寸和公差的计算结果见表 1-1。

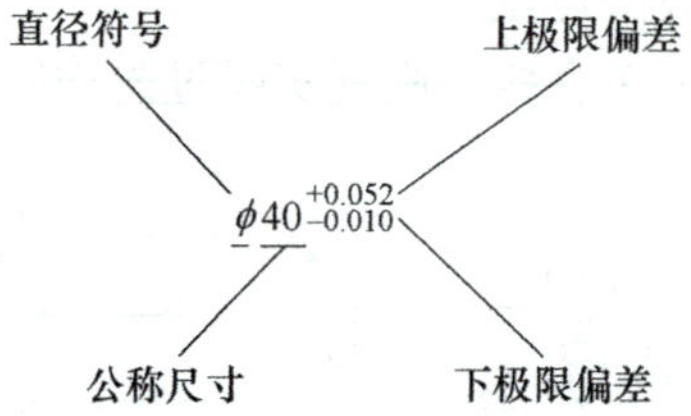

图 1-14 $\phi 40^{+0.052}_{-0.010}$mm 尺寸公差标注

表 1-1 轴套的计算数据 （单位：mm）

序号	标注尺寸	公称尺寸	上极限偏差	下极限偏差	上极限尺寸	下极限尺寸	公差值
1	$\phi 40^{+0.052}_{-0.010}$	$\phi 40$	+0.052	-0.010	$\phi 40.052$	$\phi 39.990$	0.062
2	$\phi 45^{+0.087}_{+0.025}$	$\phi 45$	+0.087	+0.025	$\phi 45.087$	$\phi 45.025$	0.062
3	$\phi 25^{+0.052}_{0}$	$\phi 25$	+0.052	0	$\phi 25.052$	$\phi 25$	0.052
4	10 ±0.1	10	+0.1	-0.1	10.1	9.9	0.2
5	30 ±0.2	30	+0.2	-0.2	30.2	29.8	0.4

4. 轴 $\phi 40^{+0.052}_{-0.010}$mm、轴 $\phi 45^{+0.087}_{+0.025}$mm 和孔 $\phi 25^{+0.052}_{0}$mm 的公差带图如下。

（1）轴 $\phi 40^{+0.052}_{-0.010}$ mm 的公差带图如图 1-15 所示。

（2）轴 $\phi 45^{+0.087}_{+0.025}$mm 的公差带图如图 1-16 所示。

（3）孔 $\phi 25^{+0.052}_{0}$mm 的公差带图如图 1-17 所示。

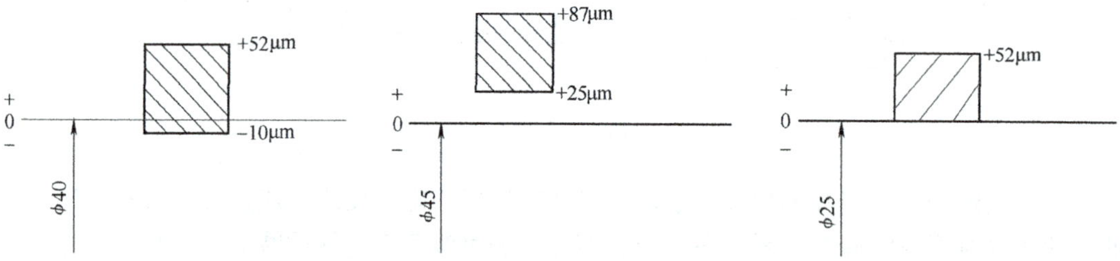

图 1-15 轴 $\phi 40^{+0.052}_{-0.010}$mm 的公差带图

图 1-16 轴 $\phi 45^{+0.087}_{+0.025}$mm 的公差带图

图 1-17 孔 $\phi 25^{+0.052}_{0}$mm 的公差带图

课题二 公差带的标准化

公差带的标准化指公差带大小和公差带位置的标准化，这是极限与配合标准的核心内容。

知识目标

- 掌握标准公差、基本偏差的概念。

- 会查标准公差、极限偏差数值表。
- 知道公差带代号和配合代号的意义。
- 熟悉两种配合制。
- 能根据公差带代号和配合代号判断其配合类别和采用的配合制。
- 了解一般公差的概念。
- 知道标准温度的数值和意义。

情景导入

图 1-18 所示为连接轴。图中有三种尺寸标注形式：一种注写了尺寸公差，如$42^{+0.2}_{0}$mm 和（18 ±0.1）mm；另一种在公称尺寸后面标有字母和数字，如 ϕ45h7、ϕ25f7、ϕ10H8 和 16M8；第三种是公称尺寸后面没有注写公差，如 78mm、15mm 和 *C*1。那么，ϕ45h7、ϕ25f7、ϕ10H8 和 16M8 尺寸后面的字母及数字表示何意？78mm、15mm 和 *C*1 这三个尺寸是没有公差要求吗？

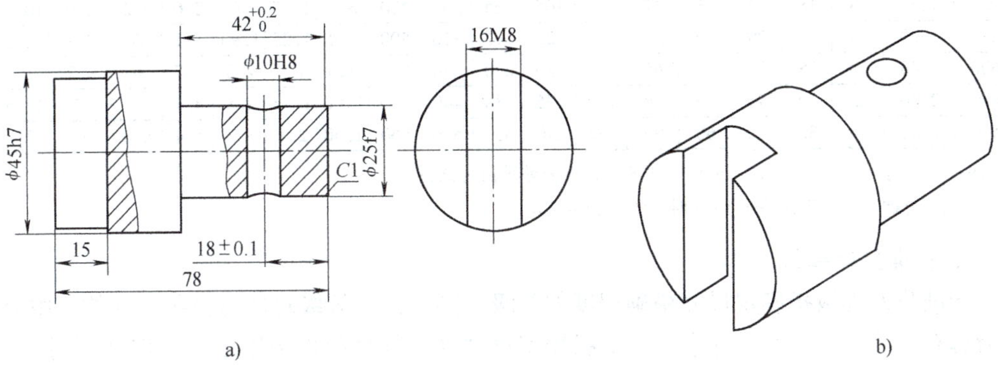

图 1-18　连接轴
a) 图样　b) 立体图

任务要求

1. 识读图 1-18 中各公差带代号的意义。
2. 查极限偏差数值表确定 ϕ45h7、ϕ25f7、ϕ10H8 和 16M8 的极限偏差。
3. 查表确定 78mm、15mm 和 *C*1 未注公差尺寸的极限偏差。

知识准备

一、标准公差系列

标准公差（IT）是指标准极限与配合制中列出的，用以确定公差带大小的任一公差。由若干标准公差所组成的系列称为标准公差系列，它以表格的形式列出，称为标准公差数值表，见表 1-2。由此表可以看出标准公差的数值大小仅与两个因素有关：标准公差等级和公称尺寸分段。

表 1-2 公称尺寸至 3150mm 的标准公差数值

公称尺寸/mm		标准公差等级																	
		IT1	IT2	IT3	IT4	IT5	IT6	IT7	IT8	IT9	IT10	IT11	IT12	IT13	IT14	IT15	IT16	IT17	IT18
大于	至	μm											mm						
—	3	0.8	1.2	2	3	4	6	10	14	25	40	60	0.1	0.14	0.25	0.4	0.6	1	1.4
3	6	1	1.5	2.5	4	5	8	12	18	30	48	75	0.12	0.18	0.3	0.48	0.75	1.2	1.8
6	10	1	1.5	2.5	4	6	9	15	22	36	58	90	0.15	0.22	0.36	0.58	0.9	1.5	2.2
10	18	1.2	2	3	5	8	11	18	27	43	70	110	0.18	0.27	0.43	0.7	1.1	1.8	2.7
18	30	1.5	2.5	4	6	9	13	21	33	52	84	130	0.21	0.33	0.52	0.84	1.3	2.1	3.3
30	50	1.5	2.5	4	7	11	16	25	39	62	100	160	0.25	0.39	0.62	1	1.6	2.5	3.9
50	80	2	3	5	8	13	19	30	46	74	120	190	0.3	0.46	0.74	1.2	1.9	3	4.6
80	120	2.5	4	6	10	15	22	35	54	87	140	220	0.35	0.54	0.87	1.4	2.2	3.5	5.4
120	180	3.5	5	8	12	18	25	40	63	100	160	250	0.4	0.63	1	1.6	2.5	4	6.3
180	250	4.5	7	10	14	20	29	46	72	115	185	290	0.46	0.72	1.15	1.85	2.9	4.6	7.2
250	315	6	8	12	16	23	32	52	81	130	210	320	0.52	0.81	1.3	2.1	3.2	5.2	8.1
315	400	7	9	13	18	25	36	57	89	140	230	360	0.57	0.89	1.4	2.3	3.6	5.7	8.9
400	500	8	10	15	20	27	40	63	97	155	250	400	0.63	0.97	1.55	2.5	4	6.3	9.7
500	630	9	11	16	22	32	44	70	110	175	280	440	0.7	1.1	1.75	2.8	4.4	7	11
630	800	10	13	18	25	36	50	80	125	200	320	500	0.8	1.25	2	3.2	5	8	12.5
800	1000	11	15	21	28	40	56	90	140	230	360	560	0.9	1.4	2.3	3.6	5.6	9	14
1000	1250	13	18	24	33	47	66	105	165	260	420	660	1.05	1.65	2.6	4.2	6.6	10.5	16.5
1250	1600	15	21	29	39	55	78	125	195	310	500	780	1.25	1.95	3.1	5	7.8	12.5	19.5
1600	2000	18	25	35	46	65	92	150	230	370	600	920	1.5	2.3	3.7	6	9.2	15	23
2000	2500	22	30	41	55	78	110	175	280	440	700	1100	1.75	2.8	4.4	7	11	17.5	28
2500	3150	26	36	50	68	96	135	210	330	540	860	1350	2.1	3.3	5.4	8.6	13.5	21	33

注：1. 公称尺寸大于 500mm 的 IT1 ~ IT5 的标准公差数值为试行。
2. 公称尺寸小于或等于 1mm 时，无 IT14 ~ IT18。

1. 标准公差等级

标准公差等级指确定尺寸精确程度的等级。同一公差等级对所有公称尺寸的一组公差被认为具有同等精确程度。标准公差等级用字母“IT”加阿拉伯数字表示。IT 表示标准公差，阿拉伯数字表示公差等级数字。国家标准在公称尺寸至 500mm 内，规定了 IT01，IT0，IT1，…,IT18 共 20 个标准公差等级，但 IT01 和 IT0 在工业上很少用到，因而将其数值列入表 1-3 中。从 IT01 至 IT18，公差等级依次降低，而相应的标准公差数值依次增大，即 IT01 级精度最高，IT18 级精度最低。

表 1-3 IT01 和 IT0 的标准公差数值

公称尺寸/mm		标准公差等级		公称尺寸/mm		标准公差等级	
		IT01	IT0			IT01	IT0
大于	至	公差/μm		大于	至	公差/μm	
—	3	0.3	0.5	80	120	1	1.5
3	6	0.4	0.6	120	180	1.2	2
6	10	0.4	0.6	180	250	2	3
10	18	0.5	0.8	250	315	2.5	4
18	30	0.6	1	315	400	3	5
30	50	0.6	1	400	500	4	6
50	80	0.8	1.2				

2. 公称尺寸

在确定标准公差数值时，每一个公称尺寸都可计算出一个相应的公差值。但在生产实践中公称尺寸很多，就会形成极为庞大的公差数值表，这样既不实用，也没必要，反而会给生产带来困难。为了减少公差数目，简化表格，便于实现标准化，必须对公称尺寸进行分段，即在同一标准公差等级下，对同一尺寸段的所有公称尺寸规定相同的标准公差值。为此，国家标准规定对公称尺寸至3150mm进行分段，见表1-4。

表 1-4 公称尺寸分段 （单位：mm）

主段落		中间段落		主段落		中间段落	
大于	至	大于	至	大于	至	大于	至
— 3 6	3 6 10	无细分段		50	80	50 65	65 80
10	18	10 14	14 18	80	120	80 100	100 120
18	30	18 24	24 30	120	180	120 140 160	140 160 180
30	50	30 40	40 50	180	250	180 200 225	200 225 250
250	315	250 280	280 315	800	1000	800 900	900 1000
315	400	315 355	355 400	1000	1250	1000 1120	1120 1250
400	500	400 450	450 500	1250	1600	1250 1400	1400 1600
500	630	500 560	560 630	1600	2000	1600 1800	1800 2000
				2000	2500	2000 2240	2240 2500
630	800	630 710	710 800	2500	3150	2500 2800	2800 3150

从标准公差数值表不难看出：标准公差等级相同时，随着公称尺寸的增大，标准公差数值也随之增大。这是因为在相同的加工精度条件下，加工误差是随着公称尺寸的增大而增大的。尽管不同的公称尺寸所对应的标准公差数值不同，却具有相同的精度，即相同的加工难易程度。

二、基本偏差系列

基本偏差指标准极限与配合制中，用来确定公差带相对零线位置的那个极限偏差。它可以是上极限偏差或下极限偏差，一般指靠近零线的那个极限偏差。当公差带在零线以上时，其基本偏差为下极限偏差；当公差带在零线以下时，基本偏差为上极限偏差，如图 1-19 所示。基本偏差是决定公差带位置的参数。为了实现公差带位置的标准化，满足孔和轴配合松紧程度的不同要求，国家标准规定孔和轴各有 28 个基本偏差，如图 1-20 所示。这些不同的标准化了的基本偏差代号便构成了基本偏差系列。

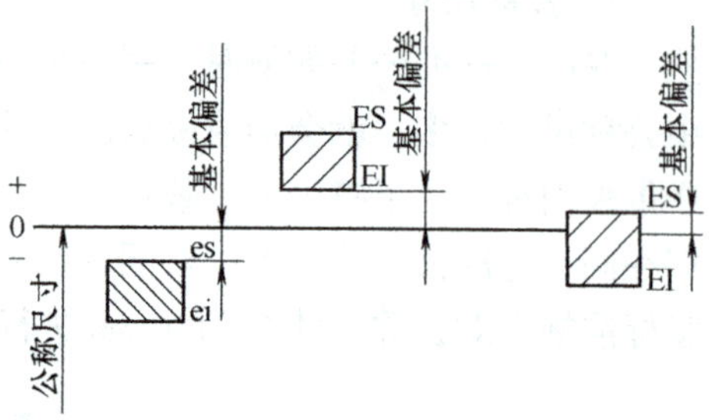

图 1-19　基本偏差

基本偏差代号用拉丁字母表示，大写字母表示孔，小写字母表示轴。其中 JS 和 js 完全对称于零线；H 和 h 的基本偏差均为零，即 H 的下极限偏差 EI = 0，h 的上极限偏差 es = 0。轴的基本偏差数值见表 1-5，孔的基本偏差数值见表 1-6。

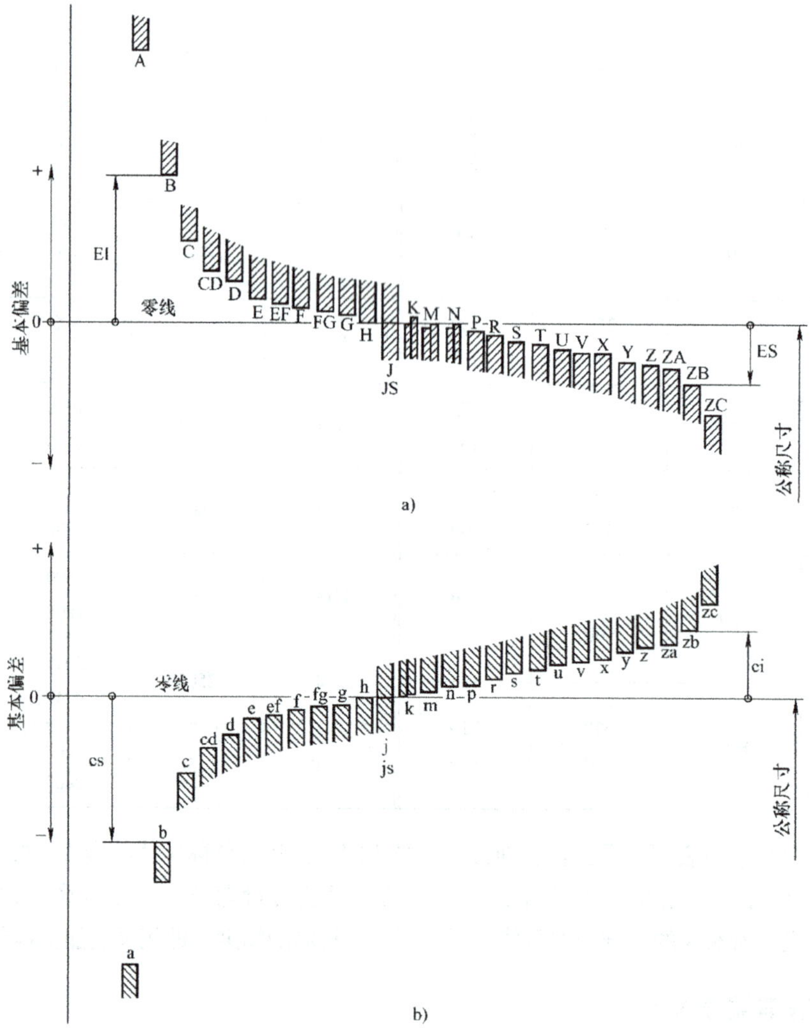

图 1-20　基本偏差系列

a）孔　b）轴

表 1-5 轴的基本偏差数值 （单位：μm）

公称尺寸/mm		基本偏差数值																
		上极限偏差 es												下极限偏差 ei				
大于	至	所有标准公差等级												IT5和IT6	IT7	IT8	IT4 ~ IT7	≤IT3 >IT7
		a	b	c	cd	d	e	ef	f	fg	g	h	js	j			k	
—	3	-270	-140	-60	-34	-20	-14	-10	-6	-4	-2	0	偏差 = ±$\frac{IT_n}{2}$，式中IT_n是IT数值	-2	-4	-6	0	0
3	6	-270	-140	-70	-46	-30	-20	-14	-10	-6	-4	0		-2	-4		+1	0
6	10	-280	-150	-80	-56	-40	-25	-18	-13	-8	-5	0		-2	-5		+1	0
10	14	-290	-150	-95		-50	-32		-16		-6	0		-3	-6		+1	0
14	18																	
18	24	-300	-160	-110		-65	-40		-20		-7	0		-4	-8		+2	0
24	30																	
30	40	-310	-170	-120		-80	-50		-25		-9	0		-5	-10		+2	0
40	50	-320	-180	-130														
50	65	-340	-190	-140		-100	-60		-30		-10	0		-7	-12		+2	0
65	80	-360	-200	-150														
80	100	-380	-220	-170		-120	-72		-36		-12	0		-9	-15		+3	0
100	120	-410	-240	-180														
120	140	-460	-260	-200		-145	-85		-43		-14	0		-11	-18		+3	0
140	160	-520	-280	-210														
160	180	-580	-310	-230														
180	200	-660	-340	-240		-170	-100		-50		-15	0		-13	-21		+4	0
200	225	-740	-380	-260														
225	250	-820	-420	-280														
250	280	-920	-480	-300		-190	-110		-56		-17	0		-16	-26		+4	0
280	315	-1050	-540	-330														
315	355	-1200	-600	-360		-210	-125		-62		-18	0		-18	-28		+4	0
355	400	-1350	-680	-400														
400	450	-1500	-760	-440		-230	-135		-68		-20	0		-20	-32		+5	0
450	500	-1650	-840	-480														
500	560					-260	-145		-76		-22	0					0	0
560	630																	
630	710					-290	-160		-80		-24	0					0	0
710	800																	
800	900					-320	-170		-86		-26	0					0	0
900	1000																	
1000	1120					-350	-195		-98		-28	0					0	0
1120	1250																	
1250	1400					-390	-220		-110		-30	0					0	0
1400	1600																	
1600	1800					-430	-240		-120		-32	0					0	0
1800	2000																	
2000	2240					-480	-260		-130		-34	0					0	0
2240	2500																	
2500	2800					-520	-290		-145		-38	0					0	0
2800	3150																	

（续）

公称尺寸/mm		基本偏差数值													
		下极限偏差 ei													
大于	至	所有标准公差等级													
		m	n	p	r	s	t	u	v	x	y	z	za	zb	zc
—	3	+2	+4	+6	+10	+14		+18		+20		+26	+32	+40	+60
3	6	+4	+8	+12	+15	+19		+23		+28		+35	+42	+50	+80
6	10	+6	+10	+15	+19	+23		+28		+34		+42	+52	+67	+97
10	14	+7	+12	+18	+23	+28		+33		+40		+50	+64	+90	+130
14	18								+39	+45		+60	+77	+108	+150
18	24	+8	+15	+22	+28	+35		+41	+47	+54	+63	+73	+98	+136	+188
24	30						+41	+48	+55	+64	+75	+88	+118	+160	+218
30	40	+9	+17	+26	+34	+43	+48	+60	+68	+80	+94	+112	+148	+200	+274
40	50						+54	+70	+81	+97	+114	+136	+180	+242	+325
50	65	+11	+20	+32	+41	+53	+66	+87	+102	+122	+144	+172	+226	+300	+405
65	80				+43	+59	+75	+102	+120	+146	+174	+210	+274	+360	+480
80	100	+13	+23	+37	+51	+71	+91	+124	+146	+178	+214	+258	+335	+445	+585
100	120				+54	+79	+104	+144	+172	+210	+254	+310	+400	+525	+690
120	140	+15	+27	+43	+63	+92	+122	+170	+202	+248	+300	+365	+470	+620	+800
140	160				+65	+100	+134	+190	+228	+280	+340	+415	+535	+700	+900
160	180				+68	+108	+146	+210	+252	+310	+380	+465	+600	+780	+1000
180	200	+17	+31	+50	+77	+122	+166	+236	+284	+350	+425	+520	+670	+880	+1150
200	225				+80	+130	+180	+258	+310	+385	+470	+575	+740	+960	+1250
225	250				+84	+140	+196	+284	+340	+425	+520	+640	+820	+1050	+1350
250	280	+20	+34	+56	+94	+158	+218	+315	+385	+475	+580	+710	+920	+1200	+1550
280	315				+98	+170	+240	+350	+425	+525	+650	+790	+1000	+1300	+1700
315	355	+21	+37	+62	+108	+190	+268	+390	+475	+590	+730	+900	+1150	+1500	+1900
355	400				+114	+208	+294	+435	+530	+660	+820	+1000	+1300	+1650	+2100
400	450	+23	+40	+68	+126	+232	+330	+490	+595	+740	+920	+1100	+1450	+1850	+2400
450	500				+132	+252	+360	+540	+660	+820	+1000	+1250	+1600	+2100	+2600
500	560	+26	+44	+78	+150	+280	+400	+600							
560	630				+155	+310	+450	+660							
630	710	+30	+50	+88	+175	+340	+500	+740							
710	800				+185	+380	+560	+840							
800	900	+34	+56	+100	+210	+430	+620	+940							
900	1000				+220	+470	+680	+1050							
1000	1120	+40	+66	+120	+250	+520	+780	+1150							
1120	1250				+260	+580	+840	+1300							
1250	1400	+48	+78	+140	+300	+640	+960	+1450							
1400	1600				+330	+720	+1050	+1600							
1600	1800	+58	+92	+170	+370	+820	+1200	+1850							
1800	2000				+400	+920	+1350	+2000							
2000	2240	+68	+110	+195	+440	+1000	+1500	+2300							
2240	2500				+460	+1100	+1650	+2500							
2500	2800	+76	+135	+240	+550	+1250	+1900	+2900							
2800	3150				+580	+1400	+2100	+3200							

注：1. 公称尺寸小于或等于 1mm 时，基本偏差 a 和 b 均不采用。

2. 公差带 js7 至 js11，若 IT_n 值数是奇数，则取偏差 = $\pm\frac{IT_n - 1}{2}$。

表 1-6 孔的基本偏差数值 （单位：μm）

公称尺寸/mm		基本偏差数值																				
		下极限偏差 EI												上极限偏差 ES								
大于	至	所有标准公差等级												IT6	IT7	IT8	≤IT8	>IT8	≤IT8	>IT8	≤IT8	>IT8
		A	B	C	CD	D	E	EF	F	FG	G	H	JS	J			K		M		N	
—	3	+270	+140	+60	+34	+20	+14	+10	+6	+4	+2	0	偏差 = $\pm\frac{IT_n}{2}$，式中 IT_n 是 IT 数值	+2	+4	+6	0	0	−2	−2	−4	−4
3	6	+270	+140	+70	+46	+30	+20	+14	+10	+6	+4	0		+5	+6	+10	−1+Δ		−4+Δ	−4	−8+Δ	0
6	10	+280	+150	+80	+56	+40	+25	+18	+13	+8	+5	0		+5	+8	+12	−1+Δ		−6+Δ	−6	−10+Δ	0
10	14	+290	+150	+95		+50	+32		+16		+6	0		+6	+10	+15	−1+Δ		−7+Δ	−7	−12+Δ	0
14	18																					
18	24	+300	+160	+110		+65	+40		+20		+7	0		+8	+12	+20	−2+Δ		−8+Δ	−8	−15+Δ	0
24	30																					
30	40	+310	+170	+120		+80	+50		+25		+9	0		+10	+14	+24	−2+Δ		−9+Δ	−9	−17+Δ	0
40	50	+320	+180	+130																		
50	65	+340	+190	+140		+100	+60		+30		+10	0		+13	+18	+28	−2+Δ		−11+Δ	−11	−20+Δ	0
65	80	+360	+200	+150																		
80	100	+380	+220	+170		+120	+72		+36		+12	0		+16	+22	+34	−3+Δ		−13+Δ	−13	−23+Δ	0
100	120	+410	+240	+180																		
120	140	+460	+260	+200		+145	+85		+43		+14	0		+18	+26	+41	−3+Δ		−15+Δ	−15	−27+Δ	0
140	160	+520	+280	+210																		
160	180	+580	+310	+230																		
180	200	+660	+340	+240		+170	+100		+50		+15	0		+22	+30	+47	−4+Δ		−17+Δ	−17	−31+Δ	0
200	225	+740	+380	+260																		
225	250	+820	+420	+280																		
250	280	+920	+480	+300		+190	+110		+56		+17	0		+25	+36	+55	−4+Δ		−20+Δ	−20	−34+Δ	0
280	315	+1050	+540	+330																		
315	355	+1200	+600	+360		+210	+125		+62		+18	0		+29	+39	+60	−4+Δ		−21+Δ	−21	−37+Δ	0
355	400	+1350	+680	+400																		
400	450	+1500	+760	+440		+230	+135		+68		+20	0		+33	+43	+66	−5+Δ		−23+Δ	−23	−40+Δ	0
450	500	+1650	+840	+480																		
500	560					+260	+145		+76		+22	0					0		−26		−44	
560	630																					
630	710					+290	+160		+80		+24	0					0		−30		−50	
710	800																					
800	900					+320	+170		+86		+26	0					0		−34		−56	
900	1000																					
1000	1120					+350	+195		+98		+28	0					0		−40		−66	
1120	1250																					
1250	1400					+390	+220		+110		+30	0					0		−48		−78	
1400	1600																					
1600	1800					+430	+240		+120		+32	0					0		−58		−92	
1800	2000																					
2000	2240					+480	+260		+130		+34	0					0		−68		−110	
2240	2500																					
2500	2800					+520	+290		+145		+38	0					0		−76		−135	
2800	3150																					

（续）

公称尺寸/mm		基本偏差数值													Δ值					
		上极限偏差 ES																		
		≤IT7	标准公差等级大于 IT7												标准公差等级					
大于	至	P ~ ZC	P	R	S	T	U	V	X	Y	Z	ZA	ZB	ZC	IT3	IT4	IT5	IT6	IT7	IT8
—	3	在大于IT7的相应数值上增加一个Δ值	-6	-10	-14		-18		-20		-26	-32	-40	-60	0	0	0	0	0	0
3	6		-12	-15	-19		-23		-28		-35	-42	-50	-80	1	1.5	1	3	4	6
6	10		-15	-19	-23		-28		-34		-42	-52	-67	-97	1	1.5	2	3	6	7
10	14		-18	-23	-28		-33		-40		-50	-64	-90	-130	1	2	3	3	7	9
14	18							-39	-45		-60	-77	-108	-150						
18	24		-22	-28	-35		-41	-47	-54	-63	-73	-98	-136	-188	1.5	2	3	4	8	12
24	30					-41	-48	-55	-64	-75	-88	-118	-160	-218						
30	40		-26	-34	-43	-48	-60	-68	-80	-94	-112	-148	-200	-274	1.5	3	4	5	9	14
40	50					-54	-70	-81	-97	-114	-136	-180	-242	-325						
50	65		-32	-41	-53	-66	-87	-102	-122	-144	-172	-226	-300	-405	2	3	5	6	11	16
65	80			-43	-59	-75	-102	-120	-146	-174	-210	-274	-360	-480						
80	100		-37	-51	-71	-91	-124	-146	-178	-214	-258	-335	-445	-585	2	4	5	7	13	19
100	120			-54	-79	-104	-144	-172	-210	-254	-310	-400	-525	-690						
120	140		-43	-63	-92	-122	-170	-202	-248	-300	-365	-470	-620	-800	3	4	6	7	15	23
140	160			-65	-100	-134	-190	-228	-280	-340	-415	-535	-700	-900						
160	180			-68	-108	-146	-210	-252	-310	-380	-465	-600	-780	-1000						
180	200		-50	-77	-122	-166	-236	-284	-350	-425	-520	-670	-880	-1150	3	4	6	9	17	26
200	225			-80	-130	-180	-258	-310	-385	-470	-575	-740	-960	-1250						
225	250			-84	-140	-196	-284	-340	-425	-520	-640	-820	-1050	-1350						
250	280		-56	-94	-158	-218	-315	-385	-475	-580	-710	-920	-1200	-1550	4	4	7	9	20	29
280	315			-98	-170	-240	-350	-425	-525	-650	-790	-1000	-1300	-1700						
315	355		-62	-108	-190	-268	-390	-475	-590	-730	-900	-1150	-1500	-1900	4	5	7	11	21	32
355	400			-114	-208	-294	-435	-530	-660	-820	-1000	-1300	-1650	-2100						
400	450		-68	-126	-232	-330	-490	-595	-740	-920	-1100	-1450	-1850	-2400	5	5	7	13	23	34
450	500			-132	-252	-360	-540	-660	-820	-1000	-1250	-1600	-2100	-2600						
500	560		-78	-150	-280	-400	-600													
560	630			-155	-310	-450	-660													
630	710		-88	-175	-340	-500	-740													
710	800			-185	-380	-560	-840													
800	900		-100	-210	-430	-620	-940													
900	1000			-220	-470	-680	-1050													
1000	1120		-120	-250	-520	-780	-1150													
1120	1250			-260	-580	-840	-1300													
1250	1400		-140	-300	-640	-960	-1450													
1400	1600			-330	-720	-1050	-1600													
1600	1800		-170	-370	-820	-1200	-1850													
1800	2000			-400	-920	-1350	-2000													
2000	2240		-195	-440	-1000	-1500	-2300													
2240	2500			-460	-1100	-1650	-2500													
2500	2800		-240	-550	-1250	-1900	-2900													
2800	3150			-580	-1400	-2100	-3200													

注：1. 公称尺寸小于或等于 1mm 时，基本偏差 A 和 B 及大于 IT8 的 N 均不采用。

2. 公差带 JS7 至 JS11，若 IT_n 值数是奇数，则取偏差 = $\pm\frac{IT_n - 1}{2}$。

3. 对小于或等于 IT8 的 K、M、N 和小于或等于 IT7 的 P ~ ZC，所需 Δ 值从表内右侧选取。
例如：18 ~ 30mm 段的 K7：$\Delta = 8\mu m$，所以 $ES = -2\mu m + 8\mu m = +6\mu m$；
18 ~ 30mm 段的 S6：$\Delta = 4\mu m$，所以 $ES = -35\mu m + 4\mu m = -31\mu m$。

4. 特殊情况：250 ~ 315mm 段的 M6，$ES = -9\mu m$（代替 $-11\mu m$）。

根据公称尺寸、基本偏差代号和标准公差等级便可查表得到基本偏差数值。在图 1-20 中，只给出了靠近零线的那个极限偏差，即只画出了公差带属于基本偏差一端的极限偏差，其数值的大小可以从表 1-5 或表 1-6 中查得；而另一端在基本偏差系列图上是“开口”的，其位置取决于公差等级，这正体现了公差带包含标准公差和基本偏差两个要素。至于孔和轴的另一极限偏差的大小可以根据下列计算公式确定：

孔 $EI = ES - IT$ 或 $ES = EI + IT$

轴 $ei = es - IT$ 或 $es = ei + IT$

三、配合制

在生产中，需要各种不同性质的配合，即使配合公差一定，也可以通过改变孔和轴的公差带位置，使配合获得很多种不同孔、轴公差带的组合形式。为了设计和制造上的方便，把其中孔的公差带（或轴的公差带）位置固定，通过改变轴的公差带（或孔的公差带）位置来形成所需要的各种配合，这种制度称为配合制。国家标准规定有两种配合制：基孔制和基轴制。

1. 基孔制

基孔制是基本偏差为一定的孔的公差带与不同基本偏差的轴的公差带形成各种配合的一种制度。基孔制配合中的孔称为基准孔，用 H 表示，孔公差带在零线之上，且下极限偏差 $EI = 0$，如图 1-21 所示。

显然，基准孔 H 与基本偏差为 a ~ h 的轴形成间隙配合；与基本偏差为 j ~ n 的轴一般形成过渡配合；与基本偏差为 p ~ zc 的轴一般形成过盈配合。

2. 基轴制

基轴制是基本偏差为一定的轴的公差带与不同基本偏差的孔的公差带形成各种配合的一种制度。基轴制配合的轴称为基准轴，用 h 表示，轴公差带在零线之下，且上极限偏差 $es = 0$，如图 1-22 所示。

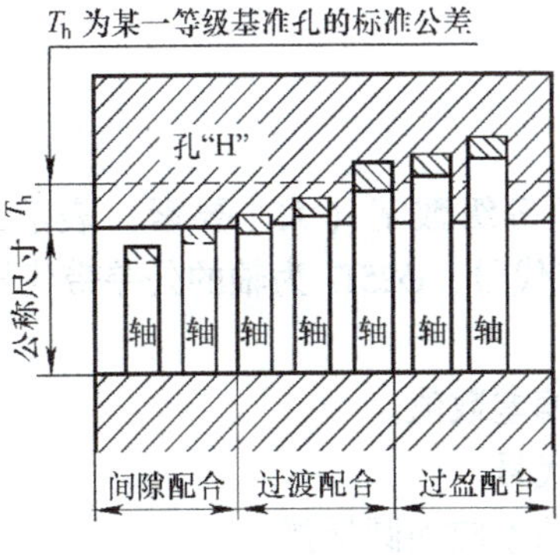

图 1-21 基孔制

注：水平实线代表孔或轴的基本偏差，虚线代表另一极限

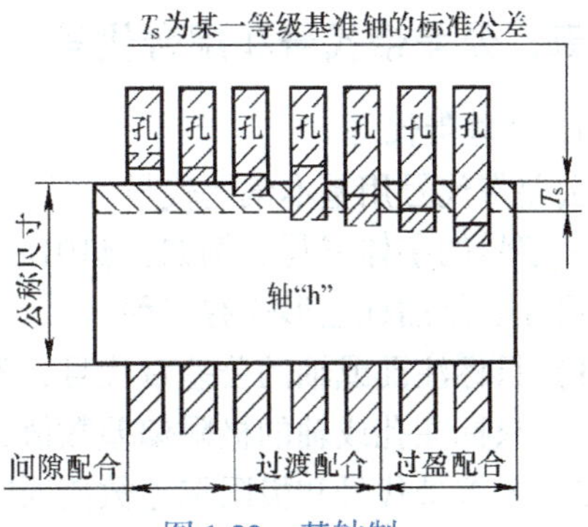

图 1-22 基轴制

注：水平实线代表孔或轴的基本偏差，虚线代表另一极限

同理，基准轴 h 与基本偏差为 A ~ H 的孔形成间隙配合；与基本偏差为 J ~ N 的孔一般形成过渡配合；与基本偏差为 P ~ ZC 的孔一般形成过盈配合。

四、极限偏差数值表

用计算方法确定孔、轴的极限偏差较为麻烦，所以，极限与配合标准中将大量繁杂的计算结果汇总起来，形成了轴的极限偏差表（附录 A）和孔的极限偏差表（附录 B），这样便能快速确定孔和轴的上、下极限偏差数值。

查表时，首先根据基本偏差代号确定是查孔的极限偏差表还是查轴的极限偏差表，然后由公称尺寸查行，由基本偏差代号和公差等级查列，行与列交汇处框格内的两个数值即为所要查得的孔或轴的上、下极限偏差数值。

练一练

查表确定 $\phi25f7$ 的极限偏差。

解析

1）f 为小写字母，应查轴的极限偏差表（附录 A）。

2）查行，确定公称尺寸 $\phi25$mm 属于“大于 18mm 至 30mm”尺寸段落所在的行。

3）查列，确定基本偏差代号 f 且公差等级为 IT7 所在的列。

4）行与列交汇处框格内的两个数值为 $^{-20}_{-41}$μm，即 $\phi25f7$ 为 $\phi25^{-0.020}_{-0.041}$mm。

练一练

查表确定 $\phi10H8$ 的极限偏差。

解析

1）H 为大写字母，应查孔的极限偏差表（附录 B）。

2）查行，确定公称尺寸 $\phi10$mm 属于“大于 6mm 至 10mm”尺寸段落所在的行。

3）查列，确定基本偏差代号 H 且公差等级为 IT8 所在的列。

4）行与列交汇处框格内的两个数值为 $^{+22}_{0}$μm，即 $\phi10H8$ 为 $\phi10^{+0.022}_{0}$mm。

五、公差带代号和配合代号

1. 公差带代号

公差带代号用基本偏差代号（位置要素）和公差等级数字（大小要素）表示，两者要用同一字号的字体书写。例如，$\phi10H8$ 为孔的公差带代号，$\phi25f7$ 为轴的公差带代号。

尺寸公差的标注形式有三种。

1）只标注孔或轴的公差带代号，不注具体极限偏差数值。

2）只标注孔或轴的极限偏差数值，不注公差带代号。

3）公差带代号和极限偏差数值同时注出，极限偏差应加圆括弧。

示例如下：

孔　$\phi10H8$，$\phi10^{+0.022}_{0}$，$\phi10H8\ (^{+0.022}_{0})$；

轴　$\phi25f7$，$\phi25^{-0.020}_{-0.041}$，$\phi25f7\ (^{-0.020}_{-0.041})$。

2. 配合代号

配合代号用基本偏差代号和公差等级代号的组合来表示，写成分数形式，分子为孔的公差带代号，分母为轴的公差带代号，如 $\phi50H8/f7$ 或 $\phi50\dfrac{H8}{f7}$。

公差带代号和配合代号的意义见表 1-7。

表 1-7　公差带代号和配合代号的意义

序号	实　例	表　示　意　义
1	$\phi30F8$	公称尺寸 $\phi30$mm，公差等级 IT8，基本偏差是 F 的基轴制间隙配合的孔
2	$\phi40H4$	① 公称尺寸 $\phi40$mm，公差等级 IT4，基本偏差是 H 的基孔制的基准孔 ② 公称尺寸 $\phi40$mm，公差等级 IT4，基本偏差是 H 的基轴制间隙配合的孔
3	$\phi60T6$	公称尺寸 $\phi60$mm，公差等级 IT6，基本偏差是 T 的基轴制过盈配合的孔
4	$\phi25u5$	公称尺寸 $\phi25$mm，公差等级 IT5，基本偏差是 u 的基孔制过盈配合的轴
5	$\phi50b13$	公称尺寸 $\phi50$mm，公差等级 IT13，基本偏差是 b 的基孔制间隙配合的轴
6	$\phi30h9$	① 公称尺寸 $\phi30$mm，公差等级 IT9，基本偏差是 h 的基轴制的基准轴 ② 公称尺寸 $\phi30$mm，公差等级 IT9，基本偏差是 h 的基孔制间隙配合的轴
7	$\phi25\,\frac{H8}{h7}$	① 公称尺寸 $\phi25$mm，基孔制（分子是 H），公差等级孔是 IT8、轴是 IT7，基本偏差孔是 H、轴是 h 的间隙配合 ② 公称尺寸 $\phi25$mm，基轴制（分母是 h），公差等级孔是 IT8、轴是 IT7，基本偏差孔是 H、轴是 h 的间隙配合 ③ 公称尺寸 $\phi25$mm，公差等级孔是 IT8、轴是 IT7，基本偏差孔是 H、轴是 h 的基准件配合（间隙配合）
8	$\phi35\,\frac{H7}{p6}$	公称尺寸 $\phi35$mm，基孔制（分子是 H），公差等级孔是 IT7、轴是 IT6，基本偏差孔是 H、轴是 p 的过盈配合
9	$\phi45\,\frac{K7}{h6}$	公称尺寸 $\phi45$mm，基轴制（分母是 h），公差等级孔是 IT7、轴是 IT6，基本偏差孔是 K、轴是 h 的过渡配合

3. 公差带与配合的优化

国家标准规定了 28 种基本偏差和 20 个标准公差等级。根据这两个数字，可以从理论上得出孔、轴的公差带代号的数量分别为 $20\times27+3$（J6、J7 和 J8）$=543$ 种和 $20\times27+4$（j5、j6、j7 和 j8）$=544$ 种。两者配合代号的数量为 $543\times544=295392$ 种。在生产实际中，使用数量过多的公差带与配合，必将使标准繁杂，不利于生产；许多公差带与配合使用甚少；增加了定值刀具、量具的品种规格，给管理带来了困难，影响了经济效益。所以，必须对公差带与配合的选择加以限制。

（1）公差带系列　国家标准对公称尺寸至 500mm 的孔、轴规定了优先、常用和一般用途公差带。图 1-23 所示为轴的公差带，共 116 种。选择时，应优先选用圆圈中的 13 种优先公差带，其次选用线框中的其余 46 种常用公差带，最后选用其他一般用途公差带。

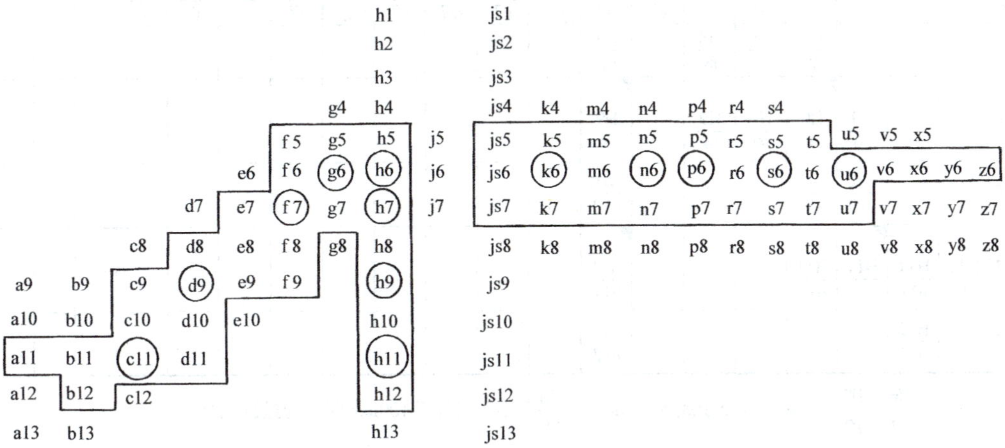

图 1-23　公称尺寸至 500mm 轴的优先、常用和一般用途公差带

同样，国家标准对孔规定了105种公差带，如图1-24所示。选择时，应优先选用圆圈中的13种优先公差带，其次选用线框中的其余31种常用公差带，最后选用其他一般用途公差带。

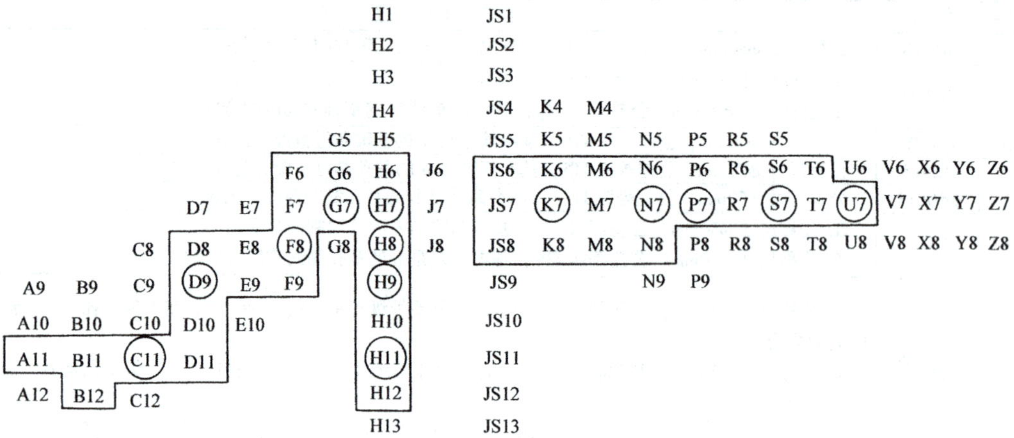

图1-24 公称尺寸至500mm孔的优先、常用和一般用途公差带

（2）配合系列 国家标准不仅规定了公称尺寸至500mm的常用和优先孔、轴公差带，并在此基础上规定了常用、优先基孔制配合和基轴制配合。基孔制配合有59种常用配合，13种优先配合，见表1-8；基轴制配合有47种常用配合，13种优先配合，见表1-9。选用配合时，应首先选优先配合，其次选常用配合。

表1-8 基孔制优先、常用配合

基准孔	轴																				
	a	b	c	d	e	f	g	h	js	k	m	n	p	r	s	t	u	v	x	y	z
	间隙配合								过渡配合			过盈配合									
H6						H6/f5	H6/g5	H6/h5	H6/js5	H6/k5	H6/m5	H6/n5	H6/p5	H6/r5	H6/s5	H6/t5					
H7						H7/f6	◤H7/g6	◤H7/h6	H7/js6	◤H7/k6	H7/m6	◤H7/n6	◤H7/p6	H7/r6	◤H7/s6	H7/t6	◤H7/u6	H7/v6	H7/x6	H7/y6	H7/z6
H8					H8/e7	◤H8/f7	H8/g7	◤H8/h7	H8/js7	H8/k7	H8/m7	H8/n7	H8/p7	H8/r7	H8/s7	H8/t7	H8/u7				
				H8/d8	H8/e8	H8/f8		H8/h8													
H9			H9/c9	◤H9/d9	H9/e9	H9/f9		◤H9/h9													
H10			H10/c10	H10/d10				H10/h10													
H11	H11/a11	H11/b11	◤H11/c11	H11/d11				◤H11/h11													
H12		H12/b12						H12/h12													

注：1. $\frac{H6}{n5}$、$\frac{H7}{p6}$在公称尺寸小于或等于3mm和$\frac{H8}{r7}$在小于或等于100mm时，为过渡配合。

2. 标注◤的配合为优先配合。

表 1-9　基轴制优先、常用配合

基准轴	孔																				
	A	B	C	D	E	F	G	H	JS	K	M	N	P	R	S	T	U	V	X	Y	Z
	间隙配合								过渡配合			过盈配合									
h5						F6/h5	G6/h5	H6/h5	JS6/h5	K6/h5	M6/h5	N6/h5	P6/h5	R6/h5	S6/h5	T6/h5					
h6						F7/h6	◤G7/h6	◤H7/h6	JS7/h6	◤K7/h6	M7/h6	◤N7/h6	◤P7/h6	R7/h6	◤S7/h6	T7/h6	◤U7/h6				
h7					E8/h7	◤F8/h7		◤H8/h7	JS8/h7	K8/h7	M8/h7	N8/h7									
h8				D8/h8	E8/h8	F8/h8		H8/h8													
h9				◤D9/h9	E9/h9	F9/h9		◤H9/h9													
h10				D10/h10				H10/h10													
h11	A11/h11	B11/h11	◤C11/h11	D11/h11				◤H11/h11													
h12		B12/h12						H12/h12													

注：标注◤的配合为优先配合。

六、一般公差——线性尺寸的未注公差

1. 一般公差的概念

一般公差指在车间通常加工条件下可保证的公差。在正常维护和操作的条件下，它代表经济加工精度。采用一般公差的尺寸，在该尺寸后不注出极限偏差（或公差），并且在正常条件下可不进行检测。这样有利于简化制图，使图面清晰，并可突出重要的、有公差要求的尺寸，以便在加工和检测时引起对重要尺寸的足够重视。

2. 一般公差的应用

一般公差主要用于低精度的非配合尺寸，以及由工艺方法来保证的尺寸。例如，冲压件和铸件的尺寸由模具保证。

3. 一般公差的规定

国家标准规定了线性尺寸的一般公差等级和极限偏差。一般公差等级分为四级，即 f（精密级），m（中等级），c（粗糙级），v（最粗级）。线性尺寸的极限偏差数值见表 1-10，倒圆半径与倒角长度尺寸的极限偏差数值见表 1-11。

表 1-10　线性尺寸的极限偏差数值　　（单位：mm）

公差等级	尺　寸　分　段							
	0.5～3	>3～6	>6～30	>30～120	>120～400	>400～1000	>1000～2000	>2000～4000
f(精密级)	±0.05	±0.05	±0.1	±0.15	±0.2	±0.3	±0.5	—
m(中等级)	±0.1	±0.1	±0.2	±0.3	±0.5	±0.8	±1.2	±2
c(粗糙级)	±0.2	±0.3	±0.5	±0.8	±1.2	±2	±3	±4
v(最粗级)	—	±0.5	±1	±1.5	±2.5	±4	±6	±8

表 1-11　倒圆半径与倒角长度尺寸的极限偏差数值　　（单位：mm）

公差等级	尺寸分段			
	0.5～3	>3～6	>6～30	>30
f（精密级） m（中等级）	±0.2	±0.5	±1	±2
c（粗糙级） v（最粗级）	±0.4	±1	±2	±4

4. 一般公差的标注

在规定图样上的一般公差时，应根据车间的一般加工精度来选取本标准规定的公差等级。一般公差标注时要在图样标题栏附近或技术要求里、技术文件（如企业标准）中注出标准号及公差等级代号。例如，选用中等级时，标注为 GB/T 1804—m。

七、温度条件

因为物体的材料特别是金属材料都具有热胀冷缩的性质，零件在加工、测量和使用过程中，温度的变化会引起零件尺寸的变化。因此国家标准规定，衡量尺寸的标准温度是 20℃。其含义有两个：一是图样上和标准中规定的极限与配合是在 20℃时给定的；二是检测时测量结果应以工件和计量器具的温度在 20℃时为准。当使用条件偏离标准温度而导致影响工作性能时，应予以修正。

任务实施

1. 图 1-18 各公差带代号的意义如下。

（1）ϕ45h7：公称尺寸 ϕ45mm，公差等级 IT7，基本偏差是 h 的基轴制的基准轴；或公称尺寸 ϕ45mm，公差等级 IT7，基本偏差是 h 的基孔制间隙配合的轴。

（2）ϕ25f7：公称尺寸 ϕ25mm，公差等级 IT7，基本偏差是 f 的基孔制间隙配合的轴。

（3）ϕ10H8：公称尺寸 ϕ10mm，公差等级 IT8，基本偏差是 H 的基孔制的基准孔；或公称尺寸 ϕ10mm，公差等级 IT8，基本偏差是 H 的基轴制间隙配合的孔。

（4）16M8：公称尺寸 16mm，公差等级 IT8，基本偏差是 M 的基轴制过渡配合的孔。

2. 查表确定各公差带代号的极限偏差。

（1）ϕ45h7 是轴，查轴的极限偏差数值表得 $\phi45h7(^{0}_{-0.025})$。

（2）ϕ25f7 是轴，查轴的极限偏差数值表得 $\phi25f7(^{-0.020}_{-0.041})$。

（3）ϕ10H8 是孔，查孔的极限偏差数值表得 $\phi10H8(^{+0.022}_{0})$。

（4）16M8 是孔，查孔的极限偏差数值表得 $16M8(^{+0.002}_{-0.025})$。

3. 查表确定各未注公差尺寸的极限偏差。

图 1-18 所示的连接轴属于一般用途的零件，通常选用中等精度等级（m）。

（1）78mm：查表 1-10，列在尺寸大于 30～120mm，行在 m 级，列与行交汇处框格内的两个数值为 ±0.3mm，即未注公差尺寸 78mm 可标注为（78±0.3）mm。

（2）15mm：查表 1-10，列在尺寸大于 6～30mm，行在 m 级，列与行交汇处框格内的两个数值为 ±0.2mm，即未注公差尺寸 15mm 可标注为（15±0.2）mm。

（3）$C1$（$C1$ 中的 C 表示 45°倒角，长度为 1mm）：查表 1-11，列在尺寸大于 0.5 ~ 3mm，行在 m 级，列与行交汇处框格内的两个数值为 ±0.2mm，即未注公差尺寸 $C1$ 可标注为（$C1$ ±0.2）mm。

课题三　极限与配合的选择

在产品设计中，选用极限与配合是必不可少的重要环节，也是确保产品质量、性能、互换性和经济效益的一项极其重要的工作。选用时主要解决三个问题，即确定配合制、公差等级和配合种类。

知识目标

- 掌握配合制的选择方法。
- 能够合理选择孔、轴的公差等级。
- 了解三种配合类别的基本应用范围。

情景导入

图 1-25 所示为发动机的活塞连杆机构，表示活塞销与连杆衬套和活塞销与活塞孔之间的配合示意图。根据工作需求，选择活塞销与连杆衬套之间的配合代号为 $\phi34\frac{G6}{h5}$，活塞销与活塞孔之间的配合代号为 $\phi34\frac{M6}{h5}$。为什么？

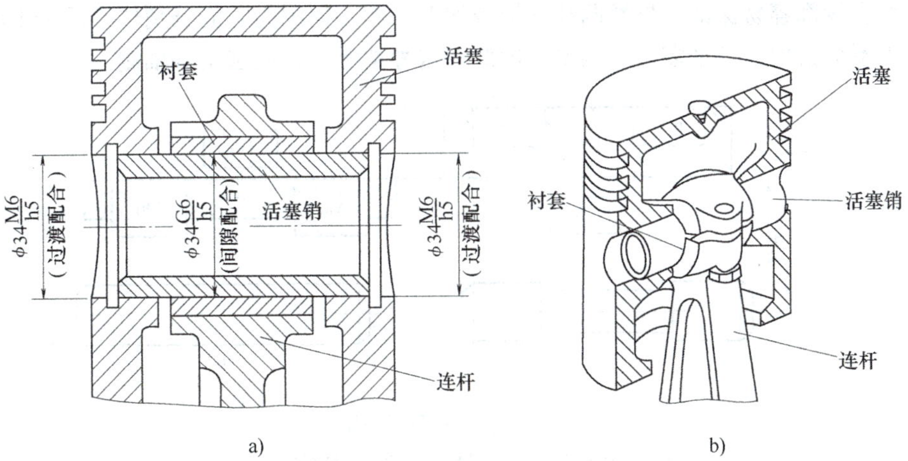

图 1-25　活塞连杆机构

a）结构图　b）立体图

任务要求

1. 说明图 1-25 中各代号的配合种类及配合制选择的理由。
2. 说明配合代号中孔的公差等级比轴的公差等级低一级的原因。

知识准备

一、配合制的选用

1. 一般情况下优先采用基孔制

从工艺上看，加工中、小尺寸的孔通常需要采用价格昂贵的钻头、铰刀、拉刀等定值刀具，而且每把刀具只能加工一种尺寸的孔。加工轴则不然，一把车刀可加工不同尺寸的轴。此外，孔在加工和检测等方面要比轴复杂。因此，在同等精度条件下，一般选择加工轴，而不是加工孔。也就是采用基孔制而不采用基轴制，这样可以大大减少备用定值刀具、量具的规格和数量，减少加工与测量孔的调整工作量，降低生产成本，提高加工的经济效益。

2. 某些情况下选用基轴制

1）直接采用冷拉钢轴。在农用机械和纺织机械中，常使用具有一定精度的冷拉钢材，不必进行二次切削加工就可以直接用作轴与其他零件的孔配合，因此应该采用基轴制。

2）公称尺寸小于3mm的精密轴。这种轴比同级精度的孔的加工难度更大，适合采用基轴制。

3）一轴多孔配合且配合性质不同。以图1-25所示的活塞连杆机构为例进行说明。由于工作时要求活塞销和连杆之间要有相对摆动，故活塞销与连杆衬套应采用间隙配合；而活塞销与活塞孔的连接要求准确定位，故采用过渡配合。像这种一轴多孔且要求配合性质不同的活塞连杆机构，若选用基孔制，则衬套孔和活塞孔均为基准孔，这就需要活塞销各部位的极限偏差不同，活塞销就得加工成图1-26a所示的中间小、两头大的阶梯轴，而这将给加工和装配带来很大的困难；若选用基轴制，则活塞销就可加工成图1-26b所示的光轴，其加工精度和装配质量都容易保证。虽然两孔的极限偏差不同，但因为它们分别位于两个不同的零件上，所以不会给加工带来多大的困难。因此在这种情况下，应选用基轴制。

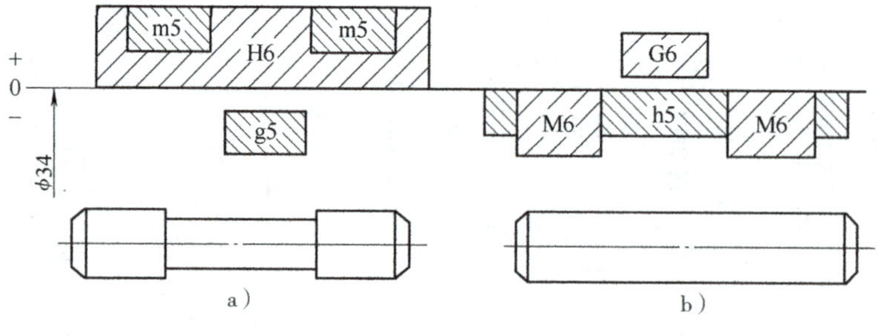

图1-26　配合制选用

a）活塞连杆机构采用基孔制　b）活塞连杆机构采用基轴制

3. 与标准件配合时依据标准件确定配合制

标准件通常由专业厂家生产，在制造时其配合部位的配合制已经确定。因此，在与标准件相配合时，配合制的选择应依标准件而定。例如，滚动轴承内圈与轴的配合采用基孔制，而滚动轴承外圈与孔的配合采用基轴制，如图1-27所示。

4. 有特殊需要时可选用混合配合

为了满足配合的特殊要求，允许采用任一孔、轴的公差带组成配合。

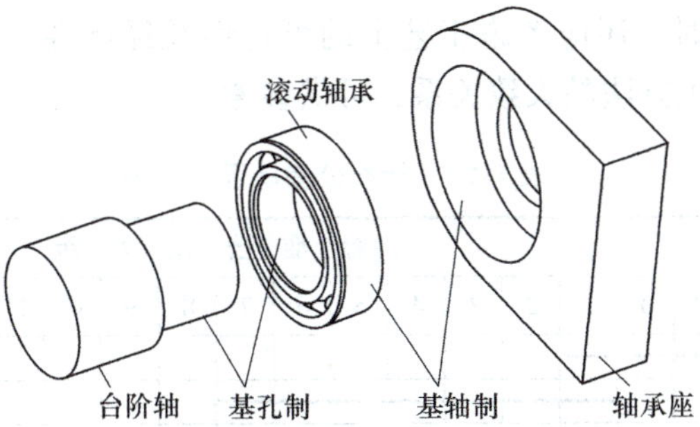

图 1-27　与标准件配合时配合制的选择

图 1-28 所示的隔套是将两个滚动轴承隔开以提高刚性并作为轴向定位的。为使安装方便，隔套与齿轮轴筒的配合应选用间隙配合。由于齿轮轴筒与滚动轴承内圈的配合已按基孔制选定了 $\phi60js6$ 公差带，因此，隔套内孔的公差带只好选用非基准孔的公差带 $\phi60D10$（图 1-28b），这样才能得到间隙配合。

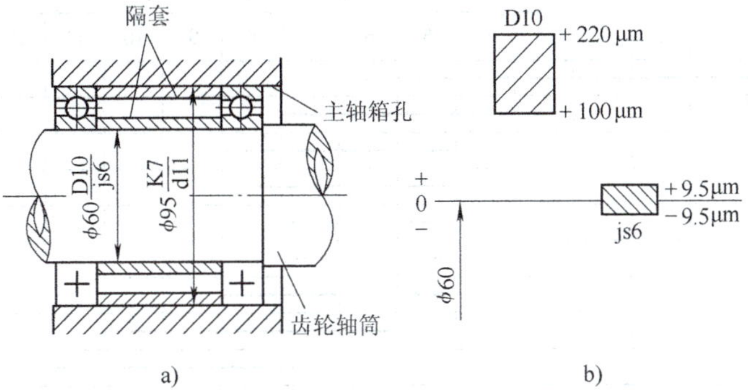

图 1-28　混合配合应用示例

二、公差等级的选用

公差等级的高低直接影响产品的使用性能和加工的经济性。公差等级过低，产品质量得不到保证；公差等级过高，将使制造成本增加。所以，必须综合考虑使用性能、制造工艺和成本之间的关系，正确、合理地确定公差等级。选用公差等级的原则是，在满足零件使用要求的前提下，尽量选用较低的公差等级。

对于公称尺寸小于或等于 500mm 且公差等级高于或等于 IT8 的配合，由于孔比同级精度轴难加工，应使孔比轴采用低一级配合，从而使孔、轴的加工难易程度相当、成本相当，如 $\phi34\frac{G6}{h5}$、$\phi34\frac{M6}{h5}$等。

对于公称尺寸小于或等于 500mm 且公差等级低于 IT8 或公称尺寸大于 500mm 的配合，孔、轴的加工难易程度相当，故取同级配合。

公差等级主要采用类比法确定，即参考经过实践证明为合理的类似产品上相应尺寸的公差，来确定孔、轴的公差等级。表 1- 12 列出了国家标准规定的 20 个标准公差等级的大致应用范围。

确定标准公差等级时，还应考虑工艺上的可行性及经济性。表 1-13 是在正常条件下，标准公差等级和各种加工方法的大致关系，可供参考。

表 1-12 标准公差等级的应用

应用	标准公差等级（IT）																			
	01	0	1	2	3	4	5	6	7	8	9	10	11	12	13	14	15	16	17	18
量块	—	—	—																	
量规			—	—	—	—	—	—	—											
配合尺寸							—	—	—	—	—	—	—	—	—					
特别精密零件的配合				—	—	—	—													
非配合尺寸（大制造公差）														—	—	—	—	—	—	—
原材料公差										—	—	—	—	—	—	—				

表 1-13 各种加工方法可能达到的标准公差等级

加工方法	标准公差等级（IT）																	
	01	0	1	2	3	4	5	6	7	8	9	10	11	12	13	14	15	16
研磨	—	—	—	—	—	—	—											
珩磨						—	—	—	—									
圆磨							—	—	—	—								
平磨							—	—	—	—								
金刚石车							—	—	—									
金刚石镗							—	—	—									
拉							—	—	—	—								
铰								—	—	—	—	—						
车									—	—	—	—	—					
镗									—	—	—	—	—					
铣										—	—	—	—					
刨、插												—	—					
钻												—	—	—	—			
滚压、挤压												—	—					
冲压												—	—	—	—	—		
压铸													—	—	—	—		
粉末冶金成形								—	—	—								
粉末冶金烧结									—	—	—	—						
砂型铸造、气割																		—
锻造																	—	

三、配合的选择

确定了配合制之后，选择配合就是根据使用要求确定配合类别和配合松紧程度。

1. 配合类别的选用

在机械设计中选用哪类配合，主要取决于使用要求。若工作时孔、轴间有相对运动或虽无相对运动却要求装拆方便，则应选用间隙配合；若要求传递足够大的转矩，且又不要求拆卸，一般应选用过盈配合；若需要孔、轴准确定心，且装拆比较方便，则应选用过渡配合。

2. 基本偏差代号的确定

确定了配合类别后，再进一步确定配合的松紧程度，即确定与基准件配合的轴或孔的基本偏差代号。常用的确定方法有计算法、试验法和类比法，其中类比法是生产中应用最广泛的一种简便方法。表 1-14 和表 1-15 可供参考。此外，还应根据工作条件的要求，首先从标准规定的优先配合中选用，不能满足要求时，再从常用配合中选用；若上述优先配合和常用配合都不能满足要求，可选用一般用途的孔、轴公差带组成所需要的配合；若仍不能满足要求，还可以根据国家标准对标准公差系列和基本偏差系列的规定，组成孔、轴公差带，以获得满足特殊使用要求的配合。表 1-16 列出了基孔制配合和基轴制配合优先配合的选用说明，供参考。

表 1-14 工作条件对配合松紧的要求

工作条件	配合	工作条件	配合
经常拆卸 工作时孔的温度比轴低 几何误差较大	应松	有冲击和振动 表面较粗糙 对中性要求高	应紧

表 1-15 轴的基本偏差选用说明

配合	基本偏差	特性及应用
间隙配合	a，b	可得到特别大的间隙，应用很少
	c	可得到很大的间隙，一般适用于缓慢、松弛的间隙配合。当工作条件较差（如农业机械），受力变形，或为了便于装配而必须保证有较大的间隙时，推荐配合为 H11/c11。较高等级的 H8/c7 配合适用于轴在高温下工作的紧密配合，如内燃机排气阀和导管间的配合
	d	一般用于 IT7～IT11，适用于松的转动配合，如密封盖、滑轮、空转带轮等与轴的配合；也适用于对大直径滑动轴承配合，如涡轮机、球磨机、滚轧成形和重型弯曲机以及其他重型机械中的一些滑动轴承
	e	多用于 IT7～IT9，通常用于要求有明显间隙、易于转动的轴承配合，如大跨距轴承、多支点轴承等配合。高等级的 e 轴适用于大的、高速、重载支承，如涡轮发电机、大型电动机及内燃机的主要轴承、凸轮轴轴承等配合
	f	多用于 IT6～IT8 的一般转动配合。当温度影响不大时，被广泛用于普通润滑油（或润滑脂）润滑的支承，如齿轮箱、小电动机、泵等的转轴与滑动轴承的配合
	g	配合间隙很小，制造成本高，除很轻负荷的精密装置外，不推荐用于转动配合。多用于 IT5～IT7，最适合不回转的精密滑动配合，也用于插销等定位配合，如精密连杆轴承、活塞及滑阀、连杆销等
	h	多用于 IT4～IT11。广泛用于无相对转动的零件，作为一般的定位配合。若没有温度、变形影响，也用于精密滑动配合
过渡配合	js	基本偏差完全对称（±IT/2），平均间隙较小的配合，多用于 IT4～IT7，要求间隙比 h 轴小，并允许略有过盈的定位配合，如联轴器、齿圈与钢制轮毂，可用木锤装配
	k	平均间隙接近零的配合，适用于 IT4～IT7，推荐用于稍有过盈的定位配合。例如，为了消除振动用的定位配合，一般用木锤装配
	m	平均过盈较小的配合，适用于 IT4～IT7，一般可用木锤装配，但在最大过盈时，要有相当大的压入力
	n	平均过盈比 m 轴稍大，很少得到间隙，适用于 IT4～IT7，用木锤或压力机装配，通常推荐用于紧密的组件配合。H6/n5 配合时为过盈配合

（续）

配合	基本偏差	特　性　及　应　用
过盈配合	p	与 H6 或 H7 孔配合时是过盈配合，与 H8 孔配合时则为过渡配合。对非钢铁类零件是较轻的压入配合，需要时易于拆卸；对钢、铸铁或铜、钢组件装配是标准压入配合
	r	对钢铁类零件，是中等打入配合；对非钢铁类零件，是轻打入配合，需要时可以拆卸。与 H8 孔配合，直径在 100mm 以上时是过盈配合，直径小于或等于 100mm 时是过渡配合
	s	用于钢和铁制零件的永久性和半永久性装配，可产生相当大的结合力。当用弹性材料，如轻合金时，配合性质与铁类零件的 p 轴相当。例如，套环压装在轴上、阀座等的配合。尺寸较大时，为了避免损伤配合表面，需用热胀冷缩法装配
	t	过盈较大的配合。对钢和铸铁零件适用于做永久性结合，不用键可传递转矩，需用热胀冷缩法装配，如联轴器与轴的配合
	u	这种配合过盈大，一般应验算在最大过盈时工件材料是否会损坏，要用热胀冷缩法装配，如火车轮毂和轴的配合
	v，x，y，z	这些基本偏差所组成配合的过盈量更大，目前使用的经验和资料还很少，需经试验后才能应用，一般不推荐

表 1-16　优先配合的选用说明

优　先　配　合	说　　明
$\frac{H11}{c11}$，$\frac{C11}{h11}$	间隙极大，用于转速很高，轴、孔温差很大的滑动轴承；要求大公差、大间隙的外露部分；要求装配极方便的配合
$\frac{H9}{d9}$，$\frac{D9}{h9}$	间隙很大，用于转速较高、轴颈压力较大、精度要求不高的滑动轴承
$\frac{H8}{f7}$，$\frac{F8}{h7}$	间隙不大，用于中等转速、中等轴颈压力、有一定精度要求的一般滑动轴承；要求装配方便的中等定位精度的配合
$\frac{H7}{g6}$，$\frac{G7}{h6}$	间隙很小，用于低速转动或轴向移动的精密定位的配合；需要精确定位，又经常装拆的不动配合
$\frac{H7}{h6}$，$\frac{H8}{h7}$，$\frac{H9}{h9}$，$\frac{H11}{h11}$	最小间隙为零，用于间隙定位配合，工作时一般无相对运动；也用于高精度、低速轴向移动的配合。公差等级由定位精度决定
$\frac{H7}{k6}$，$\frac{K7}{h6}$	平均间隙接近于零，用于要求装拆的精密定位的配合
$\frac{H7}{n6}$，$\frac{N7}{h6}$	较紧的过渡配合，用于一般不拆卸的更精密定位的配合
$\frac{H7}{p6}$，$\frac{P7}{h6}$	过盈很小，用于要求定位精度高、配合刚性好的配合；不能只靠过盈传递载荷的配合
$\frac{H7}{s6}$，$\frac{S7}{h6}$	过盈适中，用于靠过盈传递中等载荷的配合
$\frac{H7}{u6}$，$\frac{U7}{h6}$	过盈较大，用于靠过盈传递较大载荷的配合。装配时需加热孔或冷却轴

任务实施

1. 图 1-25 所示的活塞连杆机构，要求工作时活塞销和连杆衬套之间有相对摆动，所以选用间隙配合；而活塞销与活塞孔的连接要准确定位，故选用过渡配合。

此结构属于一轴多孔配合且配合性质不同的典型示例。如果采用基孔制，就得将活塞销加工成中间小、两头大的阶梯轴，会给加工和装配带来很大困难。而采用基轴制，则可将活塞销加工成光轴，加工精度和装配质量都容易保证了。从表面上看，两孔的尺寸不同，可能会增加刀具、量具的规格和数量，但因为两孔分别位于两个零件上，并没给加工带来多大麻烦。所以选用基轴制经济合理。

2. 按照标准公差等级的确定方法，图中的两个配合代号均属于公称尺寸小于或等于500mm且公差等级高于或等于IT8的配合，按规定应选用孔比轴低一级的配合，从而使孔、轴的加工难易程度相当、成本相当，故配合代号为 $\phi34\,\frac{G6}{h5}$ 和 $\phi34\,\frac{M6}{h5}$。

复习思考题

1. 什么是公称尺寸？通常有哪几种确定方法？
2. 什么是极限尺寸？其作用是什么？
3. 什么是偏差？它是如何分类的？
4. 极限偏差在图样上应如何正确标注？
5. 下列尺寸标注是否正确？如有错误请改正。

（1）$\phi23^{+0.015}_{+0.021}$mm；　（2）$\phi30^{+0.033}_{0}$mm；　（3）$\phi65_{-0.019}$mm；

（4）$\phi50^{-0.025}_{-0.009}$mm；　（5）$\phi100^{+0.027}_{-0.027}$mm；　（6）$\phi45^{+0.025}$mm。

6. 什么是公差？如何计算？它和偏差的主要区别是什么？
7. 根据表1-17中的已知数据，填写表中空格的数值，并绘出尺寸公差带图。

表 1-17　（单位：mm）

公称尺寸	上极限尺寸	下极限尺寸	上极限偏差	下极限偏差	公　差
（1）轴 $\phi20$	20.011	20.002			
（2）孔 $\phi30$		30.007			0.021
（3）轴 $\phi48$			−0.009	−0.020	
（4）孔 $\phi90$			−0.051		0.054

8. 配合有哪几种类别？各是如何定义的？其公差带特点是什么？
9. 已知表1-18中的数值，填写表中空格的数值。

表 1-18　（单位：mm）

公称尺寸 $D(d)$	孔			轴			X_{max}或Y_{min}	X_{min}或Y_{max}	配合公差 T_f	配合性质
	ES	EI	T_h	es	ei	T_s				
（1）$\phi25$		0				0.021	+0.074		0.054	
（2）$\phi12$		0			+0.001		+0.01	−0.009		
（3）$\phi50$			0.025	0		0.016		−0.0025		

10. 什么是标准公差？标准公差数值大小与哪些因素有关？

11. 标准公差等级用什么符号表示？国家标准规定了多少个公差等级？哪级精度最高？哪级精度最低？

12. 什么是基本偏差？孔和轴各有多少个基本偏差代号？

13. 配合制有哪两种？各是如何定义的？其符号各是什么？

14. 公差带代号怎样表示？其标注方法有哪三种？各举一例说明。

15. 说明下列公差带代号和配合代号的含义。

（1）ϕ18F8；（2）ϕ40M6；（3）ϕ70e6；

（4）ϕ50h7；（5）ϕ100H7/js6；（6）ϕ20S6/h5。

16. 利用极限偏差表确定15题的极限偏差。

17. 什么是一般公差？如何划分标准公差等级？

18. 简述配合制的选用原则。

19. 为什么在一般情况下应优先采用基孔制？

20. 选用公差等级的原则是什么？其主要的选用方法是哪一种？

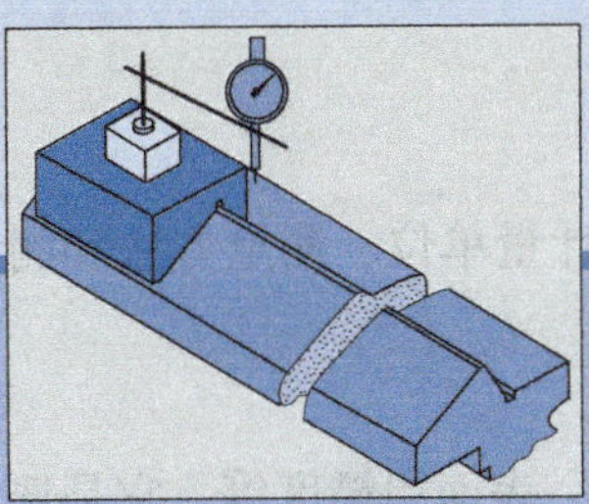

第二单元

技术测量的基本知识及常用计量器具

要实现互换性，除了要合理地规定公差，还需要在加工过程中进行正确的测量或检验，只有通过测量和检验判定为合格的零件，才具有互换性。

课题一　技术测量的基本知识

知识目标

- 知道测量、检验的概念。
- 熟悉测量的四要素。
- 会进行法定长度计量单位和英制长度计量单位的换算。
- 掌握测量误差产生的原因。

情景导入

图 2-1 所示的轴套是根据图 1-2 的公差要求加工的零件。零件加工后尺寸是否合格，有没有互换性，需要用相应的计量器具检测才能知道。想一想，可用哪种计量器具进行测量？

图 2-1　轴套

任务要求

如果用钢直尺对图 2-1 的轴套进行测量，测得的数值结果一般只能精确到整数。测量时使用的直尺属于哪类计量器具？采用的是哪种测量方法？测量精度如何？

知识准备

一、技术测量的含义

测量是为确定被测对象的量值而进行的实验过程。在这个实验过程中，通常是将被测的量与作为计量单位的标准量进行比较，从而确定两者的比值。

检验是只判断被测量是否在规定极限范围之内的过程，它不要求得到被测量的具体数值。

检测是检验和测量的总称。

二、测量要素

任何一个完整的测量过程，都包括测量对象（被测对象）、计量单位、测量方法和测量精度四个方面。通常将它们统称为测量过程四要素。

1. 测量对象

测量对象主要指几何量，即长度、角度、形状、方向、位置、表面粗糙度等，它是选用计量器具的主要依据之一。

2. 计量单位

（1）长度计量单位

1）法定长度计量单位。我国采用的是以国际单位制为基础的法定长度计量单位。米（m）是基本单位，其定义是1983年10月在第17届国际计量大会上通过的：米是光在真空中1/299 792 458s的时间间隔内所行进的路程长度。

机械制造中常采用的长度计量单位为毫米（mm）。例如，1m写成1000mm，6μm写成0.006mm等。在精密测量中，长度计量单位采用微米（μm）；在超精密测量中，长度计量单位采用纳米（nm）。它们的进制关系为

$$1\text{m} = 1000\text{mm}$$

$$1\text{mm} = 1000\mu\text{m}$$

$$1\mu\text{m} = 1000\text{nm}$$

2）英制长度计量单位。在生产实践中，有时还会遇到英制单位。其名称和进制关系为

1 英里(mile) = 1760 码(yd)

1 码 = 3 英尺(ft 或 ′)

1 英尺 = 12 英寸(in 或 ″)

法定长度计量单位与英制长度计量单位的换算关系是：1in = 25.4mm。

练一练

5/16in 等于多少毫米？

解析

$25.4\text{mm} \times 5/16 = 7.937\text{mm}$。

练一练

12.7mm 等于多少英寸？

解析

$12.7/25.4\text{mm} = 1/2\text{in}$。

（2）平面角单位　从平面内的任意一点引出两条射线，所组成的图形称为平面角或称为角。其计量单位有两种。

1）弧度制。圆周上等于半径长的弧是含有 1 弧度（rad）的弧，而 1 弧度的弧所对的圆心角是 1 弧度的角。以弧度为单位来度量角和弧的制度称为弧度制（图 2-2a）。由于整个圆周的长度为 $2\pi R$（R 为圆的半径），所以整个圆周的圆心角为 2π 弧度。弧度制的单位有弧度（rad）和微弧度（μrad）两种，其进制关系是：$1\mu rad = 10^{-6}$ rad。

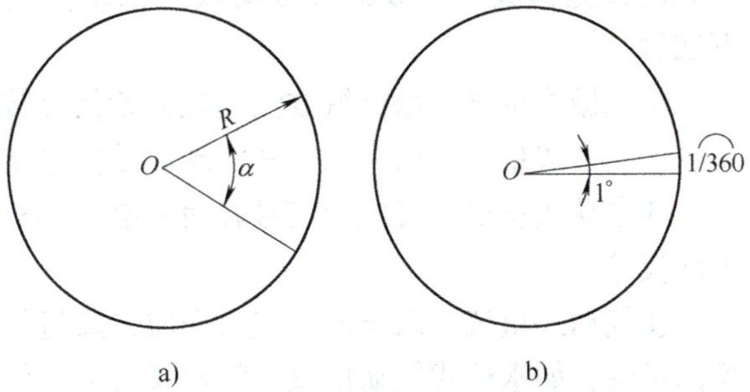

图 2-2　弧度和度的定义

a）弧度制　b）角度制

2）角度制。等于整个圆的 1/360 的弧是含有 1 度的弧，而 1 度弧所对的圆心角是 1 度的角，以度为单位来度量角和弧的制度称为角度制（图 2-2 b）。角度制的单位有度（°）、分（′）、秒（″）三种，其进制关系是：$1° = 60'$，$1' = 60''$。

角度制中，1 圆周 = 360°；1 平角 = 180°；1 直角 = 90°。

度和弧度的换算关系为

$$1° = \pi/180\ \text{rad} = 0.0174533\ \text{rad}。$$

$$1\text{rad} = 180°/\pi \approx 57°17'45''$$

练一练

50°等于多少弧度？

解析

0.0174533 rad × 50 = 0.872665 rad。

练一练

2 rad 等于多少度？

解析

57°17′45″ × 2 = = 114°35′30″。

（3）计量器具　计量器具按结构特点可分为量具、量规、量仪和计量装置四类。

1）量具。量具是以固定形式复现量值的计量器具，其结构比较简单，没有传动放大系统，一般分单值量具和多值量具两种：单值量具是复现几何量的单个量值的量具，即标准量具，如量块、直角尺等；多值量具是复现一定范围内的一系列不同量值的量具，即通用量具，如钢直尺、游标卡尺、千分尺等。

2）量规。量规是没有刻度的专用计量器具，用以检验零件提取要素的局部尺寸和几何误差的综合结果是否在规定的范围内。检验结果只能判断被测几何量合格与否，而不能获得被测几何量的具体数值，如用光滑极限量规、位置量规和螺纹量规等检验工件。

3）量仪。量仪是将被测几何量的量值转换成可直接观测的指示值（示值）或等效信息的计量器具，一般具有传动放大系统。量仪按原始信号转换原理的不同，可分为以下四种。

①机械式量仪。用机械方法实现原始信号转换的量仪，如指示表、杠杆齿轮比较仪等。

②光学式量仪。用光学方法实现原始信号转换的量仪，如光学计、工具显微镜等。

③电动式量仪。将原始信号转换为电量形式信息的量仪，如电感比较仪、电容比较仪、干涉仪等。

④气动式量仪。以压缩空气为介质，通过气动系统流量或压力的变化来实现原始信号转换的量仪，如水柱式气动量仪、浮标式气动量仪等。

4）计量装置。计量装置是为确定被测几何量值所必需的计量器具和辅助设备的总体，它能够测量较多的几何量和较复杂的零件，常用计量装置有自动分选机、检验夹具等。

3. 测量方法

测量方法指测量原理、测量器具和测量条件的总和。具体分类如下。

（1）按照获得结果的方法不同分类

1）直接测量。直接由计量器具标尺上读出被测量的实际数值或被测量对标准量的偏差。直接测量又可分为绝对测量与相对（比较）测量。

①绝对测量。由计量器具标尺上直接读出被测量的实际数值的测量方法。例如，用游标卡尺、千分尺测量零件的直径。

②相对测量。计量器具标尺上指示的值只是被测量对标准量的偏差。由于标准量是已知的，因此相对测量法被测量的整个数值等于计量器具所指偏差与标准量的代数差。一般来说，相对测量的精度较高。

2）间接测量。测量与被测量之间有已知函数关系的其他量，再经过计算得到被测量数值的测量方法。例如，用游标卡尺测量两孔的中心距。

（2）按照零件同时被测参数的多少分类

1）综合测量。同时测量零件上的几个有关参数，从而综合评定零件是否合格的测量方法。例如，用完整牙型的螺纹量规检验螺纹轮廓是否在极限轮廓范围内。综合测量的效率高，并能对参数进行综合控制，可比较可靠地保证零件的互换性。

2）单项测量。单个地、彼此没有联系地测量工件的单项参数的测量方法。例如，用工具显微镜分别测量螺纹的中经、牙型半角和螺距等。

（3）按照零件的表面与测头是否接触分类

1）接触测量。仪器的测头与工件的被测表面接触并有机械作用力存在的测量方法。例如，用电动轮廓仪测量表面粗糙度值。

2）非接触测量。仪器的测头与工件的被测表面不接触，没有机械作用力存在的测量方法。例如，用光学投影测量和气动测量。

（4）按测量结果对工艺过程所起的作用分类

1）主动测量。在零件的加工过程中对其进行测量的方法。测量结果直接用来控制零件的加工过程，决定是否继续加工或调整工艺系统，因此能预防废品产生。

2）被动测量。在零件加工后对其进行测量的方法。此时，测量结果仅限于发现并剔除废品。

（5）按照被测零件在测量过程中所处的状态分类

1）静态测量。测量时，被测表面与测头是相对静止的。例如，用千分尺测量零件直径。

2）动态测量。测量时，被测表面与测头之间有相对运动，它能反映被测参数的变化过程。例如，用激光比长仪测量精密线纹尺。

此外，还要考虑计量器具的度量指标，它既反映计量器具的性能，又是选择和使用计量器具的依据，故只有充分理解其含义，才能在实测中熟练应用。

1）标尺间距：沿着标尺长度的同一条线测得的两相邻标尺标记之间的距离。为了便于读数，一般标尺间距为1～2.5mm。

2）分度值：对应两相邻标尺标记的两个值之差。例如，游标卡尺的分度值分别是0.02mm、0.05mm和0.10mm，千分尺的分度值是0.01mm。

3）示值范围：计量器具标尺上所显示或指示的起始值到终止值的范围，它是极限示值界限内的一组值。例如，杠杆千分尺的示值范围为±0.02mm。

4）测量范围：计量器具所能测量的被测量的最小值到最大值的范围。例如，千分尺的测量范围有0～25mm，25～50mm，50～75mm等多种。

5）灵敏度：计量器具对被测量变化的反映能力。对于一般长度的计量器具，灵敏度等于标尺间距与分度值之比。例如，指示表（0.01mm）的标尺间距为1.5mm，分度值为0.01mm，其放大比为1.5/0.01＝150。

6）测量力：在接触测量过程中，测头与被测物体表面之间的接触压力。测量力的大小应适当，太大会引起弹性变形，太小则会影响接触的可靠性。因此，必须合理控制测量力的大小。

7）示值误差：计量器具的示值与被测量的真值之差。它主要由计量器具的原理误差、刻度误差和传动机构的制造与调整误差所产生。示值误差的大小可通过对计量器具的检定得到。

8）示值稳定性：在测量条件不做任何变动的情况下，对同一被测量进行多次重复测量时，其示值的最大变化范围。

9）修正值：为消除示值误差，用代数法加到测量结果上的值。它与示值误差的绝对值相等，符号相反。

4. 测量精度

由于诸多因素的存在直接影响测量精度，使得测量结果与真值不能完全一致，即出现测量误差，因此，测量精度是由测量误差反映出来的。所谓测量误差指测量结果与被测量的真值之间的差异。

（1）测量误差的产生原因　在实际测量中，产生测量误差的原因很多，主要有以下几方面。

1）计量器具误差。计量器具误差指计量器具本身的误差，主要包括其设计、制造和使用过程中的误差总和。设计计量器具时，因结构不符合理论要求会产生误差，这些误差都会在以后的使用中引起测量误差。例如，在设计计量具和量仪时，应遵守阿贝原则，即基准长度应与被测长度在同一直线上，否则就会造成理论误差。制造和装配计量器具也会产生误差。例如，刻度尺的刻线不准确、分度盘安装偏心、计量器具调整不善所造成的误差。使用计量器具的过程中也会产生误差。例如，计量器具中零件的变形、滑动表面的磨损、接触测量的机械测量力均会产生误差。

2）测量方法误差。测量方法误差指测量方法不完善所产生的误差，包括计算公式不精确、测量方法不当、工件装夹不合理等产生的误差。例如，对同一个被测几何量分别用直接测量法和间接测量法进行测量，会产生不同的方法误差；再如，先测出圆的直径 d，然后按公式 $s=\pi d$ 计算出周长 s，由于 π 取近似值，所以计算结果中带有方法误差。

3）环境误差。测量时的环境条件不符合标准条件所引起的误差称为环境误差。例如，温度、湿度、气压、照明等不符合标准以及计量器具上有灰尘、振动等引起的误差。其中温度引起的误差特别显著，若不能保证在标准温度（20℃）条件下进行精密测量，则应加以修正。

4）人员误差。由测量人员的主观因素引起的误差称为人员误差，它包括技术熟练程度、分辨能力、思想情绪、连续工作时间、工作责任心等。例如，计量器具调整不正确和量值估读错误等因素引起的测量误差。

（2）测量误差的分类　根据误差出现的规律，可以将其分为系统误差和随机误差两类。

1）系统误差。在相同条件下多次重复测量同一几何量时，误差的大小和符号均不变，或按一定规律变化的测量误差。前者称为定值系统误差，如千分尺的零位不正确引起的误差；后者称为变值系统误差，如分度盘偏心所引起的按正弦规律周期变化的误差。定值系统误差可用对比检定法消除，变值系统误差可用对称法或半周期法消除。

2）随机误差。在重复性条件下，对同一被测量进行无限多次测量所得结果的平均值之差。随机误差主要是由测量中一些偶然因素或不稳定因素引起的。例如，计量器具传动机构的间隙、摩擦测量力的不稳定及温度波动等引起的误差。所谓随机，指在单次（某一次）测量中误差的出现是无规律可循的，但若进行多次重复测量，则可发现随机误差符合正态分布规律。因此常用概率统计方法和通过改善测量方法估计误差范围，但不能将其消除或校正。

任务实施

测量图 2-1 所示轴套时使用的钢直尺，属于计量器具里的多值量具类。采用的测量方法是绝对测量法（也是接触测量法），测量精度低。

课题二　测量长度尺寸的常用计量器具

知识目标

- 能正确使用钢直尺、卡钳和塞尺测量各种工件。
- 会进行量块的尺寸组合。
- 了解量块的精度等级和使用保养方法。
- 能正确使用游标卡尺测量工件。
- 能正确使用千分尺测量工件。
- 知道指示表的刻线原理、用途和使用方法。

情景导入

图2-3a所示连接轴是根据图1-18所示公差要求加工的零件。尺寸$\phi 45_{-0.025}^{0}$mm、$\phi 25_{-0.041}^{-0.020}$mm、$\phi 10_{0}^{+0.022}$mm和$16_{-0.025}^{+0.002}$mm的公差较小，这些尺寸能用游标卡尺测量吗？用哪一种计量器具能比较准确地测量零件的尺寸大小？

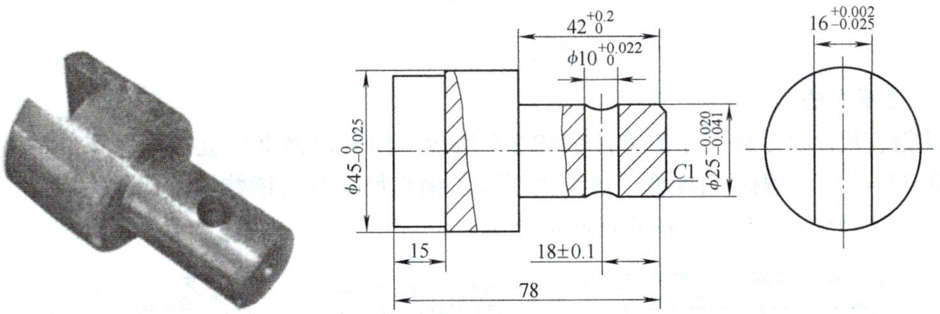

a)　　b)

图2-3　连接轴

a）实物　b）图样

任务要求

图2-3所示连接轴，用游标卡尺无法准确测量尺寸$\phi 45_{-0.025}^{0}$mm、$\phi 25_{-0.041}^{-0.020}$mm、$\phi 10_{0}^{+0.022}$mm和$16_{-0.025}^{+0.002}$mm，必须使用比游标卡尺精密的计量器具测量。本课题要求用千分尺测量工件尺寸。

1. 用千分尺测量零件$\phi 45_{-0.025}^{0}$mm、$\phi 25_{-0.041}^{-0.020}$mm、$\phi 10_{0}^{+0.022}$mm和$16_{-0.025}^{+0.002}$mm的提取要素的局部尺寸。

2. 判断零件上$\phi 45_{-0.025}^{0}$mm、$\phi 25_{-0.041}^{-0.020}$mm、$\phi 10_{0}^{+0.022}$mm和$16_{-0.025}^{+0.002}$mm的提取要素的局部尺寸是否合格。

知识准备

一、钢直尺

钢直尺是用来测量和划线的一种简单量具，一般用来测量毛坯或尺寸精度不高的工件。

1. 测量范围

钢直尺是最简单的长度量具。其测量范围有0～150mm、0～300mm、0～500mm、0～1000mm和0～2000mm五种。

2. 钢直尺的结构

整个尺身由上测量面、下测量面、端面、正面、背面和悬挂孔构成，如图2-4所示。正面刻有间隔为1mm的标尺，在下测量面前端50mm的范围内还刻有间隔为0.5mm的标尺标记，背面刻有米、英制换算表或英制单位的标尺标记。

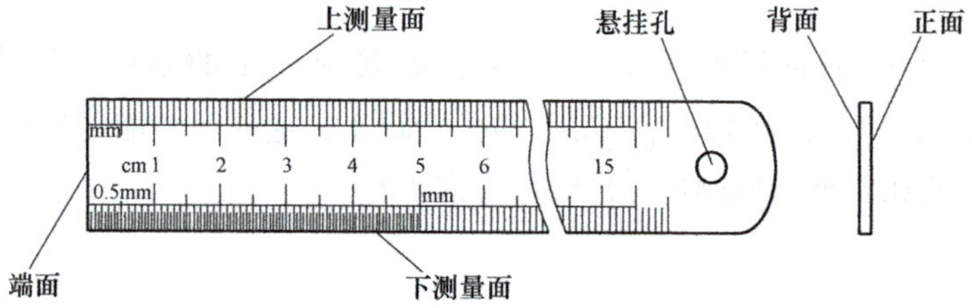

图 2-4　钢直尺的结构

3. 使用方法

用钢直尺测量零件尺寸的方法如图 2-5 所示。如果用钢直尺直接测量零件的直径尺寸（轴径或孔径），则测量精度低。这是由于除了钢直尺本身的读数误差比较大以外，还无法将钢直尺正好放在零件直径的正确测量位置上。

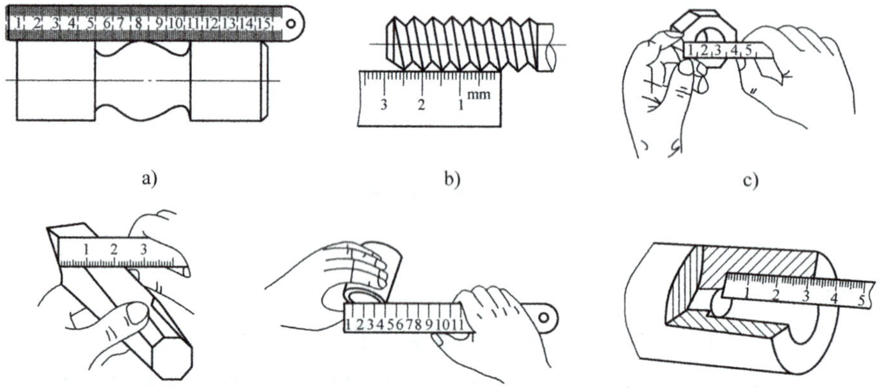

图 2-5　用钢直尺测量零件尺寸的方法

二、卡钳

1. 卡钳的规格

卡钳的规格有 100mm、125mm、200mm、250mm 和 300mm 等多种。

2. 卡钳的结构和用途

图 2-6 所示为常见的两种内、外卡钳。内、外卡钳是最简单的比较量具。内卡钳用来测量内径和凹槽的长度，外卡钳用来测量外径和平面的长度。它们本身都不能直接读出测量结果，而是把测量得到的长度尺寸放在钢直尺、游标卡尺或千分尺上等进行读数。

3. 卡钳开度的调节

调节卡钳的开度时，先将卡钳调整到和工件尺寸相近的开度，轻敲卡钳内侧来增大卡钳的开口，如图 2-7a 所示；或轻敲卡钳的外侧来减小卡钳的开口，如图 2-7b 所示。但不能直接敲击卡钳的钳口，这样会导致钳口损伤，进而引起测量误差。

4. 卡钳尺寸的度量方法

用卡钳测量尺寸时，可以先在工件上度量，再与带读数的量具进行比较，得出读数。外

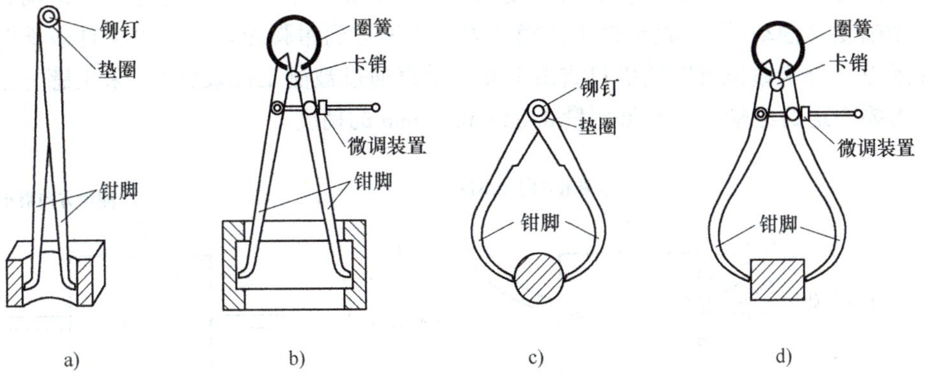

图 2-6　卡钳的种类

a）普通内卡钳　b）弹簧内卡钳　c）普通外卡钳　d）弹簧外卡钳

卡钳可与钢直尺、游标卡尺等量具进行尺寸度量，如图 2-8 所示。在钢直尺上读取尺寸数值时，其中一个钳脚的测量面应靠在钢直尺的端面上，另一个钳脚的测量面对准所需尺寸的标尺标记线，且两个测量面的连线应与钢直尺平行，人的视线要垂直于钢直尺。

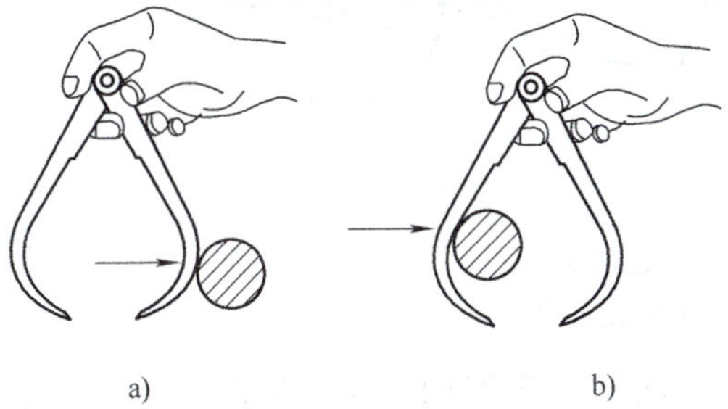

图 2-7　卡钳开度的调节

a）放大调整　b）缩小调整

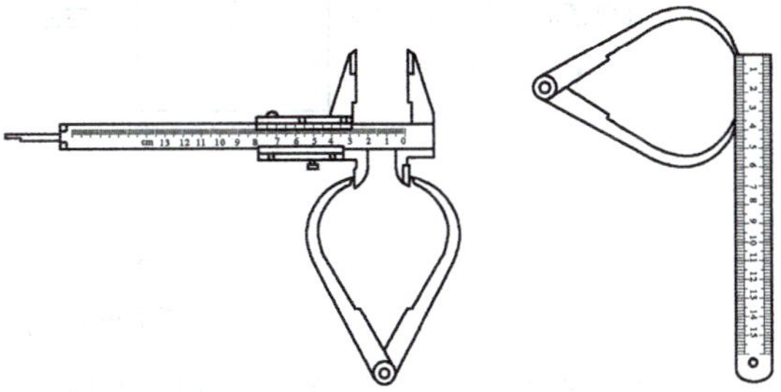

图 2-8　外卡钳尺寸度量方法

内卡钳可与钢直尺、游标卡尺、千分尺等量具进行尺寸度量，如图 2-9 所示。

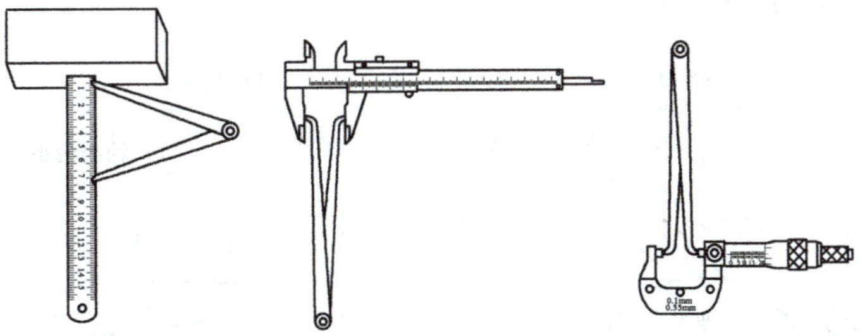

图 2-9　内卡钳尺寸度量方法

5. 卡钳的使用方法

当用外卡钳对工件进行粗测量时，可采用间隙法来估测。测量时，先将外卡钳调至一定尺寸，再将一钳脚测量面抵住工件基准面，然后观察另一钳脚测量面与被测表面的间隙量并估计出尺寸量值。当对工件进行精测量时，可采用感觉法进行估测，具体操作方法如图 2-10 所示。先对外卡钳测量面的开度尺寸进行微调，外卡钳的一钳脚测量面要始终抵住工件基准面，另一钳脚测量面要在工件表面做幅度很小的左右摆动和上下（或前后）摆动，并不断缩小摆动幅度（摆动量），直至处于正确位置，要感觉到钳脚测量面通过工件表面时有很小的摩擦阻力（外卡钳也可以凭借自重由上而下垂直通过被测工件表面）。采用感觉法进行测量时，需要一定的经验，一般可测量 0.02 ~0.05mm 的精度。

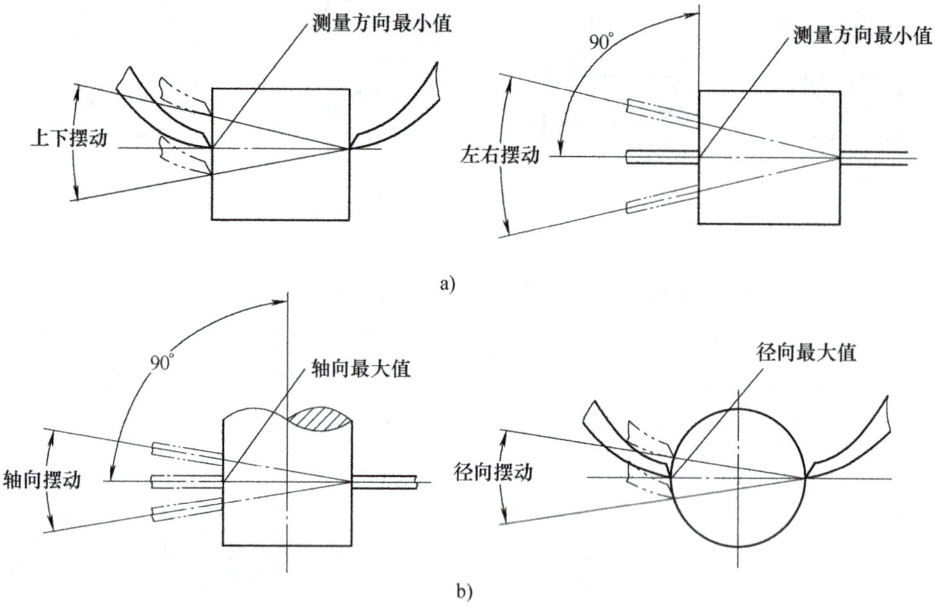

图 2-10　外卡钳感觉法测量

a）测量矩形工件　b）测量轴类工件

内卡钳测量也采用感觉法，如图 2-11 所示。测量时，要对内卡钳测量面的开度尺寸进行微调，微调的方法与外卡钳基本相同。测量孔径时，一钳脚测量面停留在孔壁上作为支点，固定不动，另一个钳脚由孔口略往里面一些并逐渐向外试探，在工作表面做幅度很小的径向摆动和轴向摆动，并不断缩小摆动幅度，直至处于正确位置。要感觉到钳脚测量面通过工件表面时有很小的摩擦阻力。

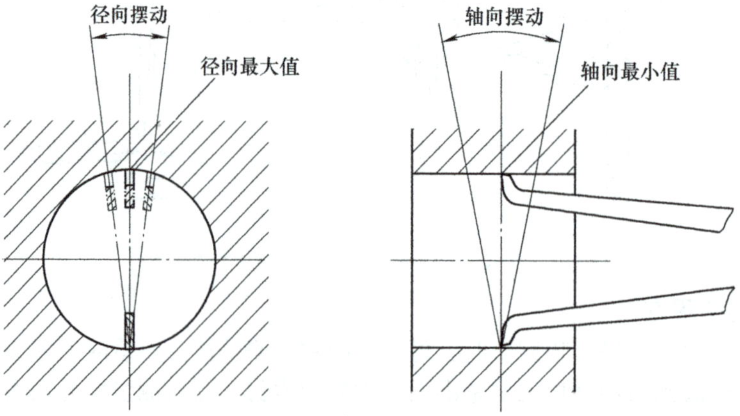

图 2-11　内卡钳感觉法测量

三、塞尺

塞尺（俗称厚薄规）是用来检验两个结合面之间间隙大小的片状量规。塞尺尺片有两个互相平行的工作面。

1. 塞尺的结构

塞尺的结构包括尺片和尺套，如图 2-12 所示。

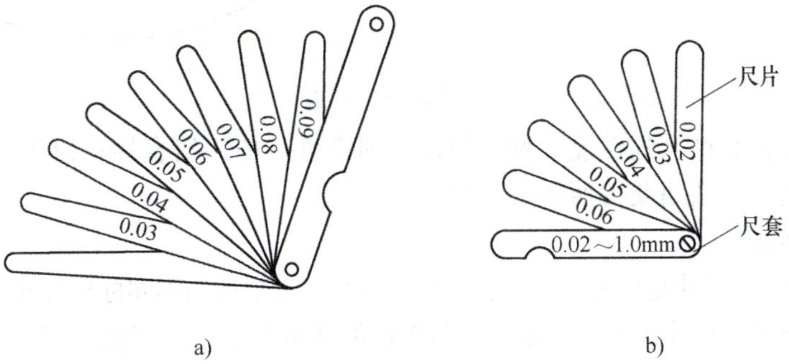

图 2-12　塞尺

2. 塞尺的规格

塞尺的规格分为 1～5 号，标称长度有 50mm、100mm、200mm 等。尺片的厚度为 0.02～1mm，每片间隔 0.01mm。

3. 使用方法

使用塞尺时，通过插入法来检测配合面之间的间隙量。如图 2-13 所示，将塞尺的尺片插入两结合面之间的间隙内来检测其间隙量。如 0.04mm 的尺片能塞进去，而 0.05mm 尺片放不进去，则说明间隙量在 0.04～0.05mm 之间。

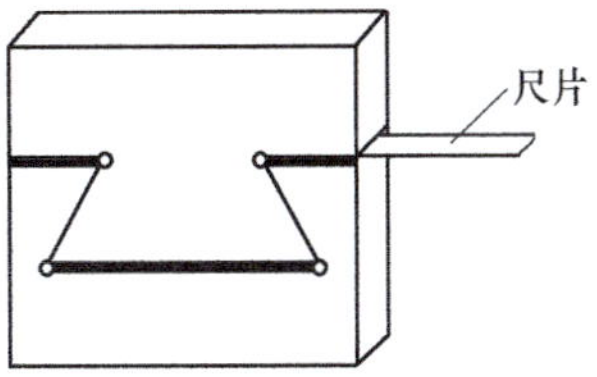

图 2-13　用塞尺检测间隙的大小

四、量块

1. 量块的用途

量块是一种没有刻度的平面平行端面量具，一般用特殊合金钢制成。量块除了作为长度基准进行尺寸传递外，还用于检定和校准其他量具、量仪，相对测量时调整量具和量仪的零位，以及调整精密机床、精密划线和测量精密零件。

2. 量块的形状结构

量块的形状一般为长方体，如图 2-14 所示，它有两个平行的测量面和四个非工作面。量块一个测量面上的任意点到与其相对的另一测量面相研合的辅助体表面之间的垂直距离称为量块长度 l；对应于量块未研合测量面中心点的量块长度称为量块中心长度 lc；而标记在量块上，用以表明其与主单位（m）之间关系的量值是量块的标称长度。

量块的标称长度大于或等于 10mm 时，其测量面的尺寸为 35mm×9mm；标称长度在 10mm 以下时，其测量面的尺寸为 30mm×9mm。

3. 量块的研合性

量块的一个测量面与另一量块的测量面或另一经精加工的类似量块测量面的表面，通过

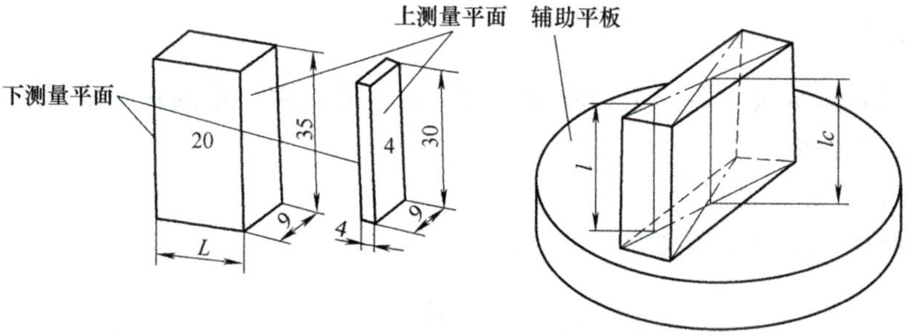

图 2-14　量块

分子力的作用而相互粘合的性能，称为量块的研合性。应用研合性可以将多个固定尺寸的量块组成一个量块组，从而获得所需要的尺寸。

4. 量块的组合

在实际生产中，量块是成套使用的，每套量块由一定数量的不同标称尺寸的量块组成（图 2-15），以便组合出各种尺寸，满足一定尺寸范围内的测量需求。国家标准规定，我国生产的成套量块有 91 块、83 块、46 块、38 块等多种规格，共有 17 种套别。常用成套量块见表 2-1。

图 2-15　成套量块

表 2-1　常用成套量块

套　别	总块数	级　别	尺　寸　系　列　/mm	间隔/mm	块　数
1	91	0，1	0.5 1 1.001，1.002，…，1.009 1.01，1.02，…，1.49 1.5，1.6，…，1.9 2.0，2.5，…，9.5 10，20，…，100	 0.001 0.01 0.1 0.5 10	1 1 9 49 5 16 10
2	83	0，1，2	0.5 1 1.005 1.01，1.02，…，1.49 1.5，1.6，…，1.9 2.0，2.5，…，9.5 10，20，…，100	 0.01 0.1 0.5 10	1 1 1 49 5 16 10

（续）

套　别	总块数	级　别	尺　寸　系　列　/mm	间隔/mm	块　数
3	46	0，1，2	1 1.001，1.002，…，1.009 1.01，1.02，…，1.09 1.1，1.2，…，1.9 2，3，…，9 10，20，…，100	 0.001 0.01 0.1 1 10	1 9 9 9 8 10
4	38	0，1，2	1 1.005 1.01，1.02，…，1.09 1.1，1.2，…，1.9 2，3，…，9 10，20，…，100	 0.01 0.1 1 10	1 1 9 9 8 10

组合量块时，为减少量块的组合误差，应尽量减少量块的数目，一般要求最多不超过5块。选用量块时，应根据所需组合的尺寸，从最后一位数字开始选择，每选一块，应使尺寸数字的位数至少减少一位，以此类推，直至组合成完整的尺寸。

练一练

试用91块套别的量块组成46.027mm的尺寸。

解　析

```
   46.027
 -  1.007 ————————第一块量块尺寸
   45.02
 -  1.02  ————————第二块量块尺寸
   44
 -  4     ————————第三块量块尺寸
   40
 - 40     ————————第四块量块尺寸
    0
```

共选取四块，尺寸分别为1.007mm、1.02mm、4mm和40mm。

练一练

分别用83块套别的量块和38块套别的量块组成59.995mm的尺寸。

解　析

1）若用83块一套的量块组合，则有

```
  59.995
 -1.005 ————————第一块量块尺寸
```

```
  58.99
-  1.49 ————————第二块量块尺寸
  57.5
-  7.5  ————————第三块量块尺寸
  50
- 50    ————————第四块量块尺寸
   0
```

共选取四块，尺寸分别为1.005mm、1.49mm、7.5mm和50mm。

2）若用38块一套的量块组合，则有

```
  59.995
-  1.005 ————————第一块量块尺寸
  58.99
-  1.09  ————————第二块量块尺寸
  57.9
-  1.9   ————————第三块量块尺寸
  56
-  6     ————————第四块量块尺寸
  50
- 50     ————————第五块量块尺寸
   0
```

共选取五块，尺寸分别为1.005mm、1.09mm、1.9mm、6mm和50mm。

可以看出，采用83块一套的量块比较好。

5. 量块的精度

为了满足不同应用场合对量块精度的要求，量块的制造精度分为5级，即0、1、2、3和K级，其中K级精度最高（属于校准级），3级精度最低。

量块按检定精度分为6等，即1、2、3、4、5、6等，其中1等精度最高，6等最低。

6. 量块的使用方法

量块的使用方法可分为按“级”使用和按“等”使用两种。按“级”使用，是以量块的标称尺寸为工作尺寸，不计量块的制造误差和磨损误差，其精度不高，但使用方便。按“等”使用，是用经检定后的量块的实测值作为工作尺寸，它不包含量块的制造误差，因此提高了测量精度，但使用不够方便。

7. 量块的维护保养

1）量块是一种精密量具，不能碰伤和划伤其表面，特别是测量面。

2）量块选好后，在组合前先用航空汽油或苯洗净表面的防锈油，用麂皮或软绸擦干，将选好的量块用推压的方法逐块研合。

3）使用时，不得用手接触量块的测量面，以免造成汗液对量块的腐蚀及手温对测量准确度的影响。

4）使用后，必须拆开组合的量块，再用航空汽油或苯将其洗净擦干，并涂上防锈油，装在盒子中。

五、游标量具

利用游标和尺身相互配合进行测量和读数的量具，称为游标量具。游标量具结构简单，使用方便，测量范围大，维护保养容易，在机械加工中应用极为广泛。

1. 游标卡尺的结构形式和用途

游标卡尺简称卡尺。它由尺身及能在尺身上滑动的游标等组成，其结构如图 2-16 所示。

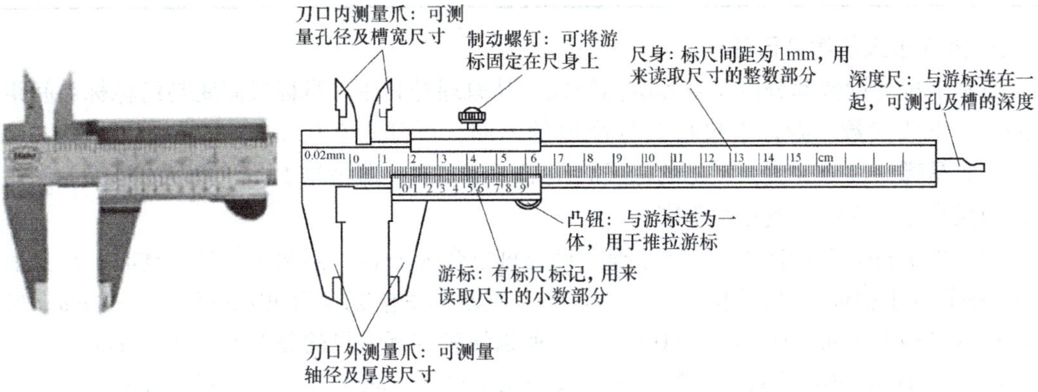

a)　　b)

图 2-16　游标卡尺结构示意图

a）实物　b）结构

常用的三种游标卡尺见表 2-2。

表 2-2　常用的三种游标卡尺　　（单位：mm）

种　类	结　构　图	用　途	测量范围	分度值
三用卡尺 （Ⅰ型）	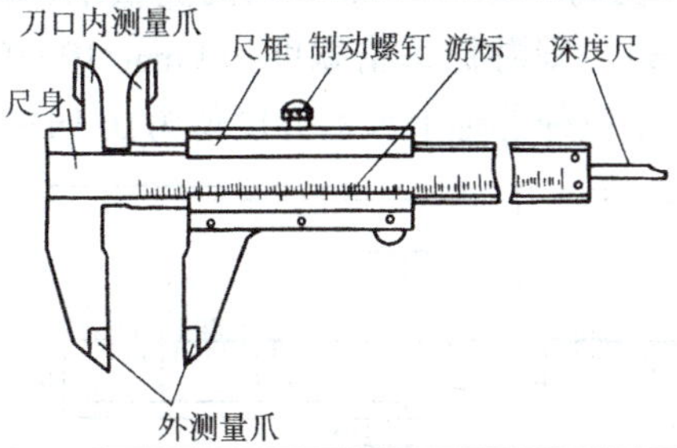	可测内、外尺寸，深度，孔距，环形壁厚，沟槽	0 ~ 125 0 ~ 150	0.02 0.05
双面卡尺 （Ⅲ型）	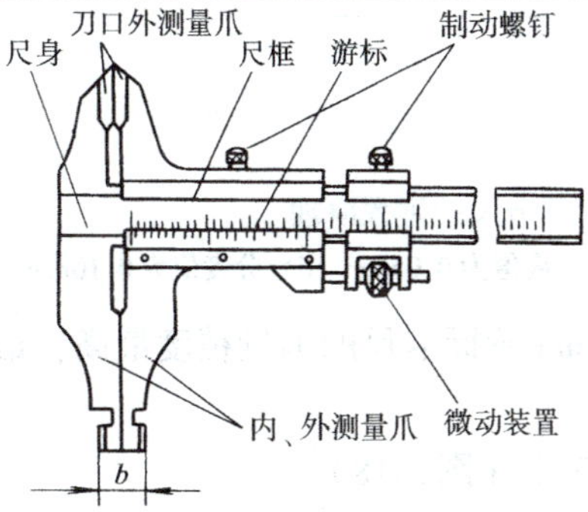	可测内、外尺寸，孔距，环形壁厚，沟槽	0 ~ 200 0 ~ 300	0.02 0.05

（续）

种　类	结　构　图	用　途	测量范围	分度值
单面卡尺（Ⅳ型）	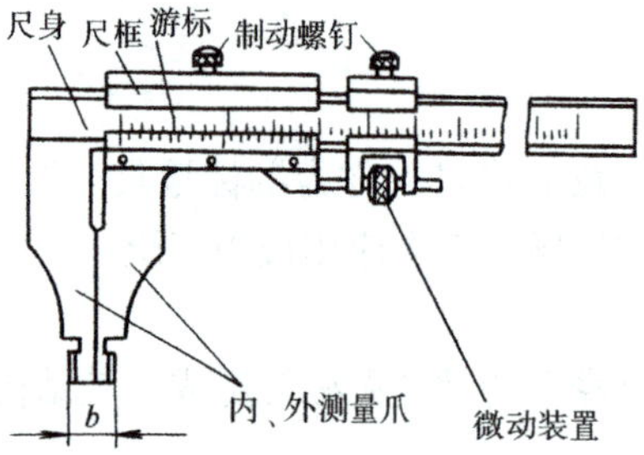	可测内、外尺寸，孔距	0~200 0~300	0.02 0.05
			0~500	0.02 0.05 0.1
			0~1000	0.05 0.1

2. 游标卡尺的读数原理

游标卡尺的读数部分由尺身和游标组成。其原理是利用尺身标尺间距与游标标尺间距之差来进行小数读数。游标卡尺按其分度值的不同，可分为0.02mm、0.05mm和0.1mm三种。不管是哪一种分度值，尺身的标尺间距都是相同的，即每格1mm，每大格10mm，只是游标与尺身相对应的刻线宽度不同。

（1）0.02mm游标卡尺的读数原理　尺身每小格为1mm，当两测量爪合拢时，尺身上的49mm刚好等于游标50格的长度（图2-17a），则游标每格宽度为49mm/50＝0.98mm。尺身与游标每格相差1mm－0.98mm＝0.02mm，所以该种游标卡尺的分度值为0.02mm。

（2）0.05mm游标卡尺的读数原理　尺身每小格为1mm，当两测量爪合拢时，尺身上的19mm刚好等于游标20格的长度（图2-17b），则游标每格宽度为19mm/20＝0.95mm。尺身与游标每格相差1mm－0.95mm＝0.05mm。另一种是尺身上的39mm刚好等于游标的20格的长度（图2-17c），则游标每格宽度为39mm/20＝1.95mm。尺身2格与游标1格相差2mm－1.95mm＝0.05mm，此种游标卡尺的分度值为0.05mm。这种刻线的游标卡尺线条清晰，容易看准。

（3）0.1mm游标卡尺的读数原理　尺身每小格为1mm，当两测量爪合拢时，尺身上的9mm刚好等于游标10格的长度（图2-17d），则游标每格宽度为9mm/10＝0.9mm。尺身与游标每格相差1mm－0.9mm＝0.1mm，所以该种游标卡尺的分度值为0.1mm。

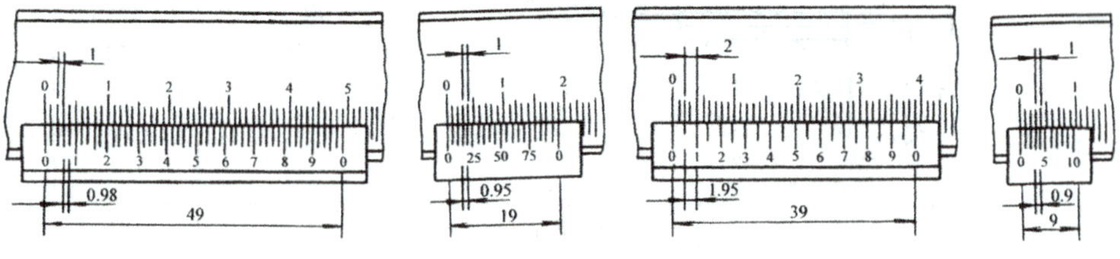

a)　b)　c)　d)

图2-17　游标卡尺的读数原理

a）分度值为0.02mm　b）、c）分度值为0.05mm　d）分度值为0.10mm

以上三种游标卡尺中，分度值为0.02mm游标卡尺的测量精度最高，最为常用。

3. 游标卡尺的读数方法

用游标卡尺测量工件时，读数方法分三步（图2-18）。

（1）读整数　游标的零线是读数的基准线，首先读出游标零线所指示的尺身上左边的毫米整数60mm。

（2）读小数　读出游标上哪一条标尺标记与尺身的某条标尺标记对齐，将其顺序数乘以游标的分度值所得的积，即为被测件的小数。图2-18中示值为24 × 0.02mm = 0.48mm；或通过游标“4”标尺标记先读出0.4mm，再加上4 × 0.02mm = 0.08mm，即0.4mm + 0.08mm = 0.48mm就是所测尺寸的小数。

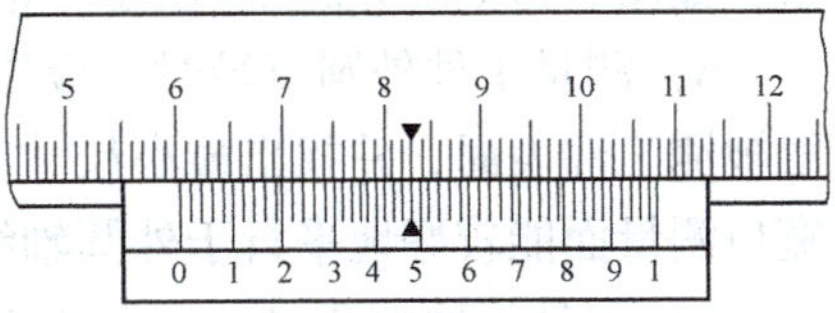

图2-18　分度值0.02mm游标卡尺读数示意图

特别要注意，读数时若没有正好对齐的标尺标记，则取最接近对齐的标尺标记进行读数。

（3）求和　将整数和小数相加就是被测零件的整个数值，即60mm + 0.48mm = 60.48mm。

各种游标卡尺的读数示例见表2-3。

表2-3　游标卡尺的读数示例　（单位：mm）

游标分度值	图　例	读 数 值
0.10	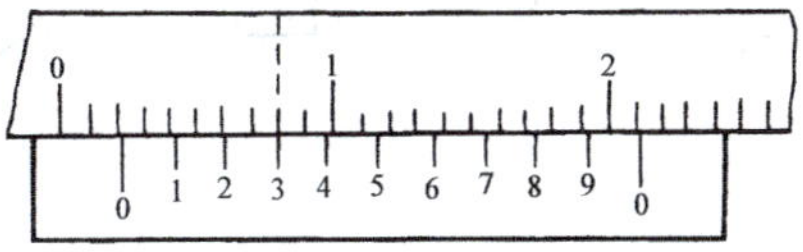	2.30
0.05	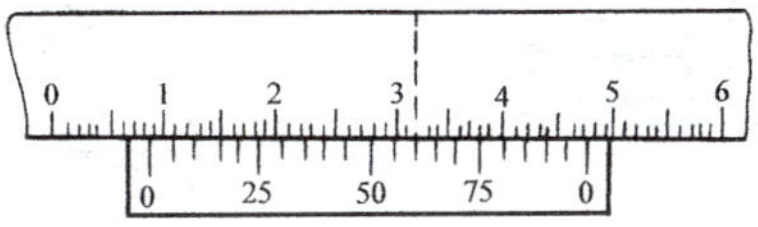	8.60
0.02	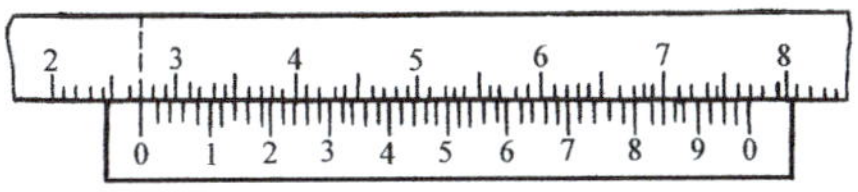	27.00
0.02	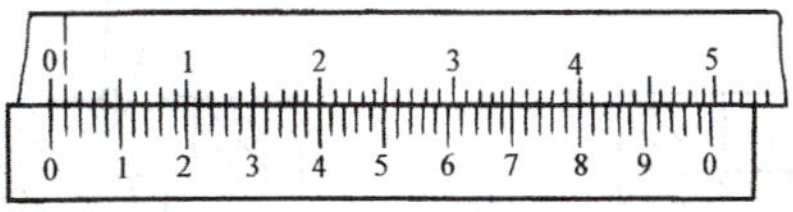	0.02

4. 游标卡尺的测量方法

1）根据被测工件的公称尺寸和公差大小选择与测量范围相当的游标卡尺。

2）使用前，应先将游标卡尺用软布擦干净。拉动游标，检查游标沿尺身滑动是否灵活，有无卡死现象，制动螺钉能否正常使用。

3）合拢游标卡尺的两个量爪，检查量爪间是否透光，同时检验游标的零线与尺身零线是否对齐。如果没对齐，应记下零位的示值误差，取其负值作为测量结果的修正值。

4）擦净被测工件表面的油污、灰尘。

5）测量时，应将量爪的测量面张开到略大于被测尺寸，将尺身量爪的测量面贴靠工件的一个基准面，然后适当用力移动游标，使游标量爪的测量面紧靠基准面的对面并读出读数，如图 2-19a 和图 2-19b 所示，也可拧紧制动螺钉后再读数。

6）测量工件外圆直径时，应先使卡尺两量爪间距略大于被测工件的尺寸，再使量爪接触被测工件表面，并找出最小尺寸。测量外圆直径时，尽量用宽口测量面来测量。这是因为宽口测量面能较好地平行于外圆轴线，从而能得到准确的量值，如图 2-19c 所示。

7）测量工件内孔时，应先使卡尺两量爪间距略小于被测工件的尺寸，尺身必须平行于工件内孔轴线，先固定尺身量爪的测量面，再将游标量爪的测量面做幅度较小的径向摆动，并找出最大尺寸，作为孔径尺寸，如图 2-19d 所示。

8）测量工件的中心距和边心距时，注意一定要用卡尺的刀口测量面来测量，这样可以得到准确的量值，如图 2-19e 和图 2-19f 所示。

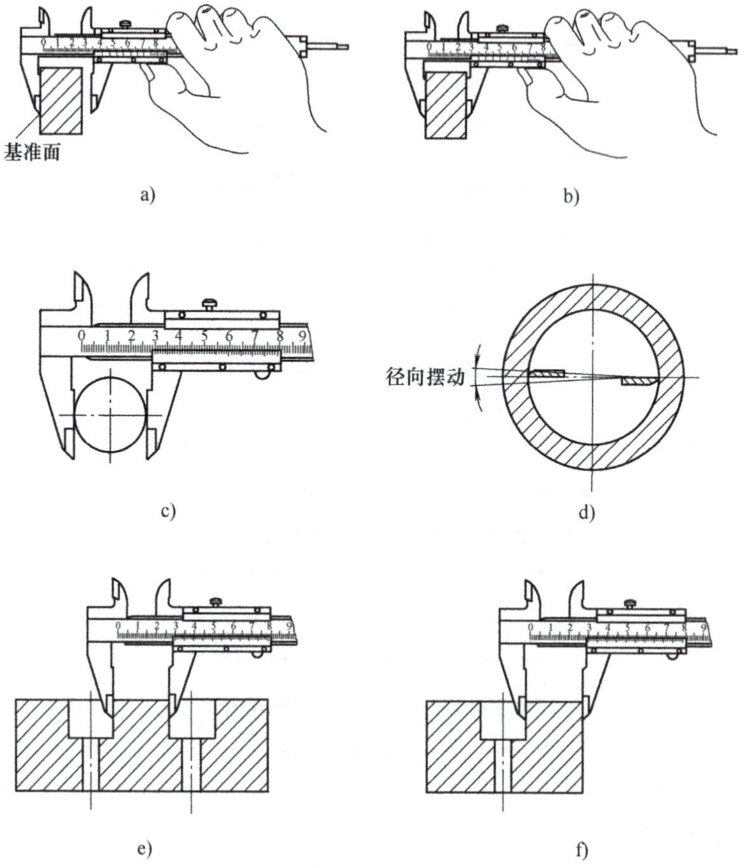

图 2-19 游标卡尺的测量方法

a）尺身量爪贴靠工件基准面 b）游标量爪紧靠工件测量面

c）测量工件外圆 d）测量工件内孔

e）测量中心距 f）测量边心距

5. 测量时的注意事项

1）测量时，游标卡尺的量爪位置要摆正，不能歪斜。

2）保持合适的测量力。

3）读数时，视线应与尺身表面垂直，避免产生视觉误差。

6. 游标卡尺的维护保养

1）用完游标卡尺后，应将量爪合拢，以免深度尺露在外边，产生变形或折断。

2）测量结束后，要把卡尺平放，以免引起尺身弯曲变形。

3）使用过程中要轻拿轻放，不要与锤子、扳手等工具放在一起，以防受压和磕碰造成损伤。

4）游标卡尺使用完毕，应擦净并放置在专用盒内。如果长时间不用，要涂防锈油保存，防止弄脏或生锈。

7. 处理数据，判断零件合格性

尺寸测量的目的是得到被测尺寸的客观、真实数据，但由于多种因素的限制，只能获得其近似值，也就是说测量一定是有误差的。为了减少误差，一般要进行多次测量，然后计算出测量数据的算术平均值，即

$$\bar{l}=\frac{l_1+l_2+\cdots+l_n}{n}$$

式中　$l_1+l_2+\cdots+l_n$——测得尺寸之和（mm）；

n——测量次数；

$\bar{l}$——测量数据的算术平均值（mm）。

判断零件尺寸合格的条件是测量数据的算术平均值必须在上极限尺寸与下极限尺寸之间。

8. 其他游标量具

其他游标量具有游标深度卡尺、游标高度卡尺和游标齿厚卡尺，见表2-4，其读数原理基本与游标卡尺相同。为了减小测量误差，提高测量的准确度，有的卡尺还装有指示表和数显装置，称为带表卡尺和数显卡尺，如图2-20和图2-21所示。

表2-4　其他游标量具

名称	结构图	简要说明
游标深度卡尺	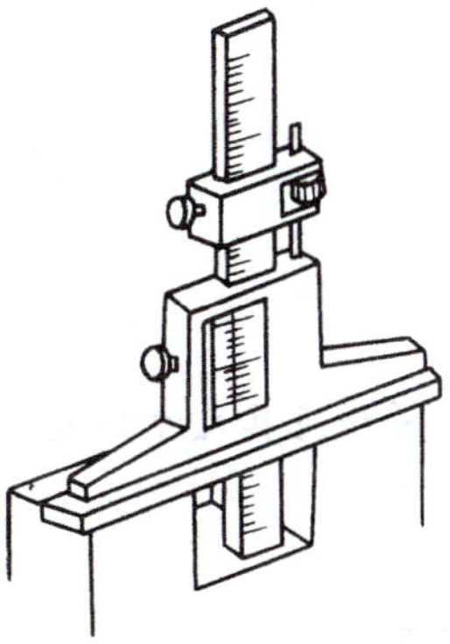	用于测量孔、槽的深度，台阶的高度 使用时，将尺架贴紧工件的平面，再把尺身插到底部，即可从游标上读出测量尺寸

（续）

名 称	结 构 图	简 要 说 明
游标高度卡尺	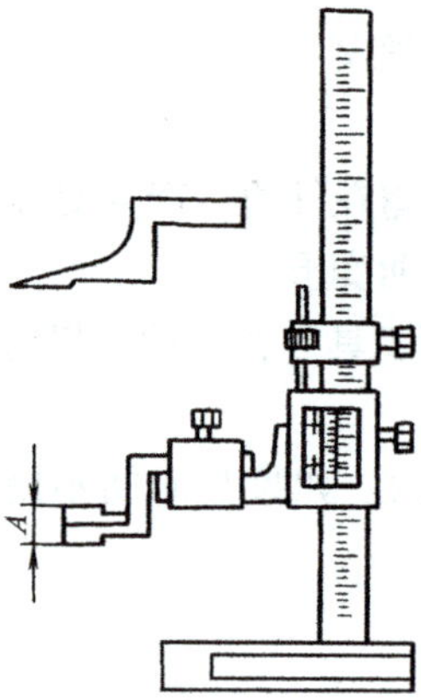	用于测量工件的高度和进行划线，更换不同的卡脚，可满足其需要 使用时必须注意，在测量顶面到底面的距离时，应加上卡脚的厚度尺寸 *A*
游标齿厚卡尺	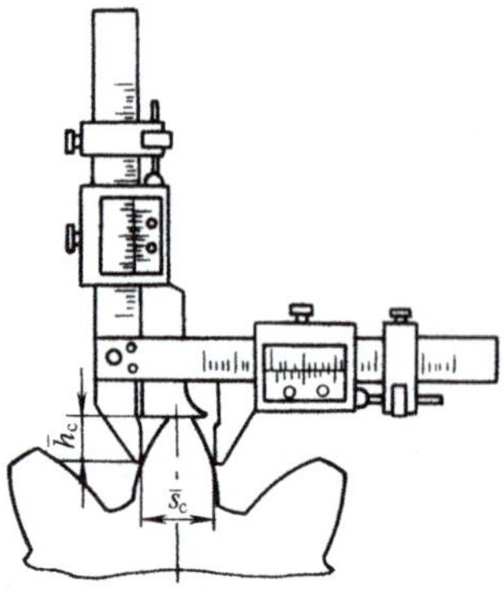	用于测量直齿、斜齿圆柱齿轮的固定弦齿厚。它由两把互相垂直的游标卡尺组成 使用时，先把垂直尺调到$\bar{h}_c$处的高度，然后使端面靠在齿顶上。移动水平卡尺游标，使卡脚轻轻与齿侧表面接触，这时水平尺上的读数就是固定弦齿厚$\bar{s}_c$

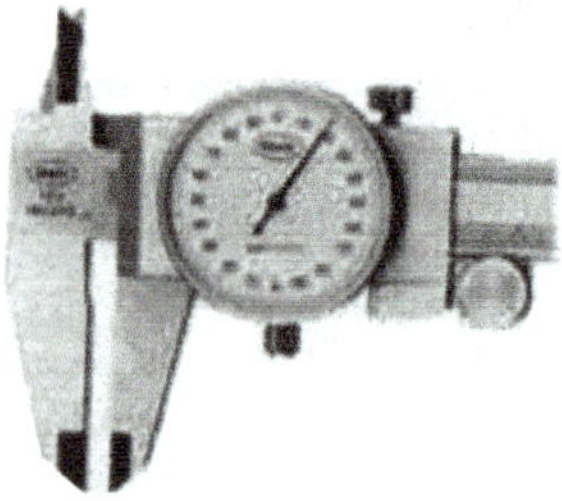

图 2-20　带表卡尺

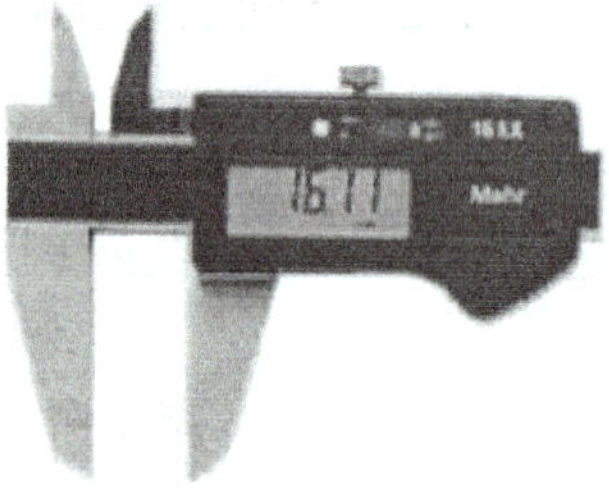

图 2-21　数显卡尺

技能训练一

用游标卡尺测量图 1-2 所示轴套各个要素的尺寸，并根据其尺寸公差要求判断零件合格与否。

技能训练一解答：

用游标卡尺测量轴套尺寸的方法和注意事项见表 2-5。

表 2-5　用游标卡尺测量轴套尺寸的方法和注意事项

被测尺寸/mm	测量方法	注意事项
$\phi25^{+0.052}_{0}$	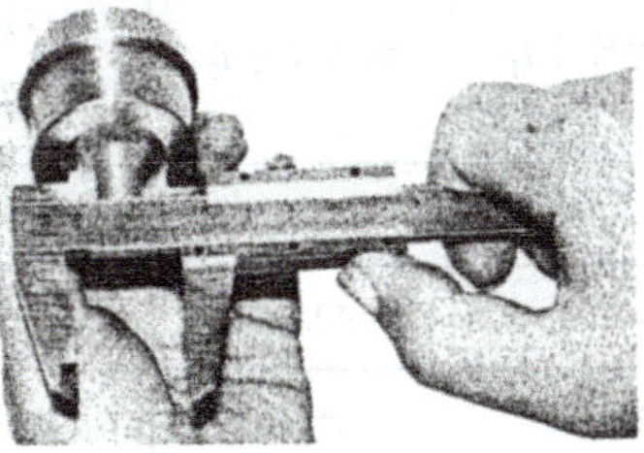	(1) 卡爪张开的尺寸应小于工件的尺寸，然后拉动游标靠近工件表面 (2) 作用在游标上的推力要适中 (3) 量爪应过工件中心
$\phi40^{+0.052}_{-0.010}$	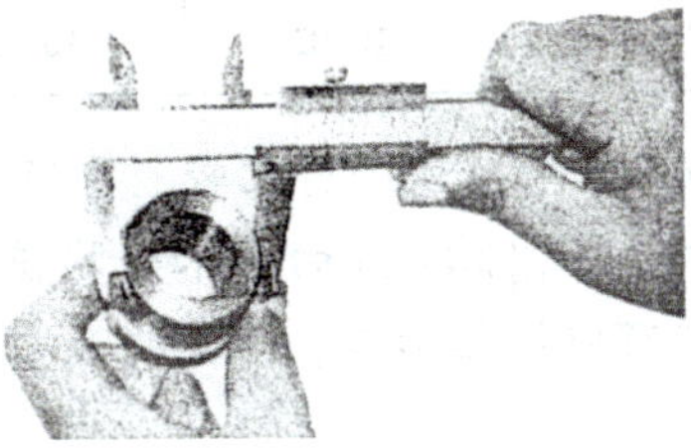	(1) 卡爪张开的尺寸应大于工件的尺寸，然后推动游标靠近工件表面 (2) 量爪应通过工件中心
$\phi45^{+0.087}_{+0.025}$	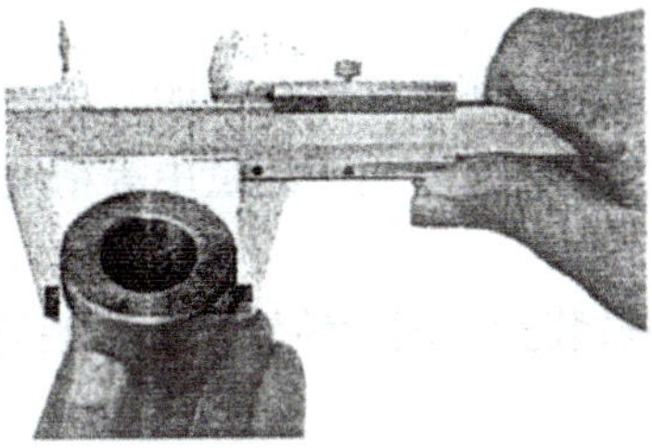	(1) 卡爪张开的尺寸应大于工件的尺寸，然后推动游标靠近工件外表面 (2) 量爪应通过工件中心
30 ±0.2	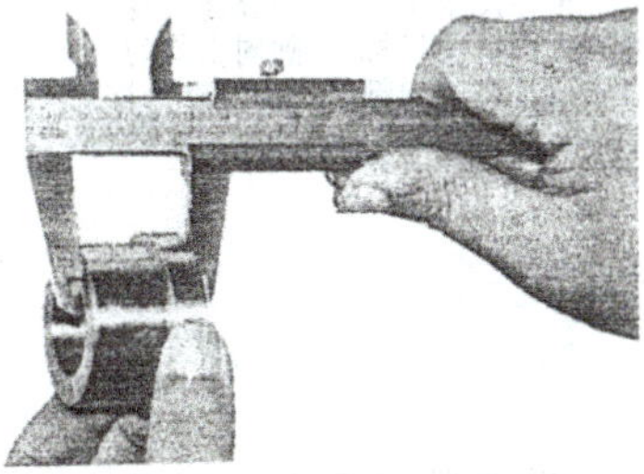	工件应摆正，让量爪与被测表面充分接触
10 ±0.1	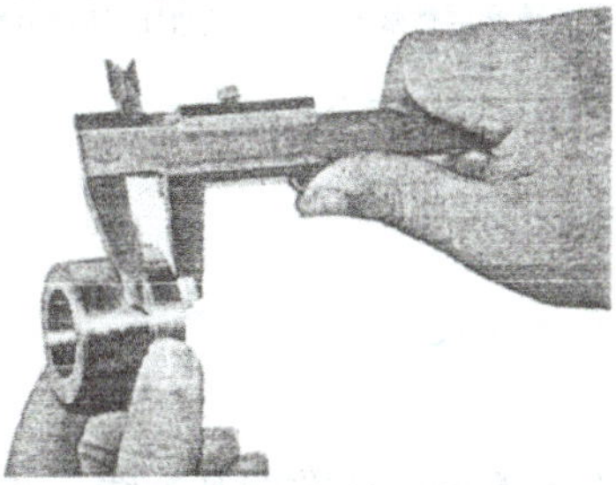	

将测得的尺寸数值填入表2-6中。为保证尺寸测量准确，可对轴套同一尺寸测量两次。

表2-6 测得轴套尺寸及尺寸合格性判断 （单位：mm）

被测尺寸	上极限尺寸	下极限尺寸	测得尺寸 l_1	测得尺寸 l_2	测得尺寸的算术平均值 $\bar{l}$	尺寸合格性
$\phi25^{+0.052}_{0}$	ϕ25.052	ϕ25	25.04	25.02	25.03	合格
$\phi40^{+0.052}_{-0.010}$	ϕ40.052	ϕ39.990	40.04	40.04	40.04	合格
$\phi45^{+0.087}_{+0.025}$	ϕ45.087	ϕ45.025	45.18	45.16	45.17	不合格
30 ±0.2	30.20	29.80	30.02	30.02	30.02	合格
10 ±0.1	10.10	9.90	10.04	10.02	10.03	合格

将测得尺寸的平均值与其上极限尺寸和下极限尺寸进行比较，即可判断轴套的实测尺寸是否合格。从表2-6可以看出，测得尺寸 $\phi45^{+0.087}_{+0.025}$mm 的算术平均值为 ϕ45.17mm，大于上极限尺寸 ϕ45.087mm，所以不合格。但可以继续加工，直至将尺寸加工到两极限尺寸之间。

六、测微螺旋量具

测微螺旋量具是利用螺旋副原理，对尺架上两测量面间分隔的距离进行读数的外尺寸测量器具。它比游标量具的测量精度高，使用方便，主要用于测量中等精度的零件。

1. 千分尺的结构

如图2-22所示，千分尺主要由尺架、测微装置、测力装置和锁紧装置等组成。

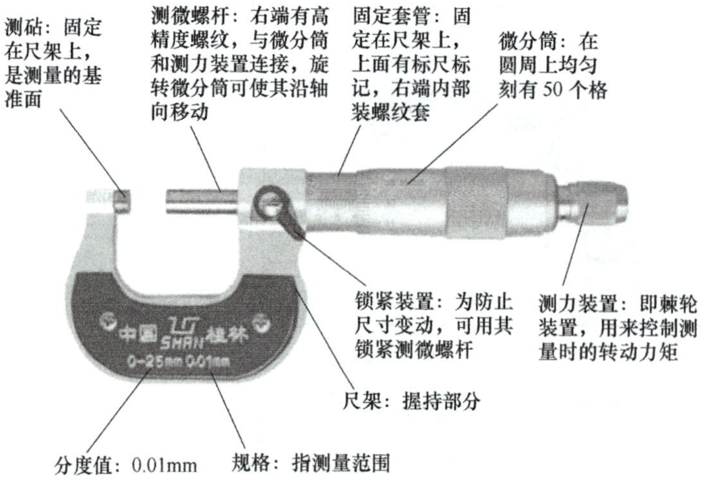

图2-22 千分尺

2. 千分尺的读数原理

在千分尺的固定套管上刻有轴向中线，作为微分筒读数的基准线。在中线的两侧刻有两排标尺标记，每排标尺间距为 1mm，上下两排相互错开 0.5mm。测微螺杆的螺距一般为 0.5mm，微分筒的外圆周上刻有 50 等分的标尺。当微分筒旋转 1 周（50 格）时，测微螺杆轴向移动 0.5mm，当微分筒转 1 格（1/50 转）时，测微螺杆轴向移动 0.5mm /50 = 0.01mm，故千分尺的分度值为 0.01mm。

3. 千分尺的读数方法

用千分尺进行测量时，读数步骤可分三步。

（1）读整数　首先读出微分筒边缘在固定套管上露出来的毫米整数或半毫米数。图 2-23 所示的毫米数为 32.5mm。

（2）读小数　从微分筒上找到与固定套管基准线对齐的标尺标记，将此标记值乘以 0.01mm 就是被测量的小数部分（<0.5mm）。图 2-23 所示的小数为 15 ×0.01mm =0.15mm。

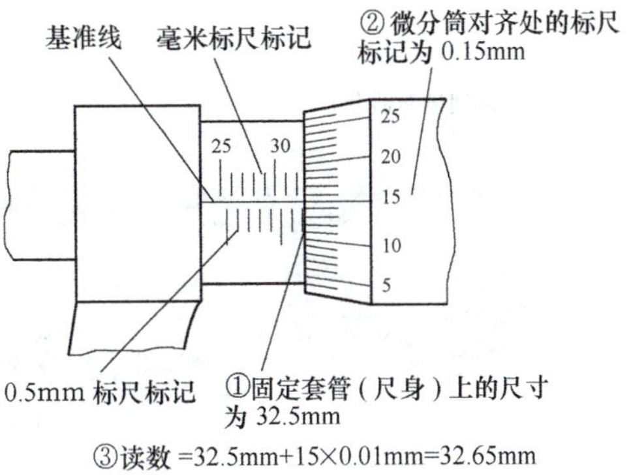

图 2-23　千分尺读数示意图

当微分筒上没有任何一条标尺标记与基准线恰好对齐时，应估读到小数点后第三位数。

（3）求和　将上面两个读数值相加，即为测量尺寸。图 2-23 所示的尺寸为 32.5mm + 0.15mm =32.65mm。

千分尺的读数示例如图 2-24 所示。

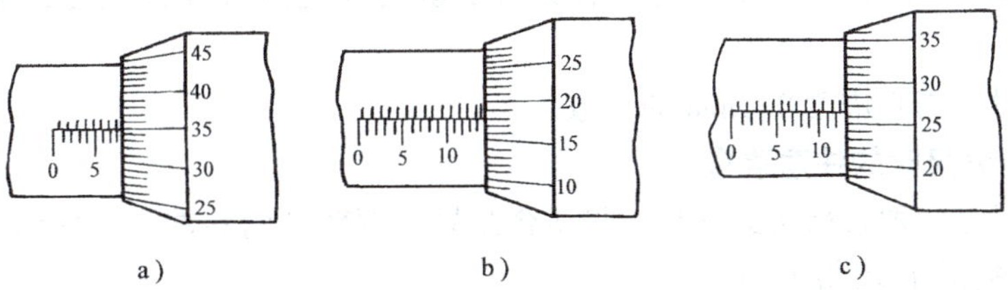

图 2- 24　千分尺读数示例

a）8.35mm　b）14.68mm　c）12.765mm

4. 千分尺的测量范围和精度

由于精密测微螺杆在制造上有一定困难，所以一般移动量为 25mm。常用千分尺的测量范围有 0 ~ 25mm、25 ~ 50mm、50 ~ 75mm 等多种。当所测尺寸超过 500mm 时，移动量为 100mm。

千分尺的制造精度主要由它的示值误差（主要取决于螺纹精度和刻线精度）和测量面的平行度误差决定。按制造精度不同，千分尺分为 0 级和 1 级两种，0 级精度较高。

5. 千分尺的测量方法

1）按不同公称尺寸和精度等级，选用适当的千分尺。

2）测量前要对千分尺进行擦拭和检查。先用清洁的纱布将千分尺和被测件表面擦拭干净，然后检查千分尺各活动部分是否灵活可靠。在全行程内微分筒的转动要灵活，测微螺杆的移动要平稳，锁紧装置的作用要可靠。

3）测量前应校对零位。转动千分尺测力装置上的棘轮，使两个测量面合拢，看测量面间是否密合，同时观察微分筒上的零线是否对齐固定套管上的基准线，微分筒锥面的左端面与固定套管的零线是否重合，如图 2-25a 所示。如果没有重合，则说明存在零位偏差，应进行调整。对于测量范围大于 25mm 的千分尺，可用校对棒或量块比对所要测量的尺寸，如图 2-25b 所示。

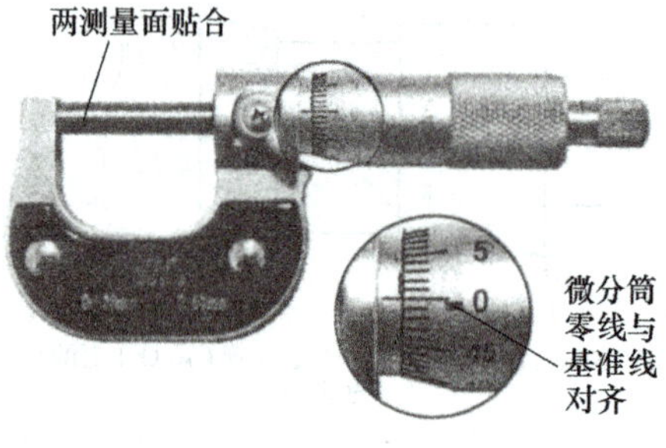

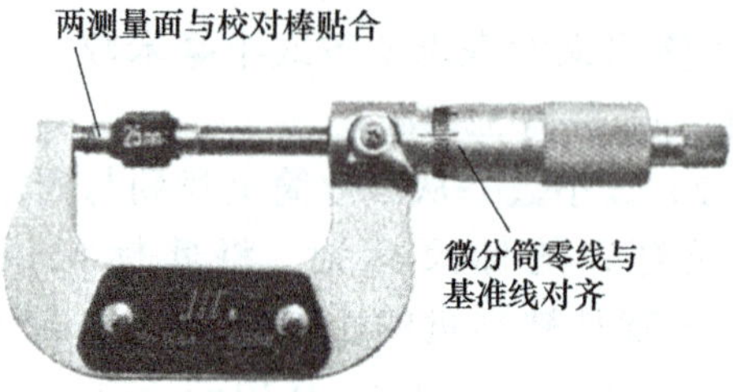

图 2-25　千分尺校零示意图

a) 0～25mm 千分尺　b) 25～50mm 千分尺

4）转动微分筒，待测量面将与被测表面接触时，转动测力装置，使测微螺杆的测量面接触工件表面，听到 2～3 声“咔咔”响声后方能进行读数，这时最好在被测件上直接读数。如果必须取下千分尺读数，则要用锁紧装置把测微螺杆锁住，然后轻轻滑出千分尺。

5）读数时，当心错读 0.5mm 的小数。

6. 使用千分尺时的注意事项

1）千分尺是一种较精密的量具，只适合测量精度较高的零件，严禁用它测量粗糙的表面，也不能测量正在运动的零件。

2）测量时要使测微螺杆轴线与工件的被测尺寸方向一致，不要倾斜。

3）旋转力要适当。

7. 千分尺的维护保养

1）不能将千分尺当卡规使用，以防划坏千分尺的测量面。

2）不能将千分尺与其他工具或零件混放。

3）千分尺要轻拿轻放，不得摔碰。

4）不允许用砂布和金刚石擦拭测微螺杆上的污垢。

5）不允许手握千分尺的微分筒旋转晃动，以防止测微螺杆过快磨损或测量面互相撞击。

6）不允许在千分尺的微分筒和固定套管之间加酒精、煤油、柴油、凡士林和普通全损耗系统用油等，也不允许将千分尺浸泡在上述油类及酒精中。如发现有上述物质侵入，要用汽油清洗，再涂上特种轻质润滑油。

7）千分尺要保持清洁。测量完后，用软布或棉纱等擦干净，放入盒中。长期不用时应涂防锈油。此时要注意勿使两测量面贴合在一起，以免锈蚀。

8）为了保持千分尺的精度，必须对其进行定期检定。

8. 其他测微螺旋量具（表2-7）

表2-7　其他测微螺旋量具

名称	结构图	简要说明
两点内径千分尺	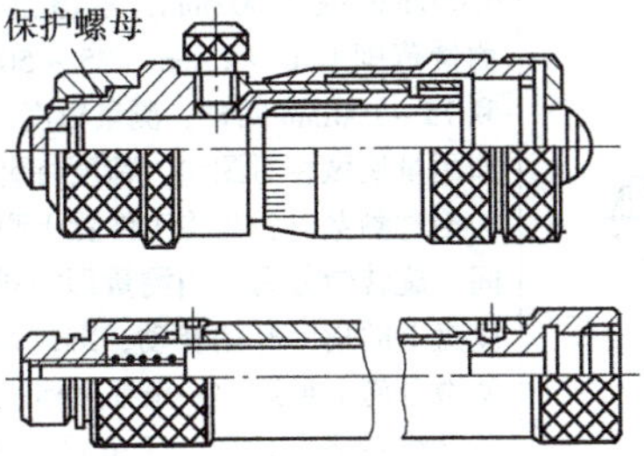	用于测量50mm以上的内径、槽宽和两个内表面之间的距离。读数方法与千分尺相同，但其刻线方向与千分尺的刻线方向相反。分度值为0.01mm 为了扩大其测量范围，两点内径千分尺附有成套接长杆。连接时去掉保护螺母，把接长杆右端与两点内径千分尺左端旋合，可以连接几个接长杆，直到满足需要为止
深度千分尺	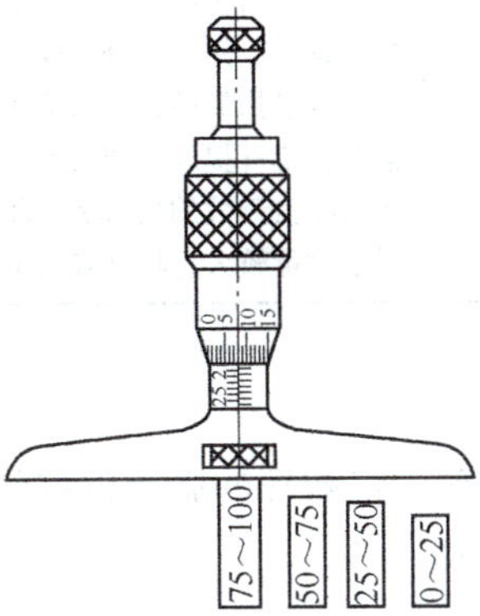	用于测量通孔、不通孔、阶梯孔和槽的深度，也可以测量台阶高度和平面之间的距离等。其结构、读数原理和读数方法与千分尺基本相同，只是用基准代替了尺架和固定测砧。分度值为0.01mm 带有固定式测杆的深度千分尺，其测量范围有0~25mm，25~50mm，50~75mm和75~100mm四种；带有可换式测杆的深度千分尺，其测量范围有0~100mm和0~150mm两种
螺纹千分尺	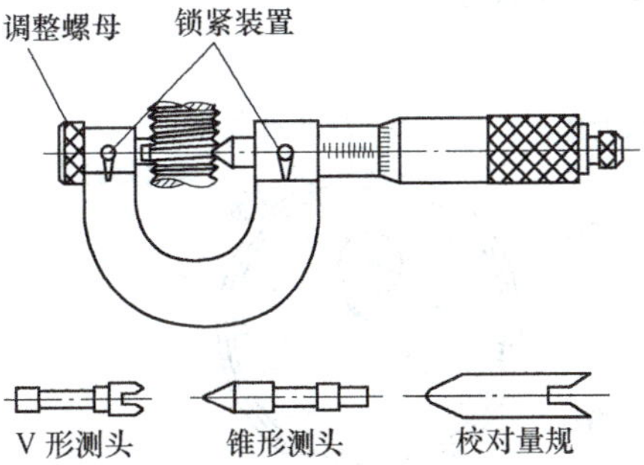	主要用于测量螺纹的中径。其结构与千分尺相似，不同之处在于测砧是可调节的。测量时，应根据被测螺纹的螺距选用相应测头，使V形测头与螺纹牙型的凸起部分相吻合，锥形测头与螺纹牙型沟槽部分相吻合，从固定套管和微分筒上读出螺纹中径尺寸。分度值为0.01mm，测量范围为0~25mm，25~50mm，50~75mm，75~100mm，100~125mm，125~150mm，150~175mm和175~200mm
公法线千分尺	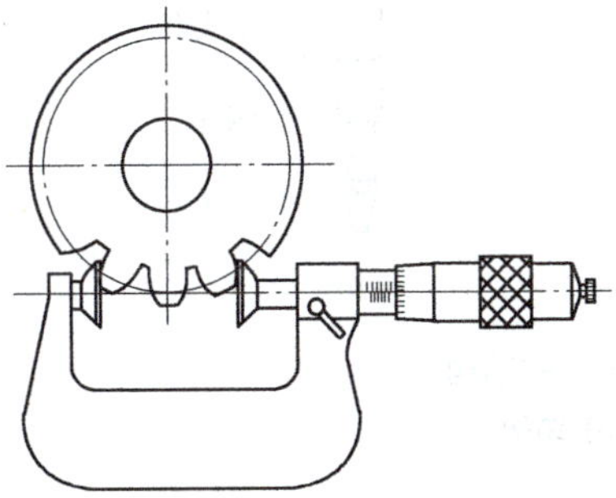	用于测量外啮合圆柱齿轮的公法线长度。其结构与千分尺基本相同，不同点只是两个测砧的测量面做成两个相互平行的圆平面。测量前先用计算或查表的方法得到跨测齿数，再把公法线千分尺调到比被测尺寸略大，然后把测头插到齿轮齿槽中进行测量，即可测出公法线的实际长度。测量范围同螺纹千分尺

（续）

名称	结构图	简要说明
杠杆千分尺	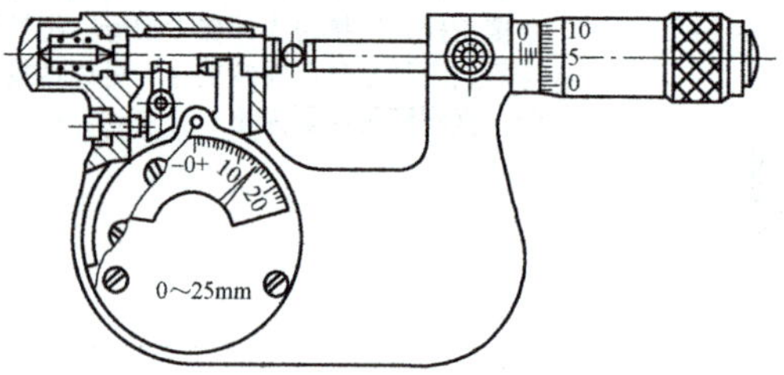	杠杆千分尺的用途与千分尺相同。其结构与千分尺相似，由测微螺旋部分和杠杆齿轮部分组成，前者的分度值为0.01mm，后者的分度值为0.001mm或0.002mm，示值范围为±0.02mm，测量范围有0～25mm，25～50mm，50～75mm和75～100mm四种，测量精度比外径千分尺高，如用量块做相对测量，精度将更高 绝对测量时，需将工件置于测砧和测微螺杆之间，旋转微分筒，当测量面与被测工件接触时，度盘上的指针开始转动，继续缓慢转动微分筒，使微分筒上最近的一条标尺标记与固定套管上的基准线对齐。此时，千分尺的读数（±度盘指针读数）即为被测工件尺寸 相对测量时，将标准件或量块放入两测量面之间，转动微分筒使度盘上的指针指到零位，锁紧测微螺杆，然后压下按钮取出标准件，放上工件，度盘指针的指示值为工件尺寸与标准尺寸的偏差，工件提取组成要素的局部尺寸等于标准尺寸与度盘读数的代数和。相对测量的效率高，适用于批量较大、精度较高的中小零件的测量

七、机械式量仪

机械式量仪借助杠杆、齿轮、齿条或扭簧的传动，将测杆的微小位移经传动和放大机构转变为度盘上指针的角位移，从而指示出相应的数值。

1. 指示表

（1）指示表的结构　指示表的结构如图2-26所示。

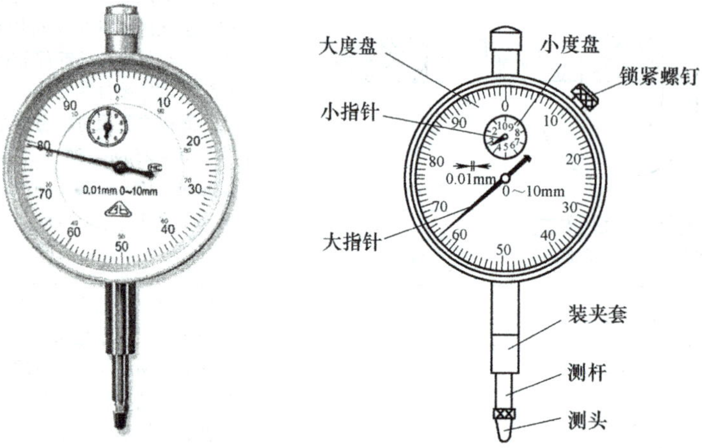

a)　　b)

图2-26　指示表的结构

a）实物　b）结构

用指示表测量时，大度盘指针和小度盘指针的位置都在变化。毫米整数值从小指针转过的格数来读得，毫米小数值从大指针的指示位置读得，当指针停在两条刻线之间时，可以进行估读，读出小数第三位，即微米（μm）。

（2）指示表的工作原理　指示表的工作原理是将测杆的直线位移，经过齿条与齿轮传动，转变为指针的角位移。

测量时，当测杆移动1mm时，大指针沿大度盘正好转1周，而大度盘圆周上正好刻成100等份，即指针转动100格。由此可知，大指针转过1格，就相当于测杆移动1mm/100＝0.01mm，所以指示表的分度值为0.01mm。

（3）指示表的示值范围和精度　指示表的示值范围分为0～3mm、0～5mm、0～10mm等。

指示表的精度等级分为0级、1级和2级，0级精度最高，2级精度最低。

（4）磁性表座及表架的结构　磁性表座及表架的结构如图2-27所示。

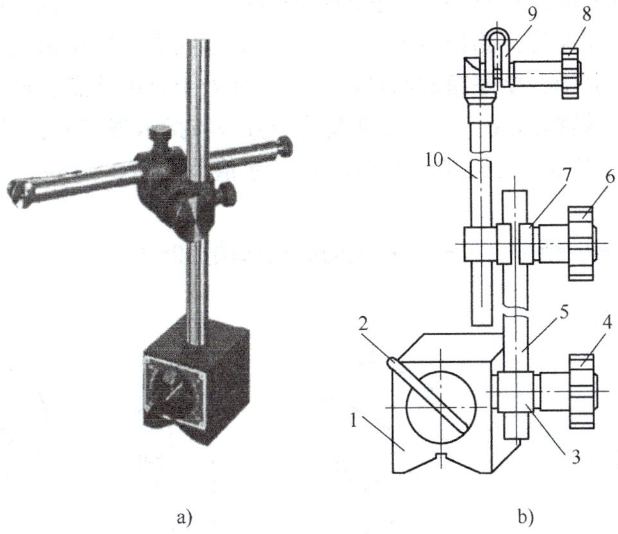

图2-27　磁性表座及表架的结构

a）实物　b）结构

1—磁性表座　2—磁路开关旋钮　3、7—表架套卡　4、6、8—套卡手轮　5、10—表架套杆　9—表头套卡

（5）指示表的使用方法

1）根据被测零件的尺寸和精度要求选择合适的指示表。

2）测量前需进行指示表外观和稳定性的检查，以免在测量中出现不应有的误差。

3）根据零件的形状、表面质量和材质，选用适当的测头。球形零件应选用平测头，圆柱形或平面形的零件应选用球面测头，凹面或形状复杂的表面应选用尖测头。使用尖测头时，应注意避免划伤零件表面。

4）使用前将指示表牢固地装夹在表架上，夹紧力要适当，不宜过大或过小。过大会使表头套卡变形卡住测杆，使之移动不灵活；过小则指示表卡不住，容易掉下来摔坏。

5）在测头与被测表面开始接触时，测杆就应压缩0.3～1mm，以保持一定的起始测量力，避免有负偏差时得不到测量数据，然后转动表圈，使度盘的零线对准大指针。

(6) 使用指示表时的注意事项

1) 测量时，应使测杆垂直于工件被测表面。

2) 测量时要轻提测杆，移动工件至测头下面，再缓慢放下与被测表面接触，不许急骤放下测杆，也不准将工件强行推至测头下。

(7) 指示表的用途　指示表不仅可做相对测量，也能用于绝对测量。使用指示表表座及专用夹具，可对长度尺寸进行相对测量：测量前，先用标准件或量块校对指示表，转动度盘，使度盘的零线对准大指针；然后测量工件，根据指示表上读出的工件尺寸相对标准件或量块的偏差值，再加上预调的标准尺寸即为被测工件尺寸。使用指示表及相应附件还可测量工件的几何误差，也可用于检验机床设备的几何精度或调整工件的装夹位置，以及作为某些测量装置的测量元件。

(8) 指示表的维护保养

1) 提压测杆的次数不能过多，距离不要过大，以免损坏机件及加剧零件磨损。

2) 测量时，测杆的行程不要超过它的示值范围，以免损坏表内零件。

3) 如果不是长期保管，测杆不准涂凡士林或其他油类，以免影响测杆移动的灵活性。

4) 指示表使用完毕，要擦净放回盒内，让测杆处于自由状态，避免表内弹簧失效。

千分表的用途、结构形式、工作原理及使用方法与指示表相似，只是分度值更小，测量精度也更高。常用千分表的分度值为0.001mm，示值范围为0～1mm。

2. 杠杆指示表

(1) 杠杆指示表的结构　杠杆指示表的结构如图2-28所示。

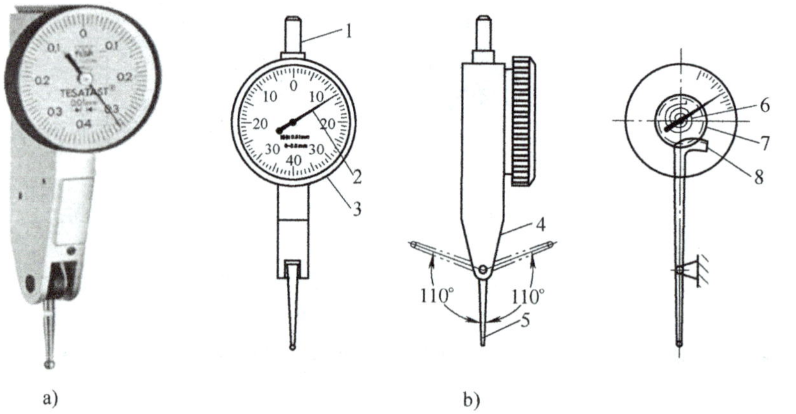

a)　　b)

图2-28　杠杆指示表的结构

a) 实物　b) 结构图

1—轴套　2—指针　3—度盘　4—表体　5—球面测杆　6—游丝　7—圆柱齿轮　8—扇形齿轮

(2) 杠杆指示表的工作原理　杠杆指示表的工作原理是利用杠杆与齿轮传动机构或杠杆与螺旋传动机构，将尺寸的变化转变为指针的角位移。杠杆指示表的度盘是对称刻度(通常是80格)，分度值为0.01mm，示值范围一般为±0.4mm。

(3) 杠杆指示表的用途　杠杆指示表体积小、重量轻，杠杆测头的位移方向可以改变，因而使用方便。其用途通常与指示表相同，但对于凹槽或小孔等工件，表面因受空间限制，导致指示表放不进去或测杆无法垂直于被测表面时，使用杠杆指示表就显出其独特的优越性。

(4) 杠杆指示表的使用方法　使用杠杆指示表时，除了必须按照指示表的使用方法外，还需注意以下几点。

1) 夹持杠杆指示表的表架要可靠，且要求有足够的刚度。为防止由变形引起的测量误差，悬臂伸出的长度应尽量短，如需调整表的位置，要先松开锁紧螺钉，再转动轴套，不能直接扭动表体。

2) 使用前应检查球形测头，如果已被磨出平面，则不应继续使用。

3) 测量时，应使测杆轴线与被测表面保持平行，以避免杠杆比发生变化后引起测量上的误差，如图 2-29 所示。

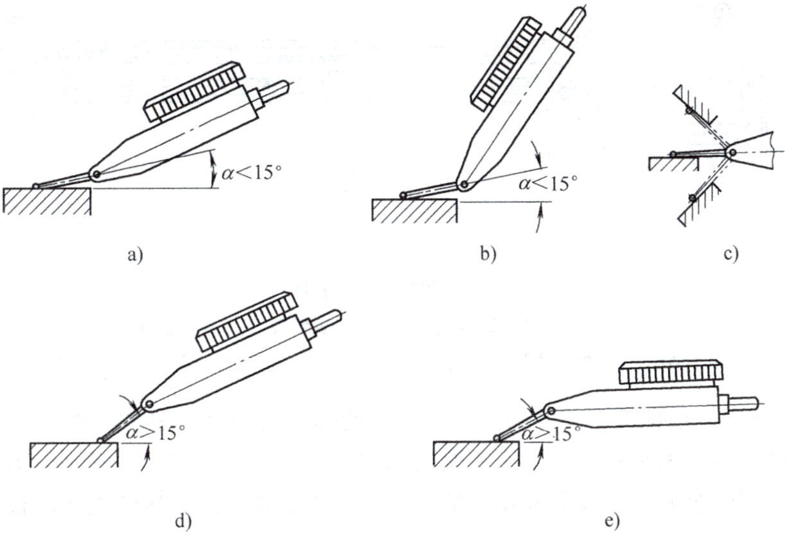

图 2-29　杠杆指示表的使用方法

a、b) 正确　c) 最佳　d、e) 角度过大

3. 内径指示表

(1) 内径指示表的用途　内径指示表用于相对法测量孔径、槽宽及其几何误差。该量仪结构简单，测量方便，经一次调整后可测量公称尺寸相同的若干个孔而中途不需调整，尤其适用于较深孔的测量。

(2) 内径指示表的结构　内径指示表由指示表和专用表架组成。带定位护桥内径指示表的构造如图 2-30 所示。

定位护桥起着找正直径位置的作用。活动测头和可换测头同轴，其轴线位于定位装置的中心对称平面上，由于定位弹簧的推力作用，使孔的直径处于定位装置的中心对称平面上，从而保证了可换测头与活动测头的轴线与被测孔的直径重合。

活动测头的移动量很小，其测量范围可以通过更换或调整可换测头的长度来实现。内径指示表的规格有 10 ~ 18mm、18 ~ 35mm、35 ~ 50mm、50 ~ 100mm、100 ~ 160mm、160 ~ 250mm、250 ~ 450mm 等。各种规格的内径指示表均各有整套可换测头，且在测头上标有测量范围，使用时可按所测尺寸的大小自行选换。

(3) 内径指示表的使用方法

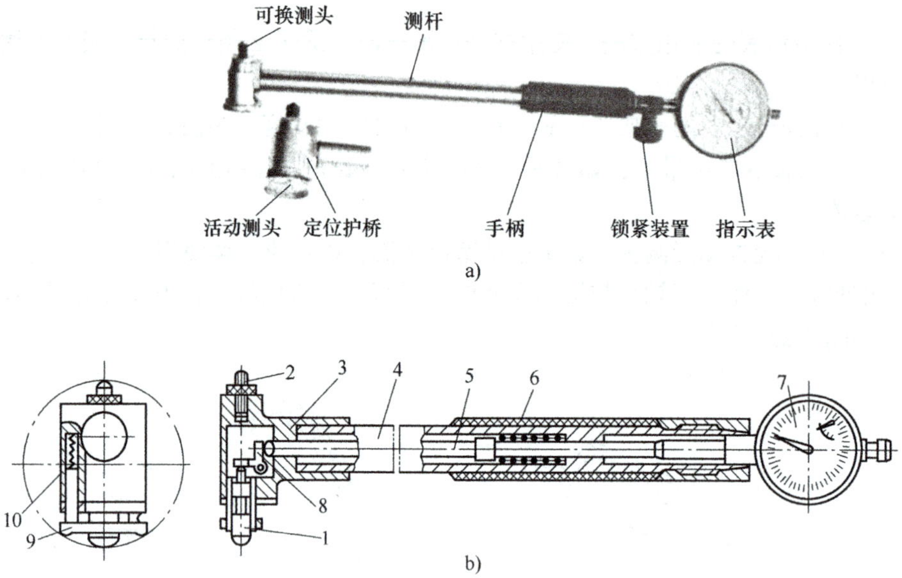

图 2-30　内径指示表

a）实物　b）结构图

1—活动测头　2—可换测头　3—表架头　4—表架套杆

5—传动杆　6—测力弹簧　7—指示表　8—杠杆　9—定位装置　10—定位弹簧

1）组装方法。根据被测工件的公称尺寸，选择合适的指示表和可换测头。测量前应根据公称尺寸调整可换测头和活动测头之间的长度，使其等于被测工件的公称尺寸加上 0.8 ~ 1mm，然后固定可换测头。接下来安装指示表，当指示表的测头接触到传动杆后预压测量行程 0.3 ~0.5mm 并固定。

2）校对方法。用内径指示表测量孔径属于相对测量法，测量前应根据被测工件的公称尺寸，使用标准环或量规调整内径指示表。在没有标准环和量规的情况下，可用千分尺代替调整内径指示表零位。需要注意的是，千分尺在校对公称尺寸时最好使用量块。

3）测量方法。测量或校对零位时，应使活动测头先与被测工件接触，对于孔应通过径向摆动来找最大直径数值，使定位护桥自动处于正确位置；通过轴向摆动找最小直径数值，方法是使表架杆在孔的轴线方向上做 30°以内的小幅度摆动，如图 2-31 所示，在指针转折点处的读数就是轴向最小数值（一般情况下要重复几次进行核定），该最小值也就是被测工件的实际偏差值。测量两平行平面间的距离时，应通过上下、左右摆动来找尺寸的最小数值（一般情况下要重复几次进行核定），该最小值就是被测工件的实际偏差值。

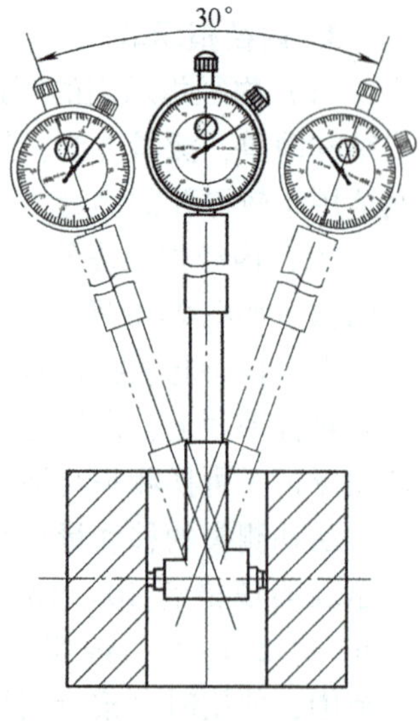

图 2-31　内径指示表测量孔径

4）读数方法。读数时要以零线为基准。当大指针正好指向零线时，说明被测孔径与公称尺寸相等；大指针超过零线，即顺时针方向转动的量值为负值，表示被测孔径小于公称尺寸；

大指针未到达零线，即逆时针方向转动的量值为正值，表示被测孔径大于公称尺寸。

(4) 内径指示表的维护保养

1) 使用内径指示表测量时，要轻拿轻放，以防破坏调整好的尺寸。

2) 测量时不要用力过大或过快地按压活动测头，不要使活动测头受到剧烈振动。

3) 装卸指示表时，不允许硬性地插入或拔出。

4) 测量完毕，要把指示表、可换测头取下擦净，并在测头上涂好防锈油后放入盒内保管在干燥的地方。

技能训练二

如图 2-32 所示的轴套，由于孔 $\phi 32^{+0.050}_{0}$mm 较深，无法用游标卡尺和内径千分尺测量，选择用内径指示表测量，试述其测量方法。

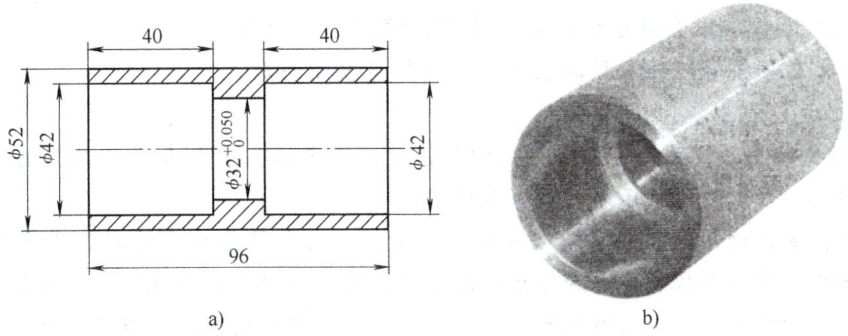

图 2-32　轴套

a) 图样　b) 实物

技能训练二解答：

(1) 选择内径指示表的规格　轴套的被测尺寸是 $\phi 32^{+0.050}_{0}$mm，因此选择一块测量范围为 18～35mm、分度值为 0.01mm 的内径指示表。

(2) 安装与调整内径指示表　如图 2-33 所示，将指示表装入测量架内，预压 1mm 左右，使小指针指在“1”的位置上，旋紧锁紧装置。

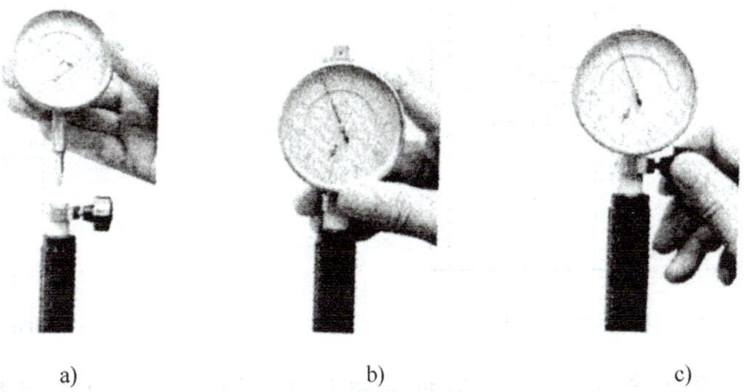

图 2-33　指示表的安装与调整

a) 插装　b) 预压　c) 锁紧

(3) 安装可换测头　根据被测工件的公称尺寸 ϕ32mm 选择合适的可换测头，并保证可换测头与活动测头之间的长度大于被测尺寸 0.8～1mm，以便测量时活动测头能在公称尺寸的一定范围内上下自由移动。

(4) 校正内径指示表的零位　用千分尺校正内径指示表的零位。具体操作如下。

1) 将千分尺调到 32mm。

2) 把内径指示表的两测头放在千分尺的两测砧之间，转动表盘使其上的零刻线与大指针重合，即校对零位，如图 2-34 所示。

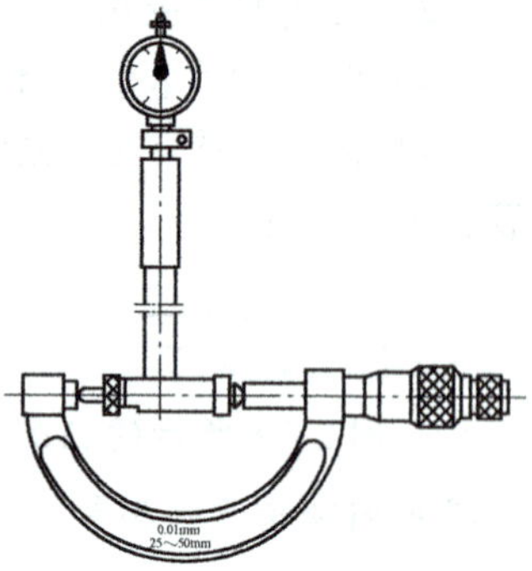

图 2-34　内径指示表校零

用千分尺校对内径指示表易于操作和实现，但是受千分尺精度的影响，校对零位的准确性和稳定性不高，所以只在精度要求不高的零件检测时经常使用。

(5) 压入测头　握着内径指示表的手柄，将内径指示表的活动测头和定位护桥轻轻压入被测孔中，然后将可换测头放入，如图 2-35 所示。

(6) 测量数值　当测头到达指定测量部位时，使内径指示表表架杆在孔的轴线方向上做小幅度摆动，同时读出指示表的最小数值。

读数时，要正确判断零件实际偏差的正、负值。在内径指示表的测头未压入被测孔之前，活动测头处于自由状态，内径指示表的示值最大。当内径指示表的测头被压入被测孔内时，活动测头向内收缩，测头所测尺寸由大变小，同时指示表的指针沿顺时针方向旋转。当表针指在零位时，被测内径尺寸应恰好为 32mm；若表针未达到零位，说明被测尺寸大于 32mm，指示表读数为正值；若表针超过零位，则说明被测尺寸小于 32mm，指示表读数为负值。图 2-36 所示为测量 ϕ32mm 孔径的读数，从指示表的刻度盘上读到的数值为 27 格，即代表实际偏差为 -0.27mm，因此孔径的实测尺寸为 32mm + (-0.27) mm = 31.73mm。

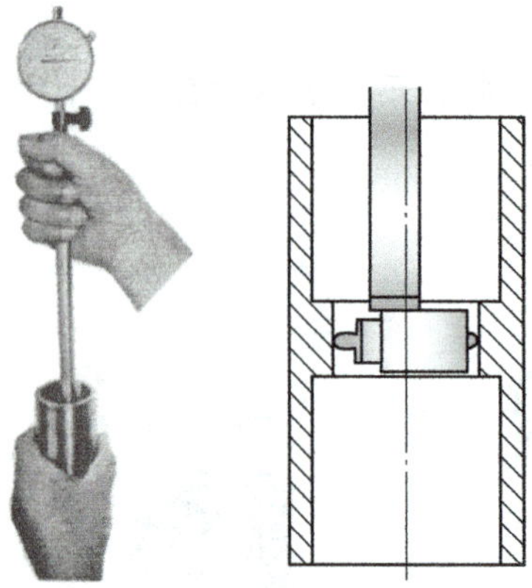

图 2-35　内径指示表测量孔径

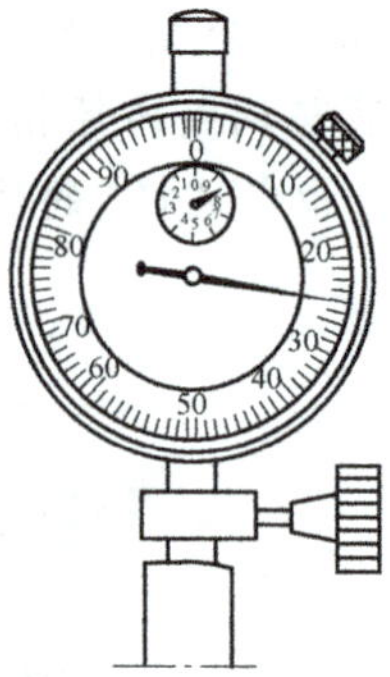

图 2-36　指示表的示值

(7) 判断尺寸是否合格　因为孔的实测尺寸 ϕ31.73mm 小于该尺寸的下极限尺寸 ϕ32mm，所以不合格。但可以继续加工，直至合格。

任务实施

1. 用千分尺测量图 2-3 所示连接轴上尺寸 $\phi 45_{-0.025}^{\ 0}$ mm、$\phi 25_{-0.041}^{-0.020}$ mm、$\phi 10_{\ 0}^{+0.022}$ mm 和 $16_{-0.025}^{+0.002}$ mm 的测量方法见表 2-8。

表 2-8　用千分尺测量连接轴

被测尺寸/mm	测量方法	注意事项
$\phi 45_{-0.025}^{\ 0}$		选用 25 ~ 50mm 的外径千分尺，测量该尺寸可采用双手测量法 双手测量法：左手握千分尺，右手转动微分筒，使测微螺杆靠近工件，然后用右手转动测力装置，保持恒定的测力。测量时，必须保证测微螺杆的轴线与零件的轴线相交，且与零件的轴线垂直。该方法适用于较大零件或较大尺寸的测量
$\phi 25_{-0.041}^{-0.020}$	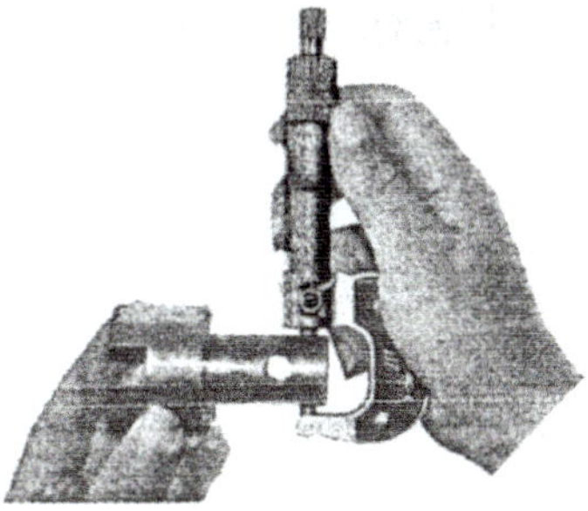	由于该尺寸的基本偏差为负值，因此应该选用 0 ~ 25mm 的外径千分尺测量，可采用单手测量法 单手测量法：左手拿工件，右手握千分尺，并同时转动微分筒。此法适用于较小零件或较小尺寸的测量。测量时，施加在微分筒上的测力要适当
$\phi 10_{\ 0}^{+0.022}$	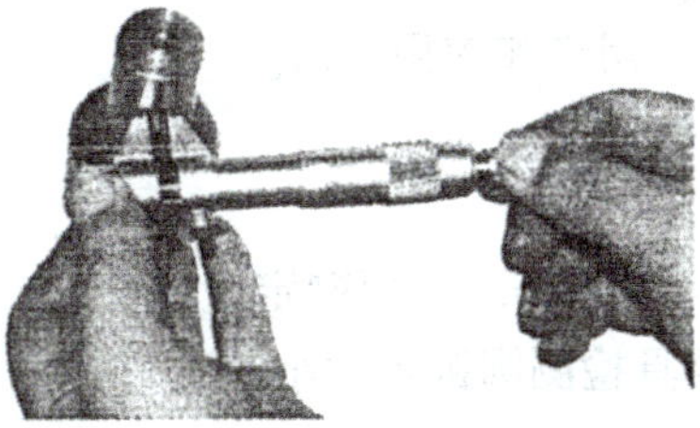	测量时，内径千分尺在孔中不能歪斜，以保证测量准确
$16_{-0.025}^{+0.002}$	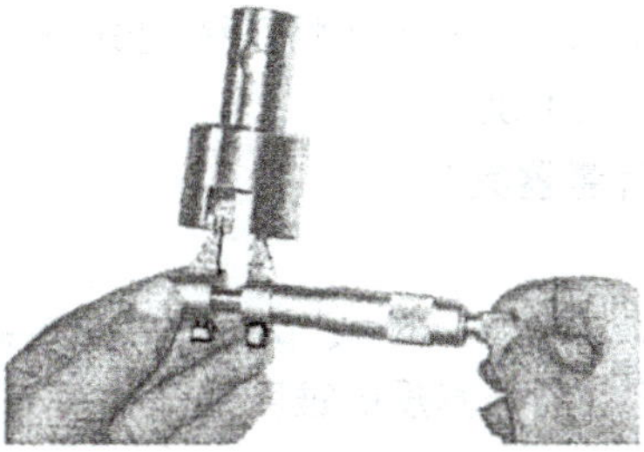	测量槽的宽度时，注意将内径千分尺摆正，将测量的最小值作为槽的宽度

2. 将连接轴的每个尺寸测量 3 次，并将各测得的尺寸填入表 2-9 中，判断零件上 $\phi45_{-0.025}^{0}$mm、$\phi25_{-0.041}^{-0.020}$mm、$\phi10_{0}^{+0.022}$mm 和 $16_{-0.025}^{+0.002}$mm 各测定尺寸是否合格。

表 2-9 连接轴的测定尺寸及尺寸合格性判断 （单位：mm）

序号	被测尺寸	测得尺寸 l_1	测得尺寸 l_2	测得尺寸 l_3	测得尺寸的算术平均值 $\bar{l}$	上极限尺寸	下极限尺寸	尺寸合格性
1	$\phi45_{-0.025}^{0}$	ϕ44.99	ϕ45.00	ϕ44.98	ϕ44.99	ϕ45	ϕ44.975	合格
2	$\phi25_{-0.041}^{-0.020}$	ϕ25.01	ϕ25.01	ϕ24.99	ϕ25.003	ϕ24.980	ϕ24.959	不合格
3	$\phi10_{0}^{+0.022}$	ϕ10.00	ϕ10.01	ϕ10.02	ϕ10.01	ϕ10.022	ϕ10	合格
4	$16_{-0.025}^{+0.002}$	15.98	15.99	15.98	15.983	16.002	15.975	合格

将测得尺寸的平均值与其上极限尺寸和下极限尺寸进行比较，即可判断连接轴的实测尺寸是否合格。从表 2-9 中可以看出，测得尺寸 $\phi25_{-0.041}^{-0.020}$mm 的平均值为 ϕ25.003mm，大于其上极限尺寸 ϕ24.980mm，所以不合格。

连接轴上的其他尺寸精度要求较低，可用游标卡尺测量。

课题三 测量角度尺寸的常用计量器具

知识目标

- 知道直角尺的使用方法。
- 能熟练使用游标万能角度尺测量工件的角度。
- 掌握正弦规的原理和使用方法。
- 熟悉水准式水平仪的读数原理、用途和使用方法。

情景导入

图 2-37 所示为圆锥塞规。根据实际工作需求，要确定出圆锥的角度大小。试想一下，可用哪些计量器具检测圆锥角大小？

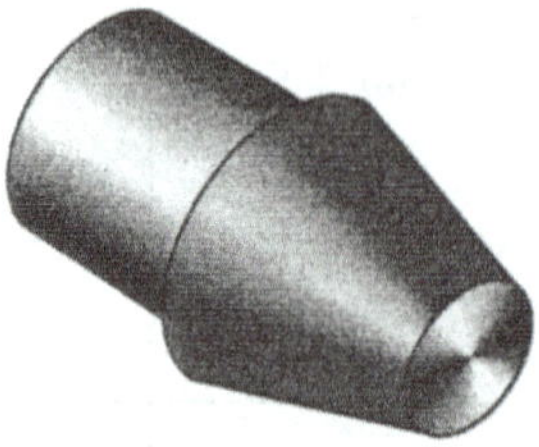

图 2-37 圆锥塞规

任务要求

图 2-37 所示的圆锥塞规，用中心距 L =100mm 的正弦规进行测量，其理论圆锥角为 2°51′40.8″（2.861 332°）。

1. 测量圆锥塞规时需要准备哪些计量器具？
2. 确定量块组的尺寸。
3. 测量时若指示表在测量相距为 l =60mm 的 a、b 两点处的读数差 n =0.010mm，且 a 点（靠近大端直径）比 b 点高，确定该圆锥塞规的锥度误差。
4. 确定实际圆锥角的大小。

知识准备

一、直角尺

1. 直角尺的结构形式

直角尺的结构形式比较多，常用的有宽座直角尺和刀口形直尺，其基本结构为尺座和尺苗，尺座有内、外两个基准面，尺苗有内、外两个测量面，如图2-38所示。

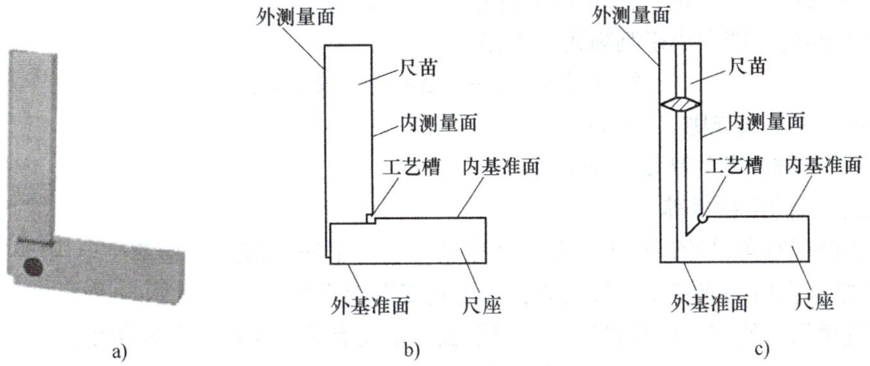

图2-38　直角尺的结构

a）实物　b）宽座直角尺　c）刀口形直尺

2. 直角尺的用途

直角尺主要用于检验90°的外角或内角，测量垂直度和平行度误差，检查机床仪器的精度和划线等。

直角尺的制造精度分为00级、0级、1级和2级四个级别。00级精度最高，2级精度最低。00级、0级用于检测精密仪器的垂直度误差，也用于检定1级或2级直角尺，1级用于检测精密工件，2级用于检测一般工件。

3. 直角尺的测量方法

1）测量前，应根据被测件的尺寸和精度要求，选择直角尺的规格和精度等级。

2）测量前，应检查直角尺的工作面和边缘是否有碰伤、毛刺等明显缺陷，并将直角尺的工作面和被测零件表面擦净。

3）内测量面的检测方法。采用内测量面检测工件相邻面的垂直状况时，右手握尺座，左手持工件，用尺座的内基准面紧贴工件的基准面，如图2-39a所示，然后轻轻地下移尺座，使尺苗的内测量面贴靠工件被测表面，如图2-39b所示。此时，一般采用光隙法目测估计角度和间隙量，也可采用塞尺插

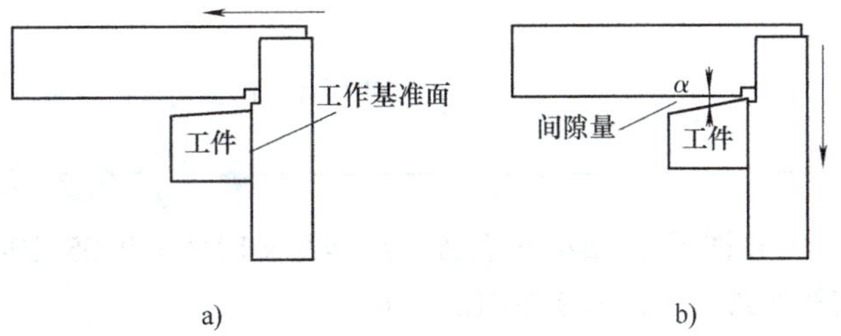

图2-39　内测量面的检测方法

a）尺座的内基准面紧贴工件的基准面　b）尺苗贴靠工件被测表面

入法检测间隙量。

4）外测量面的检测方法。采用外测量面检测工件相邻面的垂直状况时，工件的基准面和尺座的外基准面都应该放置在平台（平台表面为公共基准平面）上，然后轻轻地移动尺座，使尺苗的外测量面贴靠工件被测表面，如图2-40所示。此时，一般采用光隙法目测估计角度和间隙量，也可采用塞尺插入法检测间隙量。

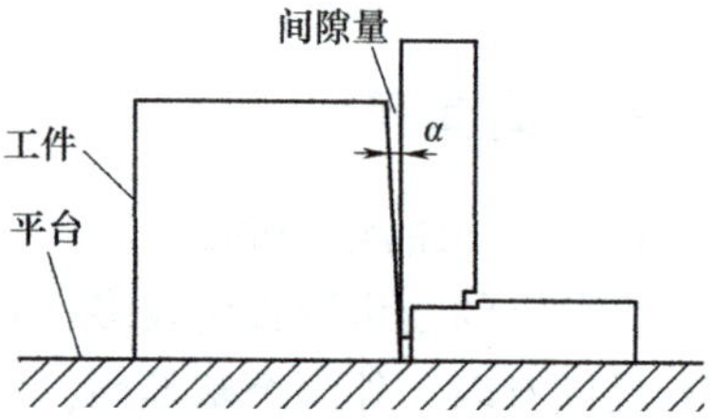

图2-40 外测量面的检测方法

用直角尺测量角度时，主要根据直角尺工作面与被测工件之间的光隙大小来判断角度误差。

$$角度误差\ \Delta\alpha = (\Delta h / L) \times 2 \times 10^5{''}$$

式中 Δh—— 最大光隙（mm）；

L——被测角的高度（mm）。

4. 直角尺的维护保养

1）在使用直角尺的过程中，要一手托尺座、一手扶尺苗进行检测。使用中，绝不允许手提尺苗搬动直角尺或将直角尺倒放，以防其变形而影响精度。

2）直角尺的使用精度与检测时所用平板的精度有关，应注意合理使用。

3）使用直角尺时要注意，尺苗测量面和尺座测量面是工作面，测量时只能用这两个面，而不能用尺苗和尺座的侧面或侧棱。

4）直角尺是一种比较精密的量具，使用过程中应避免磕碰。

5）使用完毕后，应将直角尺擦净、涂油保养。

练一练

如图2-41所示，设直角尺高度 $H=200\text{mm}$，用塞尺测得 $BC=0.05\text{mm}$。求工件的实际角度。

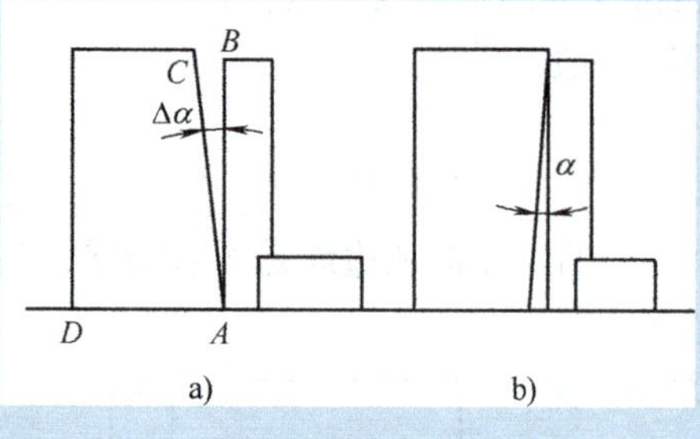

图2-41 用直角尺测量角度示意图（一）

解析

由图可知，$\Delta\alpha = (\Delta h / L) \times 2 \times 10^5{''} = 0.05/200 \times 2 \times 10^5{''} = 50{''}$，故工件的实际角度为 $90° - 50{''} = 89°59'10{''}$。

练一练

设圆柱直角尺高度 $H=400\text{mm}$，用塞尺测得间隙 $\Delta_1=0.04\text{mm}$，如图 2-42a 所示。求工件的实际角度。

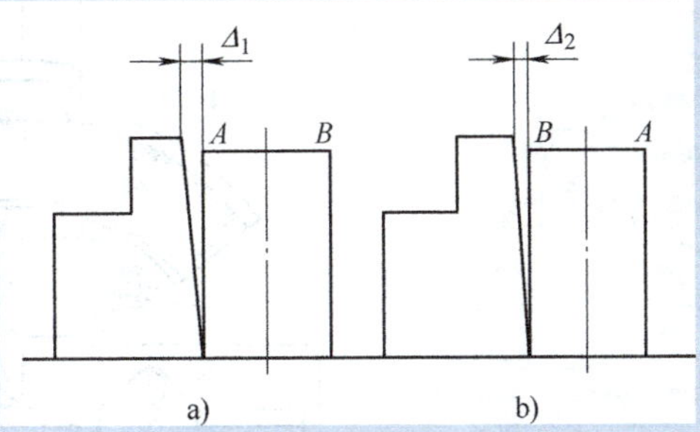

图 2-42　用直角尺测量角度示意图（二）

解析

由图可知，$\Delta\alpha=(\Delta h/L)\times 2\times 10^5{}''=0.04/400\times 2\times 10^5{}''=20''$。

为了避免圆柱直角尺轴线对其底面垂直度误差的影响，可将其转 180°后再进行测量，然后取两次测量值的平均值进行计算。若圆柱直角尺旋转 180°后测得 $\Delta_2=0.035\text{mm}$，如图 2-42b 所示，则

$$\Delta\alpha=\frac{(\Delta_1+\Delta_2)/2}{400}\times 2\times 10^5{}''=18.75''\approx 19''$$

工件的实际角度为 $90°-19''=89°59'41''$。

二、游标万能角度尺

1. 游标万能角度尺的结构形式

游标万能角度尺主要用于测量各种工件的内、外角度。按其尺身的形状可分为扇形（Ⅰ型）和圆形（Ⅱ型）两种。

（1）Ⅰ型游标万能角度尺　Ⅰ型游标万能角度尺的结构如图 2-43 所示。游标固定在扇形板上，基尺和尺身连成一体。扇形板可以与尺身相对回转，形成和游标卡尺相似的读数机构。用卡块可将直角尺或直尺固定在扇形板上，也可将直尺直接固定在直角尺上。测量时可转动捏手，通过小齿轮来转动扇形齿轮，使尺身相对扇形板产生转动，从而改变基尺与直角尺或直尺间的夹角，以满足各种不同情况下被测量的需要。制动器可将扇形板固定在尺身的任何一个位置，以便于读数。

Ⅰ型游标万能角度尺的测量范围是 0～320°。

（2）Ⅱ型游标万能角度尺　Ⅱ型游标万能角度尺的结构如图 2-44 所示。小圆盘上刻有游标分度，边缘带有基尺。利用卡块可将直尺固定在小圆盘上，并使直尺随游标一起转动。测量时，可用制动器将直尺紧固在尺身上，以便从被测工件上取下角度尺进行读数。

Ⅱ型游标万能角度尺的测量范围是 0～360°。

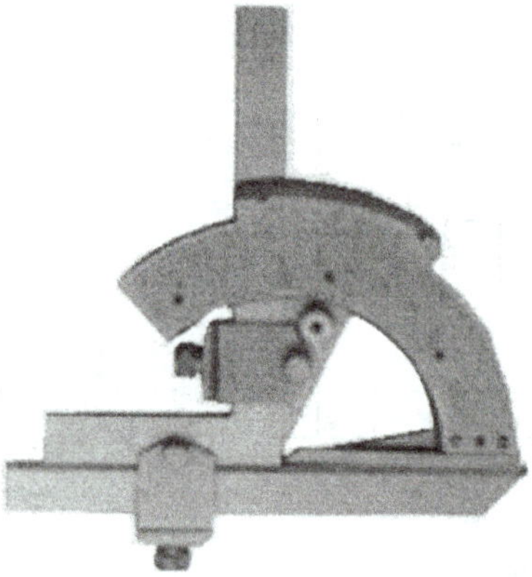

a）

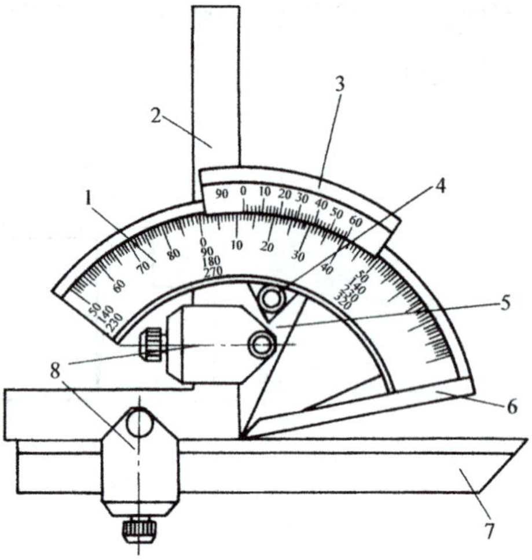

b）

后视图

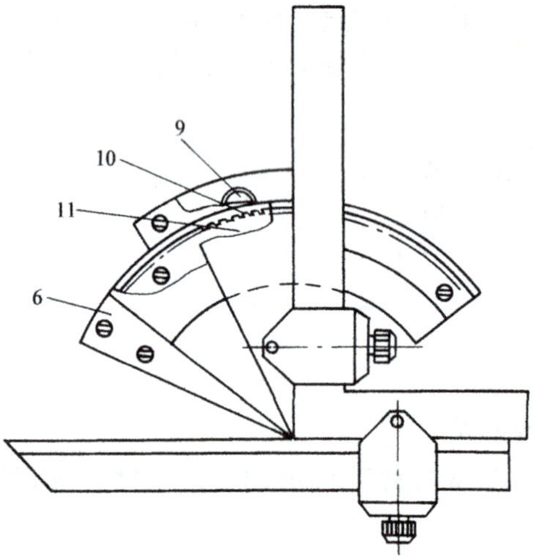

c）

图 2-43　Ⅰ型游标万能角度尺

a）实物　b）正面　c）背面

1—尺身　2—直角尺　3—游标　4—制动器　5—扇形板

6—基尺　7—直尺　8—卡块　9—捏手　10—小齿轮　11 —扇形齿轮

2. 游标万能角度尺的读数原理

游标万能角度尺的读数原理与游标卡尺相似，不同的是游标卡尺的读数是长度值，而游标万能角度尺的读数是角度值。所以，游标万能角度尺是利用尺身标尺间距与游标标尺间距之差进行读数的一种角度量具。按其游标分度值不同可分为2′和5′两种。

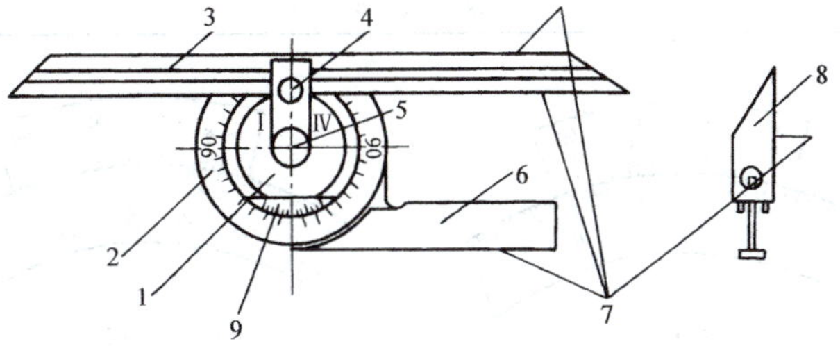

图 2-44　Ⅱ型游标万能角度尺

1—小圆盘　2—尺身　3—直尺　4—卡块

5—制动器　6—基尺　7—测量面　8—附加量尺　9—游标

（1）2′游标万能角度尺　游标万能角度尺尺身的标尺间隔为 1°，游标标尺将对应于尺身 29 格的一段弧长等分为 30 格，如图 2-45 所示，则游标每格 $=29°/30=60'\times29/30=58'$，尺身 1 格与游标 1 格之差为 $1°-58'=2'$，所以该游标万能角度尺的分度值为 2′。

（2）5′游标万能角度尺　游标万能角度尺的尺身刻线每格为 1°，游标标尺将对应于尺身 23 格的一段弧长等分为 12 格，如图 2-46 所示，则游标每格为 $23°/12=60'\times23/12=115'$，尺身 2 格与游标 1 格之差为 $2°-115'=5'$，所以该游标万能角度尺的分度值为 5′。

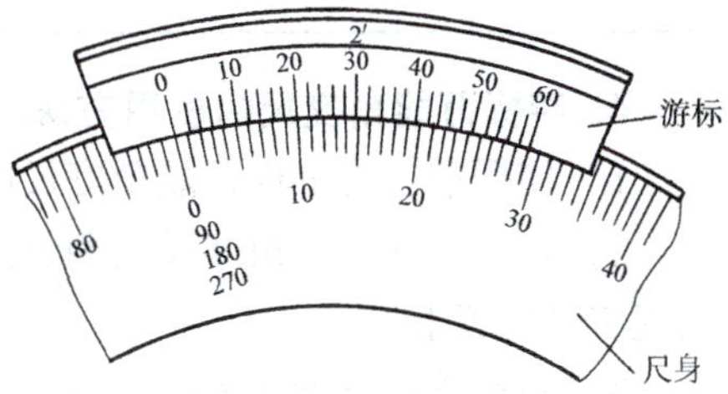

图 2-45　2′游标万能角度尺的刻线原理

3. 游标万能角度尺的读数方法

游标万能角度尺的读数方法和游标卡尺相似，也分三步（图 2-47）。

（1）先读度（°）　从尺身上读出游标零线指示的整度数，即 59°。

（2）再读分（′）　判断游标上第几格的标尺标记与尺身上的标尺标记对齐，将其顺序数乘以游标的分度值所得的积，即为被测件的分值，即 $15\times2'=30'$或通过游标上的“30”标尺标记直接读出 30′。

（3）求和　将度和分相加就是被测件的整个角度值，即 $59°+30'=59°30'$。

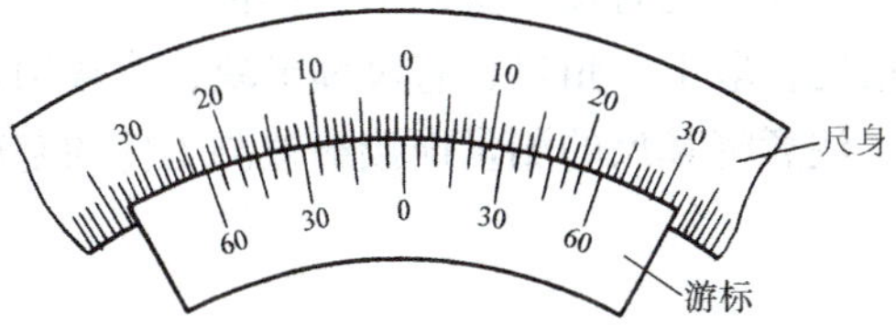

图 2-46　5′游标万能角度尺的读数原理

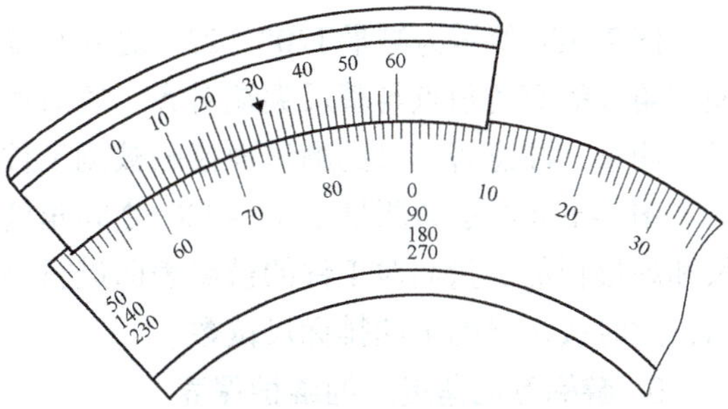

图 2-47　Ⅰ型游标万能角度尺的读数示意图

游标万能角度尺的读数示例见表 2-10。

表 2-10 游标万能角度尺的读数示例

<table>
<tr><th>游标分度值 i</th><th>读 数 示 例</th><th>读 数 值</th></tr>
<tr><td>2′</td><td>
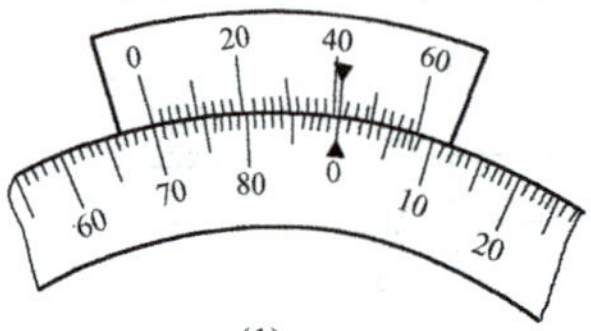

(1)
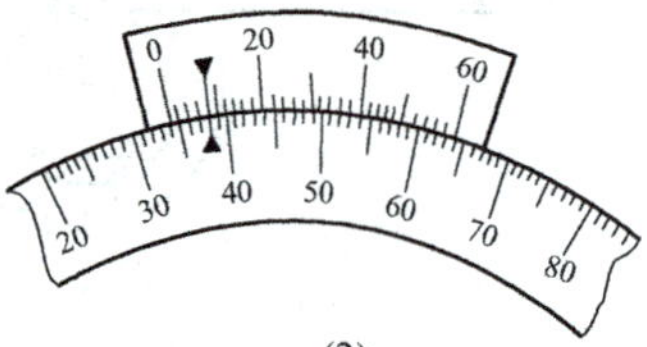

(2)</td><td>(1) 69°42′
(2) 34°8′</td></tr>
<tr><td>5′</td><td>
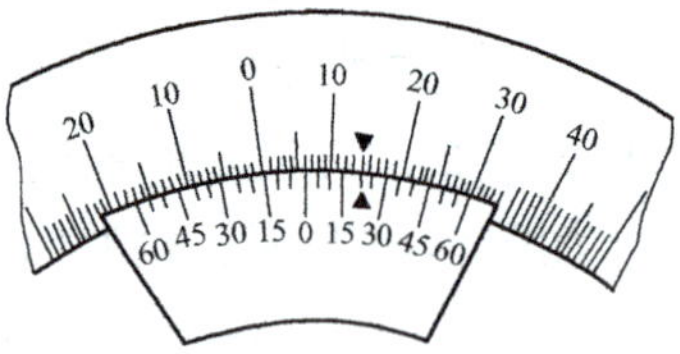

</td><td>6°20′</td></tr>
</table>

4. 游标万能角度尺的使用方法

1）使用前，将游标万能角度尺的各测量面擦净。

2）检查游标万能角度尺的测量面是否生锈和碰伤，活动件是否灵活、平稳，能否固定在规定的位置上。

3）检查游标万能角度尺的零位是否正确。

4）根据被测角度选用游标万能角度尺的测量尺。图 2-48 所示为 I 型游标万能角度尺的测量角度和安装方法。

图 2-48a 所示为测量 0°～50°之间角度的情况，利用基尺和直尺的测量面对工件的被测表面进行测量，注意将基尺的测量面接触被测工件的基准面，此时按尺身的第一排标尺读数。

图 2-48b 所示为测量 50°～140°之间角度的情况，取下直角尺，将直尺直接装在扇形板的卡块上，利用基尺和直尺的测量面对工件的被测表面进行测量，注意将基尺的测量面接触被测工件的基准面，此时按尺身的第二排标尺读数。

图 2-48c 所示为测量 140°～230°之间角度的情况，取下直尺和固定在直角尺上的卡块，使直角尺的直角顶点与基尺尖端对齐，然后用直角尺短边和基尺的测量面对工件的被测表面进行测量，注意将基尺的测量面接触被测工件的基准面，此时按尺身的第三排标尺读数。

图 2-48d 所示为测量 230°～320°之间角度的情况，取下直角尺、直尺和卡块，直接用基尺和扇形板的测量面对工件的被测表面进行测量，注意将基尺的测量面接触被测工件的基准面，此时按尺身的第四排标尺读数。

5. 游标万能角度尺的维护保养

1）游标万能角度尺不要受到碰撞，注意保护各测量面并防止变形。

2） I 型游标万能角度尺在安装直角尺或直尺时应避免卡块螺钉压在测量面上。

3）游标万能角度尺使用完毕擦净后要在测量面上涂防锈油，并装在专用的盒内保管。

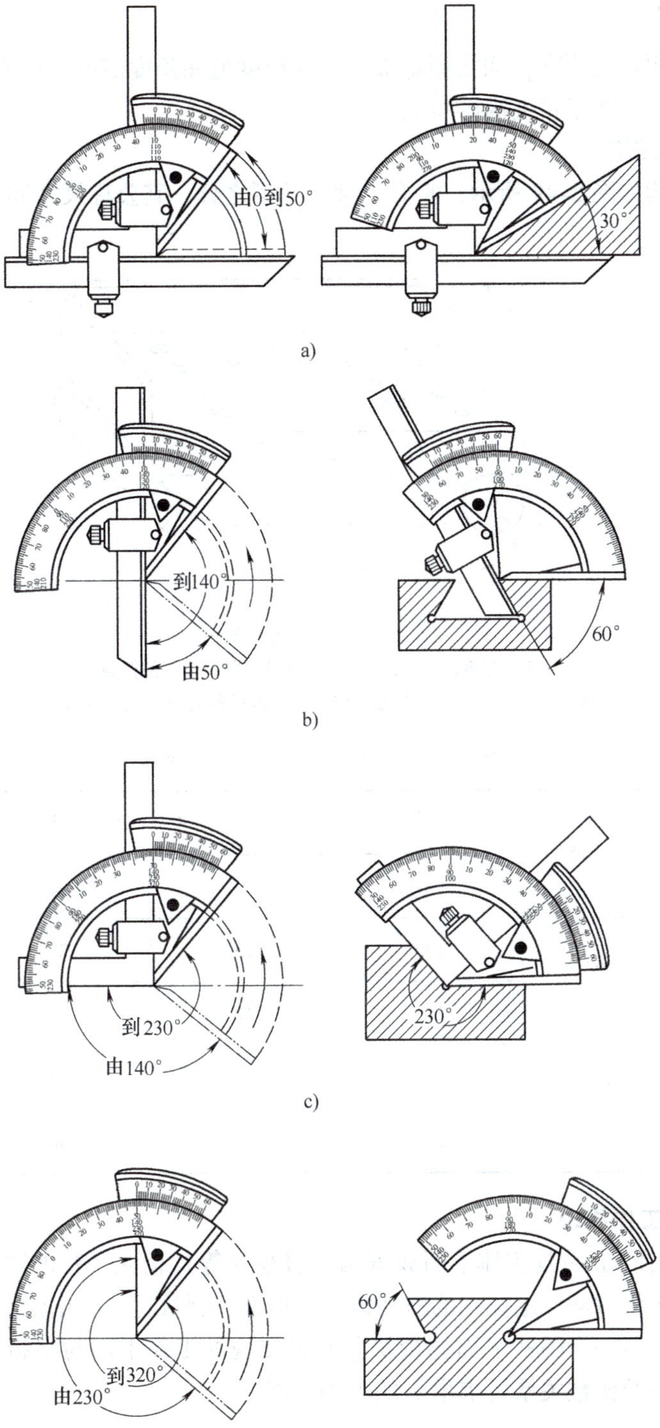

图 2-48　Ⅰ型游标万能角度尺的测量角度和安装方法

a）测量0°～50°　b）测量50°～140°　c）测量140°～230°　d）测量230°～320°

三、正弦规

正弦规是利用正弦原理，间接测量被测工件锥度值和角度值的一种常用量具。它具有结构简单，使用方便，测量精度高的特点。

1. 正弦规的结构

正弦规的结构如图 2-49 所示，它有Ⅰ型和Ⅱ型之分，其公称尺寸和精度见表 2-11。

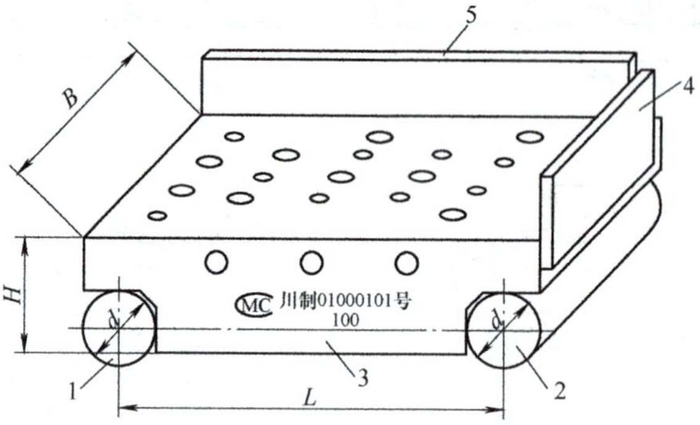

图 2-49 正弦规的结构

1、2—标准圆柱 3—主体 4—后挡板 5—侧挡板

L—标准圆柱中心距 *B*—正弦规宽度 *d*—标准圆柱直径 *H*—工作平面高度

表 2-11 正弦规的公称尺寸和精度 （单位：mm）

形 式	精度等级	主 要 尺 寸			
		L	*B*	*d*	*H*
Ⅰ型	0 级 1 级	100	25	20	30
		200	40	30	55
Ⅱ型	0 级 1 级	100	80	20	40
		200	80	30	55

2. 正弦规的工作原理

如图 2-50 所示，正弦规主体下面放置两个直径相等且相互平行的圆柱体，主体的前面和侧面分别装有可供被测件定位用的前挡板和侧挡板。测量时，将正弦规放在平板上，一个圆柱与平板接触，另一个圆柱下面垫量块，使正弦规的工作平面与平板形成一 α 角度，利用直角三角形的正弦函数关系可求出 α 的大小，即

$$\sin\alpha = h / L$$

式中 α——被测圆锥的圆锥角（°）；

h——所垫量块组的高度（mm）；

L——正弦规两圆柱的中心距（mm）。

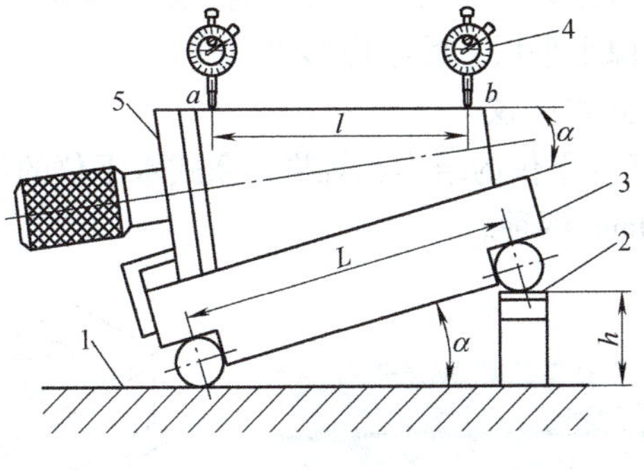

图 2-50　用正弦规测量圆锥塞规

1—平台　2—量块组　3—主体　4—指示表　5—塞规

α—圆锥角　h—量块组高度　a、b—两测量点　l—a、b 两测量点间的距离

3. 正弦规的使用方法

测量前，首先要根据被测工件的理论圆锥角 α，计算出应垫量块的高度尺寸 h，即 $h = L\sin\alpha$，然后将量块组放在平板上与正弦规标准圆柱接触，此时正弦规的工作平面相对于平板倾斜 α 角。按图 2-50 所示将被测工件放在正弦规上（注意使圆锥塞规的轴线垂直于正弦规两圆柱的轴线），再用指示表分别测量 a、b 两点。如果被测圆锥角恰好等于理论圆锥角，则 a、b 两点的指示值相同，即圆锥体上素线平行于平板的工作面；如被测圆锥角有误差，则 a、b 两点的指示值必有一差值 n，那么，a、b 两点读数之差 n 与 a、b 两点间距离 l 之比即为锥度偏差 Δc，即

$$\Delta c = n / l$$

要换算成圆锥角偏差 $\Delta\alpha$，可按下式近似计算

$$\Delta\alpha = 2 \times 10^5 \Delta c$$

式中，$\Delta\alpha$ 的单位为秒（″）。

被测圆锥体的实际圆锥角 $\alpha_{实}$应为

$$\alpha_{实} = \alpha_{理} \pm \Delta\alpha$$

当指示表在圆锥体大端 a 点测得的读数大于在小端 b 点测得的读数时，$\Delta\alpha$ 取“+”号，反之取“-”号。

4. 正弦规的用途

一般来说，正弦规只适合测量精度高的小角度工件。此种测量方法的误差系数随被测角度的增大而增大，角度在 45°以上时测量误差急剧增大。因此，正弦规适合测量精密圆锥角小于 30°的圆锥工件。

四、水平仪

1. 水平仪的用途

水平仪是测量被测平面相对水平位置倾斜的微小角度的一种计量器具，常用来检测工件表面或各种导轨的直线度、平面度、平行度和垂直度误差，还可调整、安装各种设备的水平或垂直位置。

2. 水平仪的分类

水平仪按其工作原理可分为水准式水平仪和电子水平仪两类。水准式水平仪又分为条式水平仪、框式水平仪和合像水平仪三种结构形式。

(1) 条式水平仪与框式水平仪

1) 条式水平仪与框式水平仪的结构和规格。条式水平仪的结构如图 2-51 所示，其工作面的长度有 200mm 和 300mm 两种。

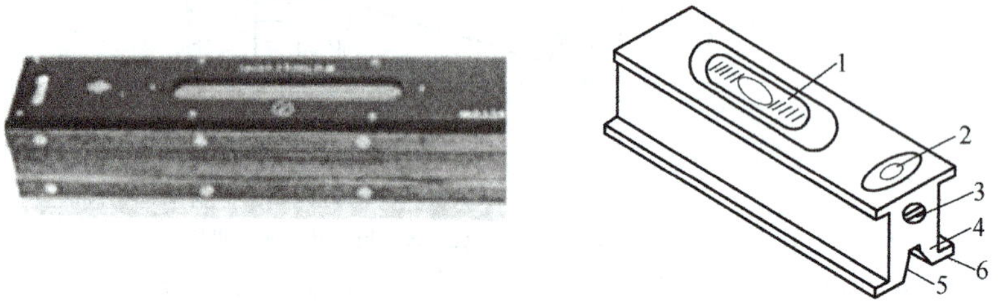

a)　　b)

图 2-51　条式水平仪

a）实物　b）结构

1—主水准器　2—副水准器　3—调零装置　4—主体　5—V 形工作面　6—平底工作面

框式水平仪的结构如图 2-52 所示，其框架规格有 150mm × 150mm、200mm × 200mm、250mm × 250mm、300mm × 300mm 等多种。

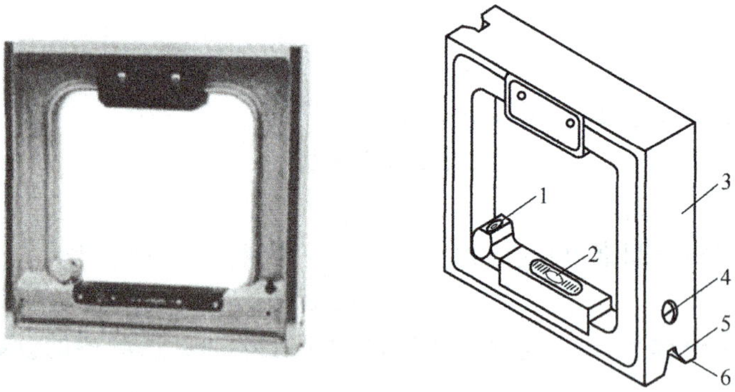

a)　　b)

图 2-52　框式水平仪

a）实物　b）结构

1—副水准器　2—主水准器　3—框架　4—调零装置　5—V 形工作面　6—平底工作面

2）条式水平仪与框式水平仪的工作原理。条式和框式水平仪的主要工作部分是管状水准器，它是一个密封的玻璃管，管内装有精馏乙醚或精馏乙醇，但未注满，还留有一个小的空间，即形成气泡。当水准器处于水平位置时，气泡位于中央；当水准器相对于水平面倾斜时，气泡就偏向高的一侧，倾斜程度可以从玻璃管外表面上的标尺读出，经简单的换算就可以得到被测表面相对水平面的倾斜度和倾斜角。

框式水平仪与条式水平仪的不同之处是除具有安装水准器的下测量面外，还有与之垂直的两个侧工作面，因此，框式水平仪不仅能测量工件的水平表面，还可用它的侧工作面与工件的被测表面相靠，检测其相对水平面的垂直度误差。

水平仪的读数原理如图 2-53 所示。假定平台工作面处于水平位置，在平台上放置一个长度为 1000mm 的平尺，平尺上水平仪的读数为零（即处于水平状态）。若将平尺一端垫高 0.02mm，则平尺相对于平台的夹角即倾斜角 $\theta = \arcsin 0.02/1000\text{mm} = 4.125'' \approx 4''$。因此，水平仪的分度值为 0.02mm/1000mm。

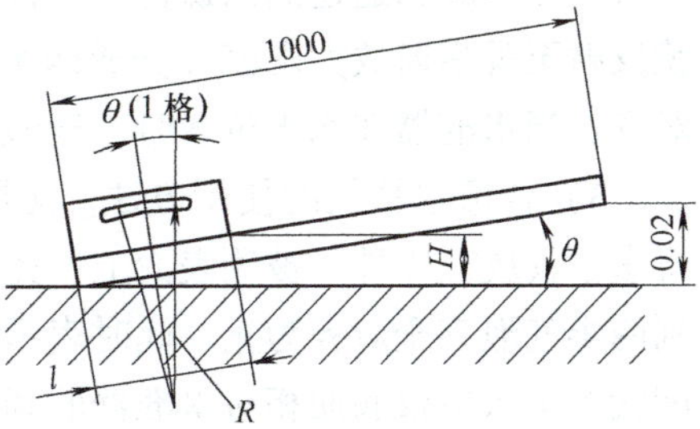

图 2-53　水平仪的读数原理

以分度值为 0.02mm/1000mm 的水平仪为例，弧形玻璃管的弯曲半径 R 均为 103m，当水平仪倾斜 4″时，气泡移动 1 格（弧长）的距离为

$$\frac{2\pi R\theta}{360^\circ} = \frac{2\pi \times 103 \times 10^3 \times 4}{360 \times 60 \times 60}\text{mm} \approx 2\text{mm}$$

即 0.02mm/1000mm（4″）的水平仪水准器的标尺间隔为 2mm。

水平仪的测量精度（即分度值）以气泡移动 1 格时，被测表面在 1000mm 的距离上的高度差表示，或以气泡移动 1 格时被测表面倾斜的角度表示。例如，分度值为 0.02mm/1000mm 的水平仪，表示气泡移动 1 格时，1000mm 距离上的高度差为 0.02mm，或气泡移动 1 格时被测表面倾斜的角度为 4″。

3）条式水平仪与框式水平仪的计算公式。用水平仪测量某一平面的倾斜程度时，有公式

倾斜角 = 4″ × 气泡移动的格数

用水平仪测量某一平面在长度上的高度差时，有公式

高度差 = 水平仪的分度值 × 平面长度 × 气泡移动的格数

（2）合像水平仪

1）合像水平仪的结构。合像水平仪主要由水准器、杠杆、测微螺杆和光学合像棱镜等组成，如图 2-54a、b 所示。

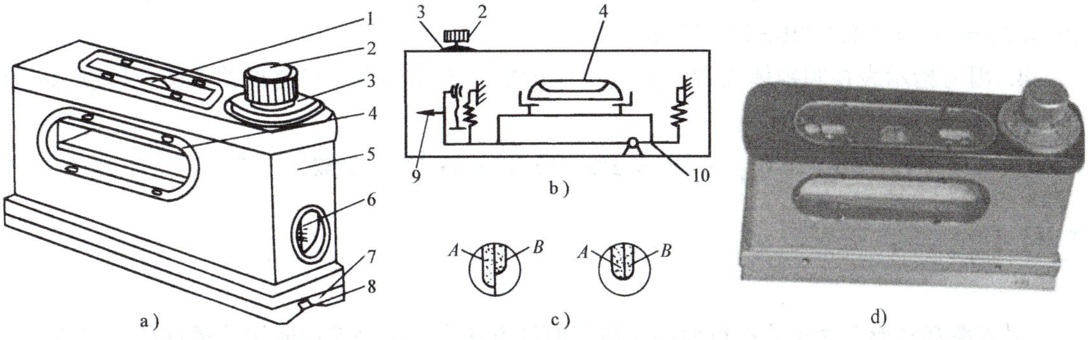

图 2-54　合像水平仪

a）外形　b）结构原理　c）两半合像变化情况　d）实物

1—观察窗口　2—微动旋钮　3—微分盘　4—主水准器　5—壳体

6—毫米/刻度　7—底工作面　8—V 形工作面　9—指针　10—杠杆

2）合像水平仪的工作原理。合像水平仪的水准器安装在杠杆架的底板上，它的水平位

置可用微动旋钮通过测微螺杆与杠杆系统进行调整。水准器内的气泡，经三个不同位置的棱镜反射至观察窗放大观察（分成两半合像）。当水准器不在水平位置时，气泡 *A*、*B* 两半不对齐；当水准器在水平位置时，气泡 *A*、*B* 两半对齐（合像），如图 2-54c 所示。

3）合像水平仪的使用方法。使用分度值为 0.01mm/1000mm 的光学合像水平仪时，先将水平仪放在工件的被测表面上，此时气泡 *A*、*B* 一般不对齐，用手转动微分盘的旋钮，直到两半气泡完全对齐为止。此时表示水准器平行于水平面，而被测表面相对水平面的倾斜程度就等于水平仪底面相对水准器的倾斜程度，这个数值可从水平仪的读数装置中读出。

4）合像水平仪的读数方法。读数时，先从观察窗口读出 mm 数，1 格表示在 1000mm 的长度上的高度差为 1mm；再看微分盘刻度上的格数，1 格表示 1000mm 长度上的高度差为 0.01mm，将两者相加即为所测数值。例如，观察窗口中的示值为 1mm，微分盘刻度的格数为 18 格，其读数就是 1.18mm，即在 1000mm 长度上的高度差为 1.18mm。如果工件的长度不是 1000mm，而是 *l*mm，则在 *l*mm 长度上的高度差为

$$1000\text{mm 长度上的高度差} \times l/1000$$

合像水平仪广泛用于精密机械制造业中，其最大特点是使用范围广，测量精度较高，读数方便、准确。

任务实施

1. 按图 2-50 所示，利用平板、量块、正弦规、指示表和标准圆柱等计量器具，对圆锥塞规进行测量。

2. 根据公式 $\sin\alpha = h/L$ 得量块组的高度尺寸 $h = L\sin\alpha = 100 \times \sin 2.861332° = 100 \times 0.04992\text{mm} = 4.992\text{mm}$。

选择 91 块一套中的 1.002mm、1.49mm 和 2.5mm 三块量块进行尺寸组合。将正弦规放在平板上，一标准圆柱与平板接触，另一标准圆柱下面垫量块组，可使正弦规的工作平面与平板形成一定的圆锥角 α。

3. 圆锥塞规的锥度误差 $\Delta c = n/l = 0.01/60 = 0.0001667$，换算成圆锥角偏差 $\Delta\alpha = 2 \times 10^5 \times \Delta c = 2 \times 10^5 \times 0.0001667'' = 33.3''$。

4. 因为指示表在圆锥体大端 *a* 点测得的读数大于在小端 *b* 点测得的读数，所以 $\Delta\alpha$ 取“+”号。则实际圆锥角为

$$\alpha_{实} = \alpha_{理} + \Delta\alpha = 2°51'40.8'' + 33.3'' = 2°52'14.1''$$

课题四　用光滑极限量规检验工件

对光滑圆柱形工件尺寸进行检测一般有两种方法：一种是使用通用计量器具，如游标卡尺、千分尺、机械式量仪等，它们是有刻线的计量器具，能测出工件的具体尺寸，从而判断工件的合格性；另一种是使用光滑极限量规，它们是没有刻线的专用计量器具，不能测出工件尺寸的大小，只能检验工件的提取要素的局部尺寸和提取组成要素是否在规定的极限尺寸范围内，从而判断工件合格与否。由于量规结构简单、使用方便、检验效率高，因而在生产中得到了广泛的应用，尤其适用于大批量生产的场合。

知识目标

- 了解塞规和卡规的结构和工作原理。
- 掌握塞规和卡规的使用方法。

情景导入

现有一大批轴套，其公差要求如图 2-55 所示。如果用普通量具或量仪逐个测量，则既费时又费力。那么，有没有一种方法能方便、快捷地检验零件尺寸是否合格呢？

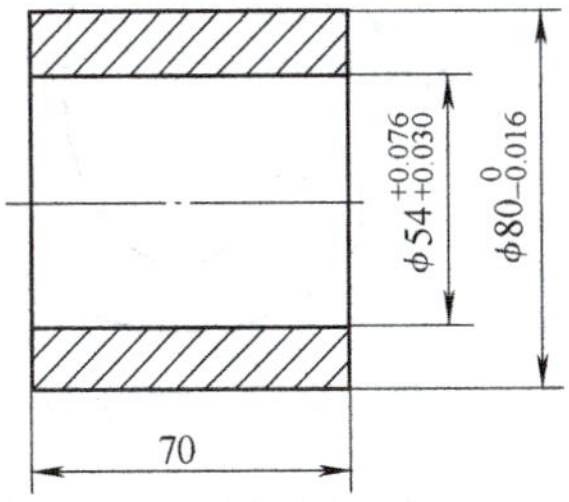

图 2-55 轴套

任务要求

在大批量生产过程中，常用光滑极限量规检验工件。

1. 认识塞规和卡规。
2. 会用塞规、卡规检验工件的尺寸是否合格。

知识准备

量规按检验对象的不同可分为塞规和卡规（或环规）两种。

一、塞规

检验孔的量规称为塞规，其测量面为外圆柱面，如图 2-56 所示。塞规由通端量规（通规）和止端量规（止规）组成，通规按孔的下极限尺寸确定，用符号“T”表示或在靠近通端一侧打上汉字“通”作为标记；止规按孔的上极限尺寸确定，用“Z”表示或在靠近止端一侧打上汉字“止”作为标记，如图 2-57 所示。用它们控制工件的两个极限尺寸，从而判断工件是否合格。

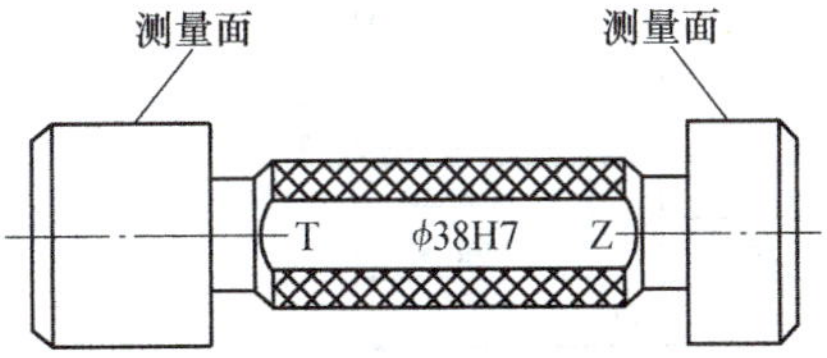

图 2-56 塞规的结构及测量面

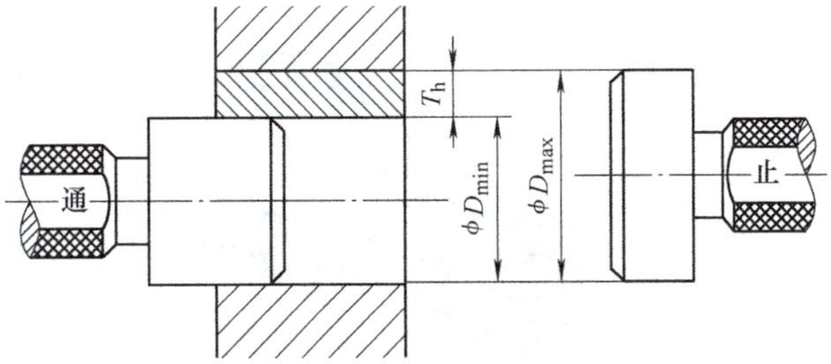

图 2-57 塞规的通规、止规部分

用塞规检验孔径时，如果通规能通过，止规不能通过，则表明工件孔径合格；如果通规和止规都能通过，则表明工件孔径太大，已成废品；如果通规和止规都不能通过，则表明工件孔径太小，不合格，必须返工，再继续加工。

二、卡规

检验轴的量规称为卡规，其测量面为两平行平面，如图 2-58 所示。卡规由通端量规（通规）和止端量规（止规）成对组成，通规按轴的上极限尺寸确定，止规按轴的下极限尺寸确定，标记与塞规相同，如图 2-59 所示，用它们控制工件的两个极限尺寸，从而判断工件是否合格。

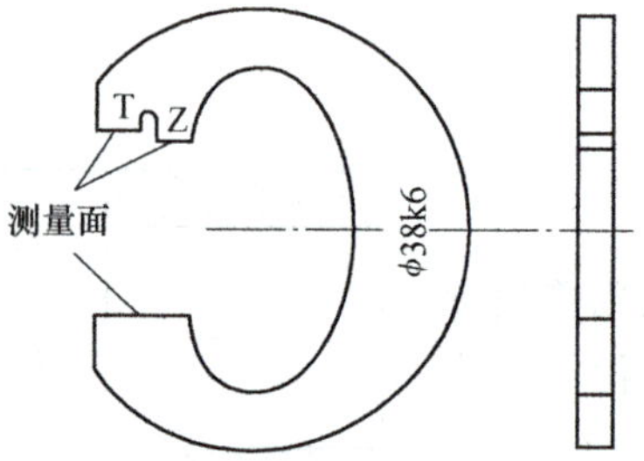

图 2-58　卡规的结构及测量面

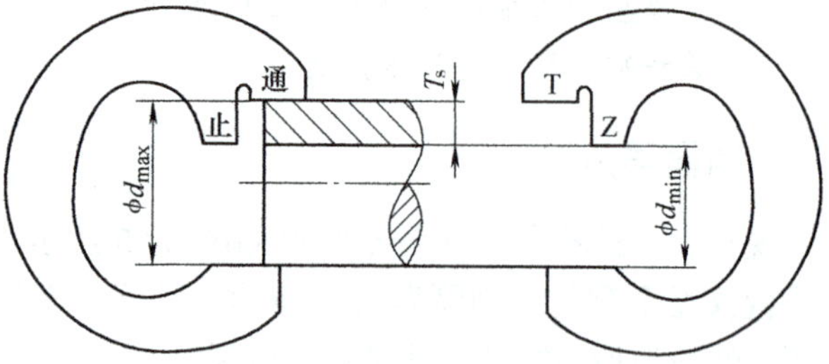

图 2-59　卡规的通规、止规部分

用卡规检验工件轴径时，如果通规能通过，止规不能通过，则表明工件轴径合格；如果通规和止规都能通过，则表明工件轴径太小，已成废品；如果通规和止规都不能通过，则表明工件轴径太大，不合格，必须返工，再继续加工。

课题五　螺纹的检测

知识目标

- 会测量螺纹大径。
- 掌握用螺纹千分尺测量螺纹中径的方法。
- 知道三针法测量螺纹中径的方法。

情景导入

图 2-60 所示为螺杆，如何测量其外螺纹的牙型、螺距、大径和中径？

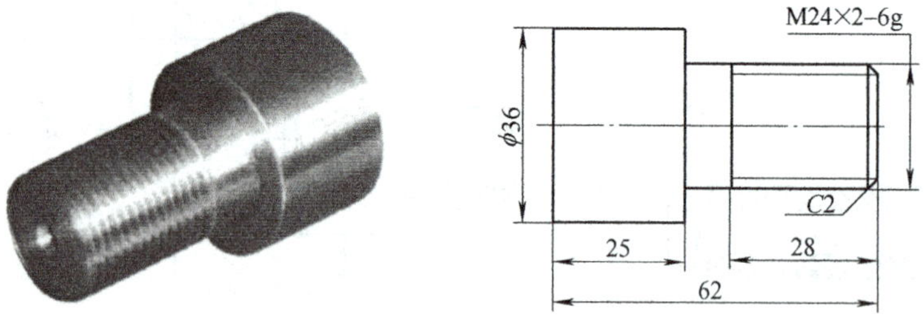

a)　　b)

图 2-60　螺杆

a）实物　b）图样

任务要求

图 2-60 所示的螺杆，经查表、计算后确定外螺纹的大径尺寸为 $\phi 24^{-0.038}_{-0.318}$mm，中径尺寸为 $\phi 22^{+0.663}_{+0.493}$mm，螺距为 2mm。

1. 检测螺纹的螺距和牙型，判断其是否合格。
2. 测量外螺纹大径，判断其是否合格。
3. 测量外螺纹中径，判断其是否合格。

知识准备

螺纹的检测方法分单项测量和综合测量两大类。

一、单项测量

单项测量是分别测量螺纹的中径、螺距、牙型半角等主要几何参数。

1. 螺纹中径的测量

（1）用螺纹千分尺测量　对于精度较低的外螺纹中径，可用螺纹千分尺测量，其结构如图 2-61a 所示。螺纹千分尺与千分尺结构相同，只是测头为螺纹测头。测量时，一端 V 形测头与螺纹的凸起部分相吻合；另一端圆锥形测头与螺纹的沟槽部分相吻合，如图 2-61b 所示。每把螺纹千分尺都配有几对测头，用于测量不同螺距的螺纹，使用时应根据螺距的大小，按量具盒内的附表成对选用。

螺纹千分尺一般用来测量螺距（或导程）为 0.4 ~6mm 的管螺纹。

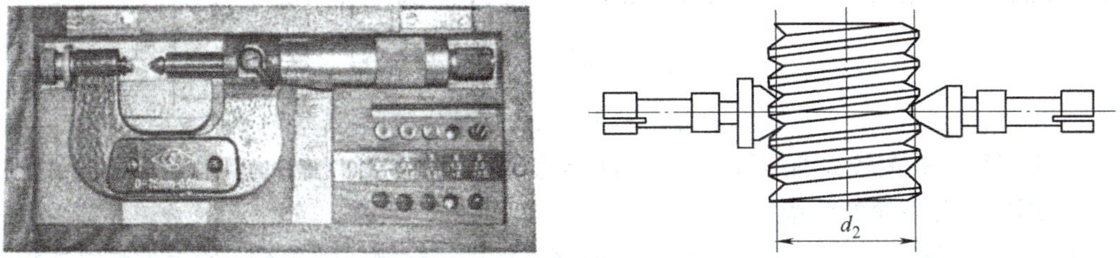

a)　　b)

图 2-61　用螺纹千分尺测量螺纹中径

（2）用三针法测量　三针法是一种比较精密的检测方法，适合测量精度较高、螺纹升角小于 4°的螺纹中径。

用三针法测量时，按图 2-62 所示，将三根直径相等、尺寸合适的量针 d_0 放置在螺纹两侧对应的螺旋槽中，用千分尺测量两边量针顶点之间的距离 M，由 M 值换算出螺纹中径的实际尺寸 $d_{2实}$

$$d_{2实} = M - d_0\left(1 + \frac{1}{\sin\dfrac{\alpha}{2}}\right) + \frac{P}{2}\cot\frac{\alpha}{2}$$

普通螺纹 $\frac{\alpha}{2} = 30°$

$$d_{2实} = M - 3\,d_0 + 0.866P$$

梯形螺纹 $\frac{\alpha}{2} = 15°$

$$d_{2梯实} = M - 4.8637\,d_0 + 1.866P$$

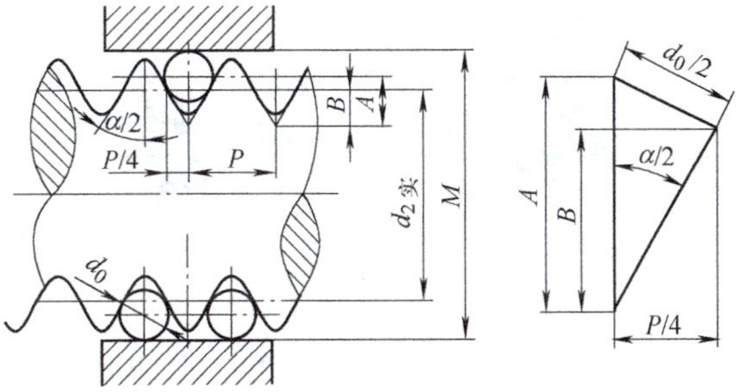

图 2-62　用三针法测量螺纹中径

式中 $\frac{\alpha}{2}$——牙型半角（°）；

P——螺纹螺距（mm）；

d_0——量针直径（mm）；

$d_{2实}$——普通螺纹实际中径（mm）；

$d_{2梯实}$——梯形螺纹实际中径（mm）。

为了消除牙型半角误差对测量结果的影响，应选取最佳量针直径 $d_{0(最佳)}$，使它与螺纹牙侧的接触点正好落在中径线上，如图 2-63 所示，这样可获得较高的测量精度。

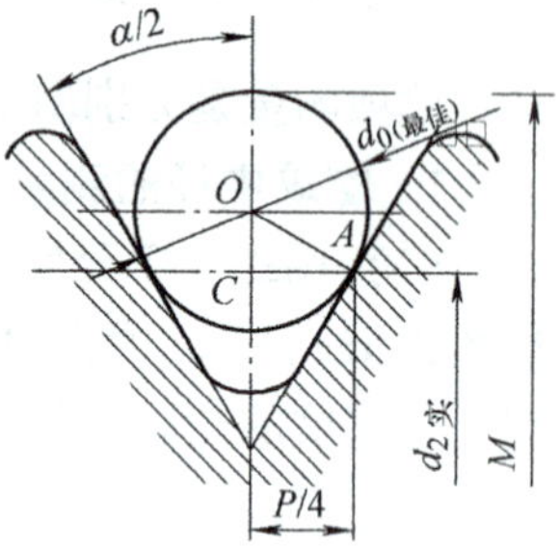

图 2-63 最佳量针直径

$$d_{0(最佳)} = \frac{P}{2\cos\frac{\alpha}{2}}$$

普通螺纹 $\frac{\alpha}{2}=30°$，则 $d_{0(最佳)}=0.577P$

梯形螺纹 $\frac{\alpha}{2}=15°$，则 $d_{0(最佳)}=0.518P$

将最佳量针直径 $d_{0(最佳)}$ 代入普通螺纹中径的实际尺寸 $d_{2实}$ 和梯形螺纹中径实际尺寸 $d_{2梯实}$ 的计算公式中，经整理得

$$d_{2实} = M - \frac{3}{2}d_{0(最佳)}$$

$$d_{2梯实} = M - 1.262d_{0(最佳)}$$

对于直径和螺距较大的螺纹中径，可用单针法测量。

2. 螺距、牙型角的测量

螺纹的螺距和牙型角一般用螺纹样板或钢直尺进行检测。图 2-64a 所示为螺纹样板，它是一种带有不同螺距的基本牙型的薄片，可以用比较法检验螺纹的螺距和牙型。常用的螺纹样板有普通螺纹样板和寸制螺纹样板两种，其结构基本相同，只是普通螺纹样板的牙型角为 60°，寸制螺纹样板的牙型角为 55°。螺纹样板一般是成套供应，每套螺纹样板由许多不同螺距的钢片组成，每片样板上都刻有相应的螺距（普通螺纹样板）或每英寸牙数（寸制螺纹样板）。

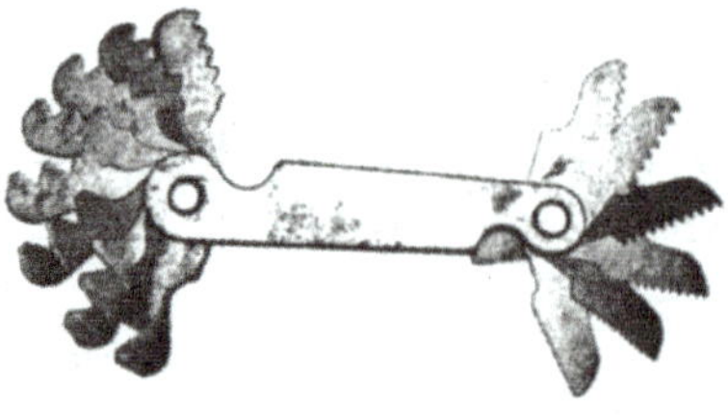

a)

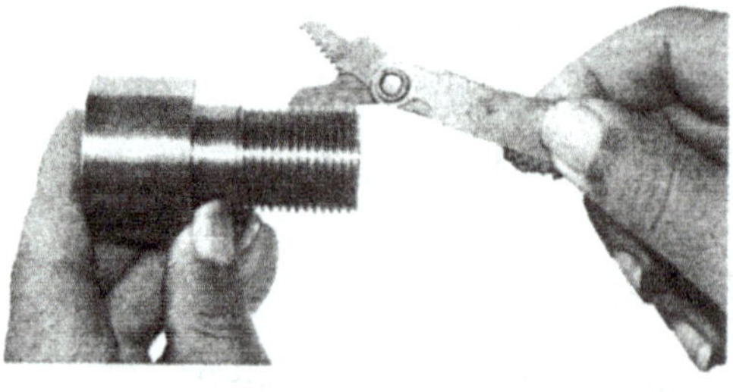

b)

图 2-64 用螺纹样板检测螺距和牙型角

a）螺纹样板实物 b）螺纹样板检测示意图

测量时，将螺纹样板沿螺纹的轴向剖面卡在被测螺纹上，观察两者的密合情况。如果样板的所有牙都与被测螺纹的牙密合（图 2-64b），说明该工件的螺距合格；如果没有间隙透光，则说明被测螺纹的牙型正确。

二、综合测量

综合测量是采用极限量规对螺纹的基本要素（螺纹大径、中径和螺距）同时进行综合检验的一种方法。综合测量不能测出各单项参数的具体数值，但测量效率高，使用方便，能较好地保证互换性，适合测量大批量生产的一般精度的螺纹。

图 2-65 所示为检验外螺纹的螺纹环规，图 2-66 所示为检验内螺纹的螺纹塞规。无论是环规还是塞规，都有通规和止规之分。检验时，若通规能顺利拧入工件螺纹的有效长度范围，而止规不能拧入，则说明螺纹是合格的，否则就不合格。

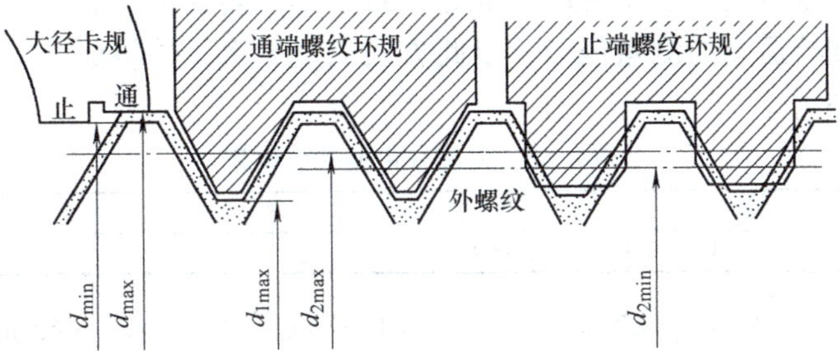

图 2-65　测量外螺纹的环规

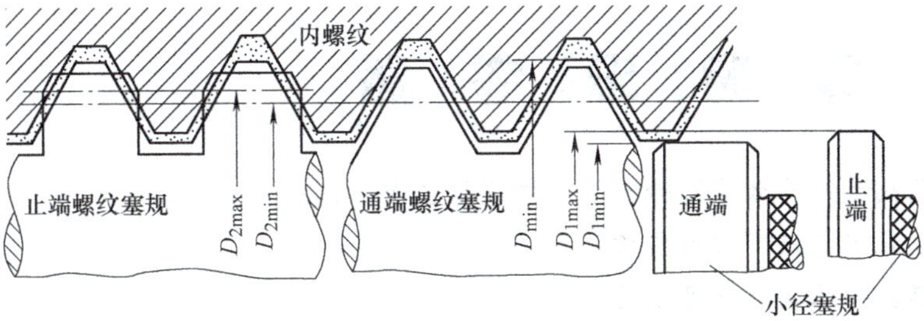

图 2-66　测量内螺纹的塞规

任务实施

1. 图 2-60 所示的螺杆，螺距为 2mm，牙型角为 60°，选择相应的螺纹样板，将其沿螺纹的轴向剖面卡在被测螺纹上，由于样板的所有牙都与被测螺纹的牙密合，没有间隙透光，说明被测螺纹的螺距和牙型正确，符合要求。

2. 外螺纹大径可以用游标卡尺测量，测量方法如图 2-67 所示。测量 5 个位置的大径大小，并将测量结果填入表 2-12 中。

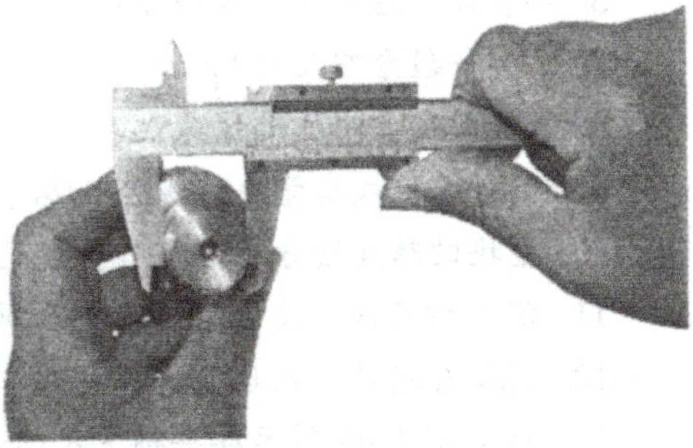

图 2-67　用游标卡尺测量螺纹大径

表 2-12　外螺纹大径的测量数据

测量次数	1	2	3	4	5
测量值/mm	23.72	23.74	23.72	23.76	23.74

外螺纹的大径尺寸为 $\phi 24^{-0.038}_{-0.318}$ mm，其上极限尺寸为 ϕ23.962mm，下极限尺寸为 ϕ23.682mm。由表 2-12 可知，5 个位置的所有数据都在大径的公差范围之内，所以该尺寸符合精度要求，即外螺纹的大径尺寸合格。

3. 根据螺纹的尺寸，选用测量范围为 0～25mm 的螺纹千分尺，根据螺距为 2mm、牙型角为 60°选择测头，并校对零位，若零位有微小误差，可记录误差值，并在数据处理时进行修正。

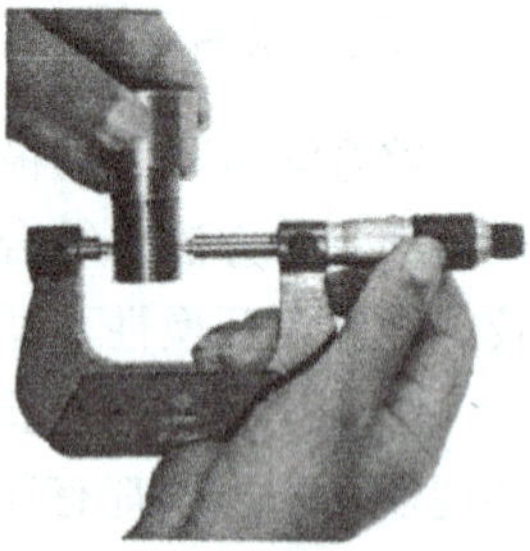

图 2-68　用螺纹千分尺测量外螺纹中径

将被测螺纹放入两测量头之间，找正中径部位，使两测量头的公共中心线与被测量螺纹的轴线垂直，如图 2-68 所示，转动测力装置，使测砧表面保持适当的测量压力。以此方法测量 5 次，并将测量结果填入表 2-13 中。

表 2-13　外螺纹中径的测量数据

测量次数	1	2	3	4	5
测量值/mm	22.594	22.602	22.501	22.499	22.597

外螺纹的中径尺寸为 $\phi 22^{+0.663}_{+0.493}$ mm，其上极限尺寸为 ϕ22.663mm，下极限尺寸为 ϕ22.493mm。由表 2-13 可知，5 个位置的所有数据都在中径的公差范围之内，所以该尺寸符合精度要求，即外螺纹的中径尺寸合格。

复习思考题

1. 什么是测量？什么是检验？两者之间的主要区别是什么？
2. 测量过程中包括哪四个要素？
3. 计量器具按结构特点可分为哪几大类？
4. 什么是测量误差？其产生的原因有哪几方面？
5. 根据测量误差的规律，可将其分为哪两大类？
6. 钢直尺一般用于什么场合？
7. 卡钳一般分哪几种？
8. 塞尺的主要用途是什么？
9. 利用 91 块成套量块，组合 $\phi 24^{+0.053}_{+0.020}$mm 和 $\phi 85^{-0.036}_{-0.090}$mm 两尺寸的极限尺寸。
10. 量块的精度划分有哪几种？各是如何规定的？
11. 游标卡尺的分度值有哪几种？哪种精度最高？
12. 说明分度值为 0.02mm 的游标卡尺的刻线原理。
13. 确定图 2-69 所示各游标卡尺的分度值及所确定的被测尺寸的数值。
14. 使用游标卡尺时应注意哪些问题？
15. 简述千分尺的读数原理，其分度值和常用测量范围各是多少？

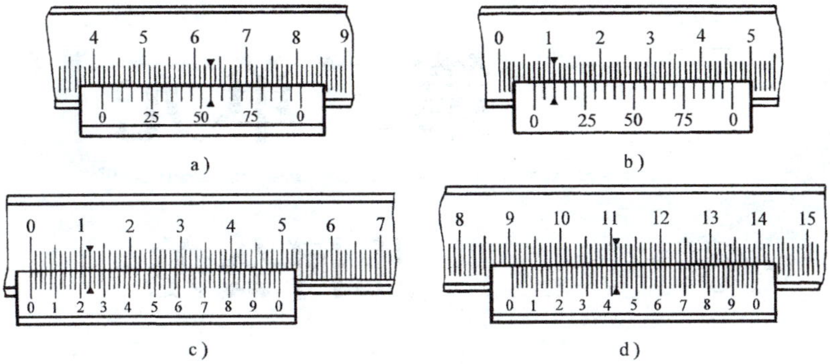

图 2-69　题 13 游标卡尺的读数示例

16. 确定图 2-70 所示千分尺所确定的被测工件尺寸的数值。

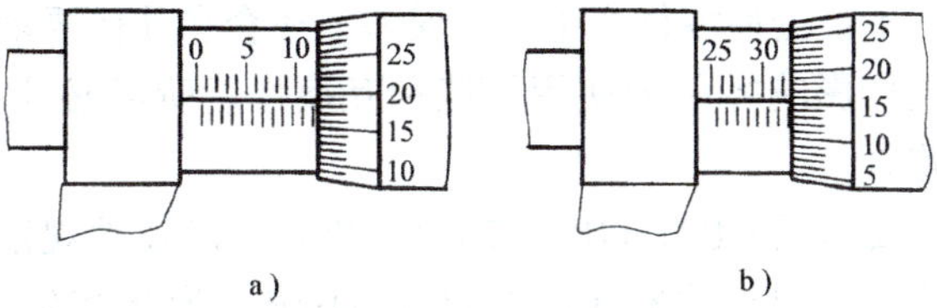

图 2-70　题 16 千分尺的读数示例

17. 使用千分尺时应注意哪些问题？

18. 试述指示表的工作原理，其分度值和示值范围各是多少？

19. 杠杆指示表有何特点？使用时应注意哪些问题？

20. 直角尺一般应用于什么场合？

21. 游标万能角度尺一般应用于什么场合？其分度值有哪两种？

22. 试述分度值为 2′的游标万能角度尺的读数原理。

23. 确定图 2-71 所示被测工件的角度数值。

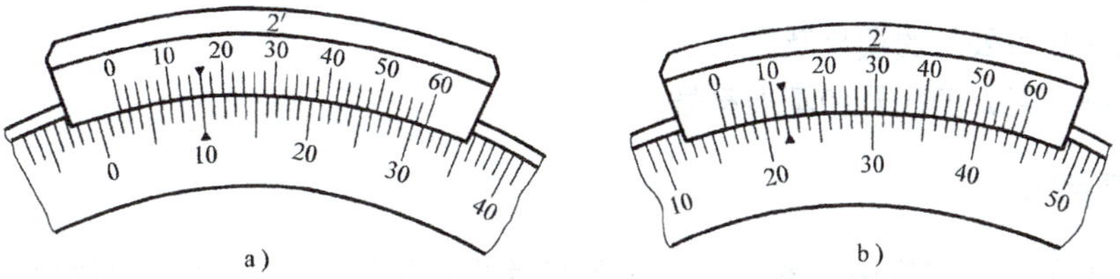

图 2-71　题 23 游标万能角度尺的读数示例

24. 测量不同角度的工件时，应如何安装游标万能角度尺？

25. 试述正弦规的工作原理和应用场合。

26. 用分度值为 0.02mm/1000mm（4″）的框式水平仪测量长度为 600mm 导轨的倾斜程度。如果气泡移动 2.5 格，试求导轨工作面对水平面的倾斜角度及导轨两端的高度差。

27. 量规一般分为哪两种？各用于什么场合？

28. 孔用塞规的通规和止规尺寸如何确定？

29. 测量螺纹中径的方法一般有哪几种？各适用于什么场合？

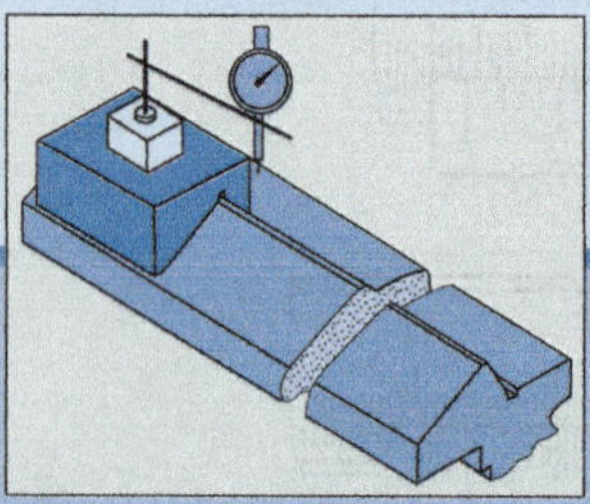

第三单元

几何公差

零件在加工过程中，由于机床、工件和刀具的变形，相对运动不准确，各种频率的振动及定位精度差等原因，不仅会使零件产生尺寸误差，还会在几何要素的形状、方向和位置等方面产生误差，它们同样影响零件的使用性能和互换性。所以必须合理控制零件的几何误差，正确给定几何公差。

几何公差的标准主要包括 GB/T 1182—2008《产品几何技术规范（GPS） 几何公差 形状、方向、位置和跳动公差标注》；GB/T 1184—1996《形状和位置公差 未注公差值》；GB/T 13319—2003《产品几何技术规范（GPS） 几何公差 位置度公差注法》；GB/T 1958—2004《产品几何技术规范（GPS） 形状和位置公差 检测规定》等。

课题一 几何公差概述

知识目标

- 了解要素的相关概念。
- 掌握被测要素、基准要素的概念。
- 记住几何公差的项目及符号。
- 理解几何公差代号和基准符号。

情景导入

图 3-1 所示为一定位块。图中除了对各尺寸进行了限制外，还对定位块提出了什么要求？方框内的符号和数值是什么意思？

任务要求

图 3-1 所示的定位块，对其提出了垂直度公差要求。

1. 指出被测要素。
2. 指出基准要素。
3. 提出的垂直度公差值是多少？
4. 垂直度公差属于几何公差中的哪类公差？

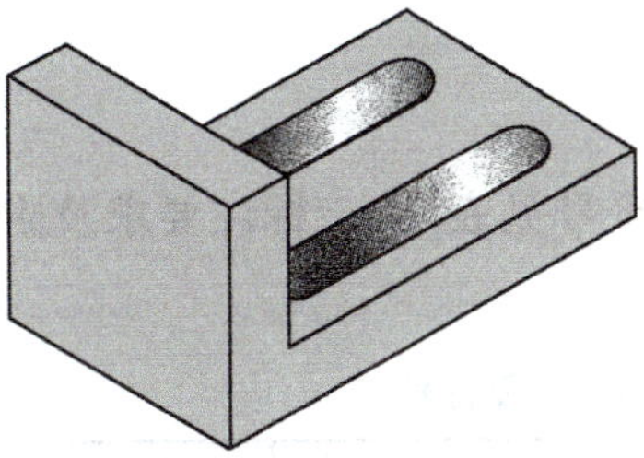

a)

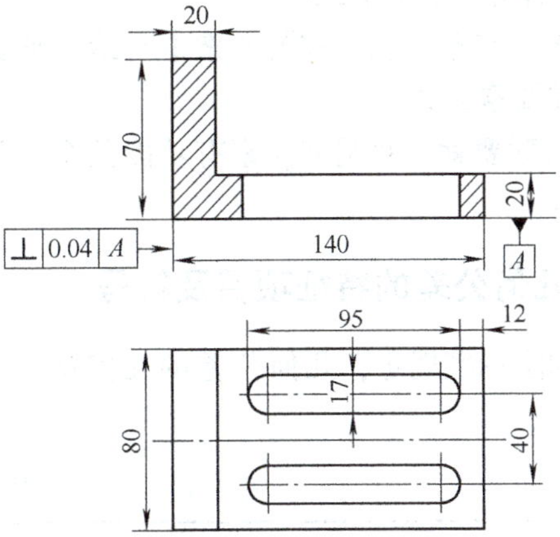

b)

图 3-1　定位块

a）实物　b）图样

知识准备

一、几何公差的研究对象

如图 3-2 所示，零件的锥顶、球心、轴线、素线、球面、圆锥面、圆柱面和端面等都是几何要素。几何公差的研究对象就是这些几何要素。

1. 按存在形态不同分类

（1）提取要素　零件上实际存在的由无数个点组成的要素称为提取要素。

（2）拟合要素　具有几何学意义的要素，它不存在任何误差，是理想的几何要素。拟合要素是评定提取要素误差的依据。

2. 按所处地位不同分类

（1）被测要素　在图样上给出了几何公差要求，需要测量的要素称为被测要素。如图 3-3 所示，箭头指向的平面（右侧面）对底面有垂直度要求，该右侧面即为被测要素。

（2）基准要素　图样上规定用于确定被测要素的方向或（和）位置的要素，称为基准要素，简称为基准。如图 3-3 所示，底面确定了被测要素（右侧面）的方向，该底面即为基准要素。

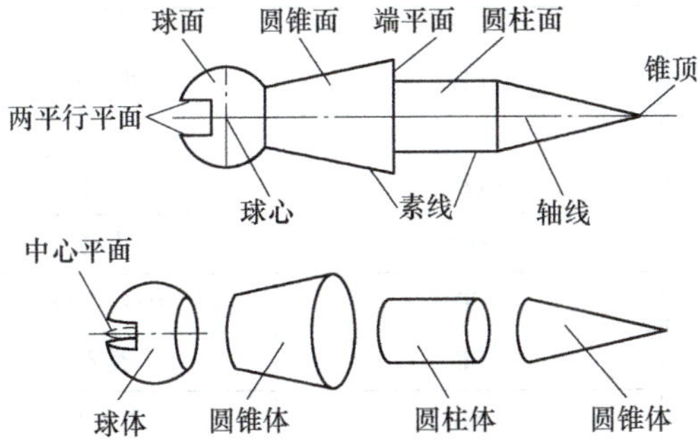

图 3-2　零件几何要素

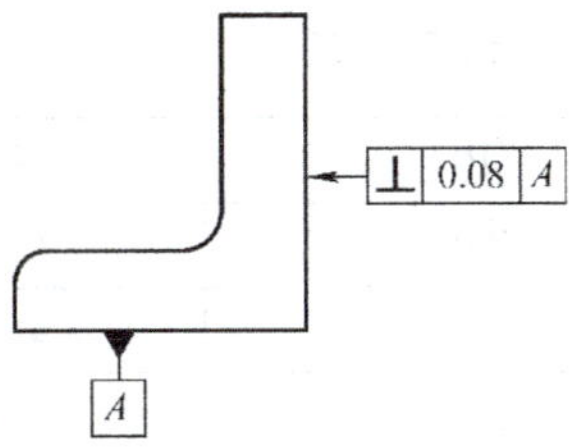

图 3-3　几何公差的要素

3. 按功能关系不同分类

（1）单一要素　仅对被测要素本身给出形状公差要求的要素称为单一要素。它是独立的，与基准要素无关。

（2）关联要素　对基准要素有功能关系，并给出方向、位置或跳动公差要求的要素称为关联要素。

二、几何公差的特征项目及符号

根据国家标准规定，几何公差的几何特征及符号见表3-1，标注要求及附加符号见表3-2。

表 3-1　几何公差的几何特征及符号

公差类型	几何特征	符　号	有无基准
形状公差	直线度	—	无
	平面度	⏥	无
	圆度	○	无
	圆柱度	⌭	无
	线轮廓度	⌒	无
	面轮廓度	⌓	无
方向公差	平行度	//	有
	垂直度	⊥	有
	倾斜度	∠	有
	线轮廓度	⌒	有
	面轮廓度	⌓	有
位置公差	位置度	⌖	有或无
	同心度（用于中心点）	◎	有
	同轴度（用于轴线）	◎	有
	对称度	⌯	有
	线轮廓度	⌒	有
	面轮廓度	⌓	有
跳动公差	圆跳动	↗	有
	全跳动	⌰	有

表 3-2　几何公差标注要求及附加符号

符　号	说　明	符　号	说　明
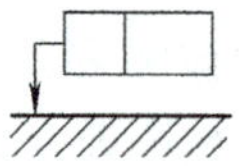	被测要素	Ⓕ	自由状态条件(非刚性零件)
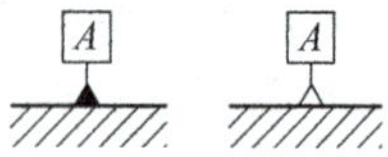	基准要素		全周（轮廓）
	基准目标	CZ	公共公差带
50	理论正确尺寸	LD	小径
Ⓟ	延伸公差带	MD	大径
Ⓜ	最大实体要求	PD	中径、节径
Ⓛ	最小实体要求	LE	线素
Ⓔ	包容要求	NC	不凸起
Ⓡ	可逆要求	ACS	任意横截面

三、几何公差代号

在技术图样上，几何公差一般采用代号标注，当图样上无法采用代号标注时，允许采用文字说明，但应做到内容完整，不能产生误解。几何公差代号包括几何公差框格、指引线、几何特征符号、几何公差值、基准和其他有关符号。

公差框格为矩形方框，由两格或多格组成，在图样中只能水平或垂直绘制。各格内容按从左至右或者从下至上的顺序依次填写几何特征符号、几何公差值、基准（形状公差不标注基准）。

当公差带形状是圆形或圆柱形时，在公差值前加注“ϕ”，如图 3-4c、e、f 所示，如果是球形则加注“Sϕ”，如图 3-4d 所示；如需要基准代号，则用一个或多个字母表示基准要素或基准体系，如图 3-4b、c、d、e、g 所示；当某项公差应用于几个相同要素时，应在公差框格的上方被测要素的尺寸前面注明要素的个数，并在两者之间加上符号“×”，如图 3-4f 所示；如果需要对某个要素给出几种几何特征的公差，可将一个公差框格放在另一个公差框格的下面，如图 3-4g 所示；如果需要限制被测要素在公差带内的形状，应在公差框格的下方注明，如图 3-4h 所示。

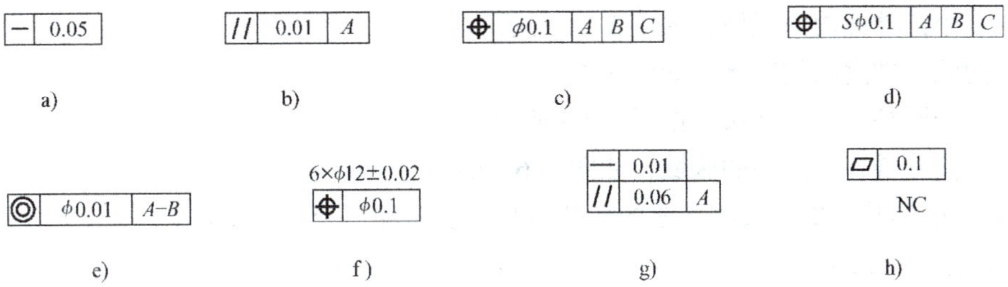

图 3-4 公差框格

四、基准符号

基准用大写字母表示，为避免误解，国家标准规定禁用字母 E、F、I、J、L、M、O、P、R 这 9 个字母，因为它们在几何公差中另有含义。基准字母一般不允许与图样中任何向视图的字母相同。基准字母标注在基准方框内，与一个涂黑的或空白的三角形相连以表示基准，如图 3-5 所示，涂黑的或空白的基准三角形含义相同。无论基准符号的方向如何，字母都应水平书写，表示基准的字母还应标注在公差框格内。

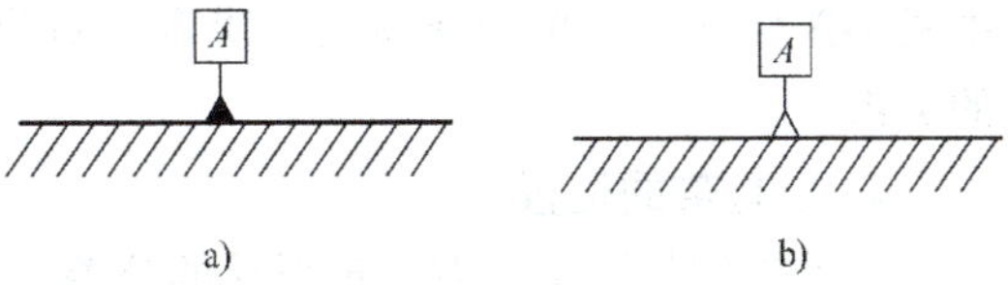

图 3-5 基准符号

五、几何公差带

几何公差带就是限制被测要素变动的一个包容区域，是由一个或几个理想的几何线或面所限定的、用线性公差值表示其大小的区域。各项几何公差对被测要素的限制可用几何公差带直观、形象地表示。几何公差带包括形状、大小、方向和位置四个要素。

1. 公差带的形状

公差带的形状表示被测要素变动的区域，其主要形状如图 3-6 所示。

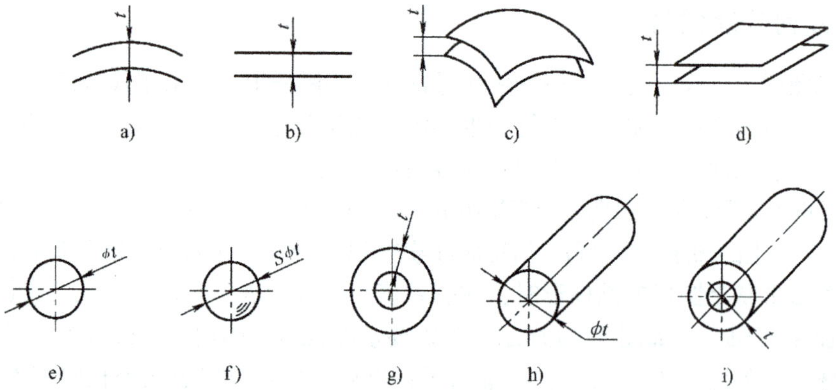

图 3-6　公差带的主要形状

1）两等距线或两平行直线之间的区域，如图 3-6a、b 所示。

2）两等距面或两平行平面之间的区域，如图 3-6c、d 所示。

3）一个圆内的区域，如图 3-6e 所示。

4）一个圆球面内的区域，如图 3-6f 所示。

5）两同心圆之间的区域，如图 3-6g 所示。

6）一个圆柱面内的区域，如图 3-6h 所示。

7）两同轴圆柱面之间的区域，如图 3-6i 所示。

公差带的形状取决于被测要素的形状特征、公差项目及设计要求。

2. 公差带的大小

公差带的大小表示设计时给定的公差数值，是允许零件实际要素变动的全量。公差带的大小通常指公差带的宽度、直径或半径差的大小。

3. 公差带的方向

公差带的方向表示允许被测要素几何误差变动的方向。理论上，公差带方向一般应与被测要素指引线箭头所指的方向相垂直，实际方向不一定。对于形状公差带而言，其实际方向由最小条件（见本单元课题三）决定；对位置公差带来讲，应与基准的拟合要素保持正确的关系。

4. 公差带的位置

公差带的位置指具有一定形状的公差带是固定在某一确定的位置上，还是可在一定范围内浮动。形状公差的公差带位置随着被测要素在尺寸公差范围内浮动，方向公差的公差带位置与被测要素相对于基准的尺寸公差有关，位置公差的公差带位置是固定的。

任务实施

根据图 3-1 所示的垂直度公差要求确定以下问题。

1. 被测要素是定位块的左侧面。
2. 基准要素是定位块的底面。
3. 提出的垂直度公差值是 0.04mm。
4. 垂直度公差属于几何公差中的方向公差。

课题二　几何公差的标注

知识目标

- 熟悉被测要素和基准要素的标注方法。
- 知道几何公差标注的基本规定。
- 能看懂图样上各项几何公差代号的含义。

情景导入

图 3-7 所示为一轴。为什么图中有的几何公差框格的指引线箭头与尺寸线对齐，而有的指引线却与尺寸线错开？有的基准符号与尺寸线对齐，有的又与尺寸线错开？这样标注有什么不同？

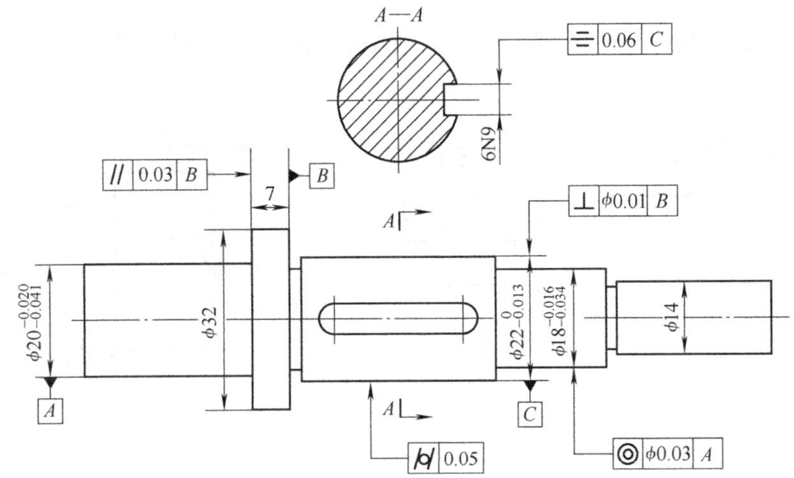

图 3-7　轴

任务要求

分析图 3-7 中的几何公差得知，当被测要素是轮廓面或轮廓线时，几何公差框格的指引线箭头与尺寸线错开，如平行度和圆柱度的标注；当被测要素是对称面的中心平面、中心线时，几何公差框格的指引线箭头与尺寸线对齐，如对称度、垂直度和同轴度的标注。同理，基准为轮廓面或轮廓线时，基准符号与尺寸线错开；基准要素是对称面的中心平面、中心线时，基准符号与尺寸线对齐。

本任务的具体要求是识读图 3-7 中各项几何公差代号的含义。

知识准备

一、被测要素的标注

国家标准规定，用带箭头的指引线将框格与被测要素相连，指引线引自框格的任意一侧，但必须垂直于框格，终端带一箭头。引出端引向被测要素时允许弯折，但不得多于两次。

1）当公差涉及轮廓线或轮廓面时，箭头应指在该要素的轮廓线或其延长线上，并与尺寸线明显错开，如图3-8a、b所示；当采用带点的引出线指向实际表面时，箭头可置于带点的引出线的水平线上，如图3-8c所示。

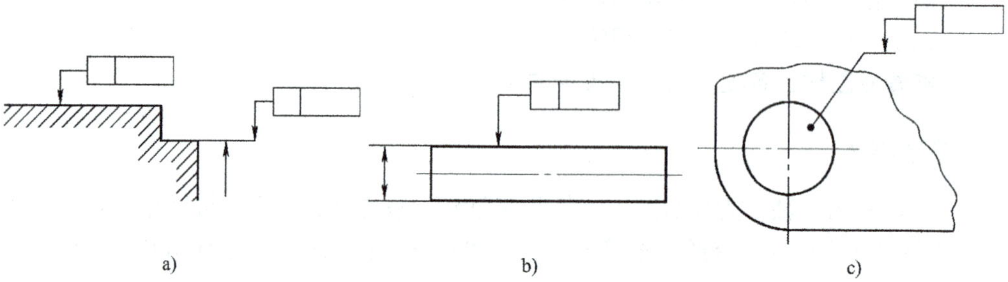

图3-8　被测要素为轮廓线或轮廓面时的标注

2）当公差涉及要素的中心线、中心面或中心点时，箭头应位于相应尺寸线的延长线上，如图3-9所示。

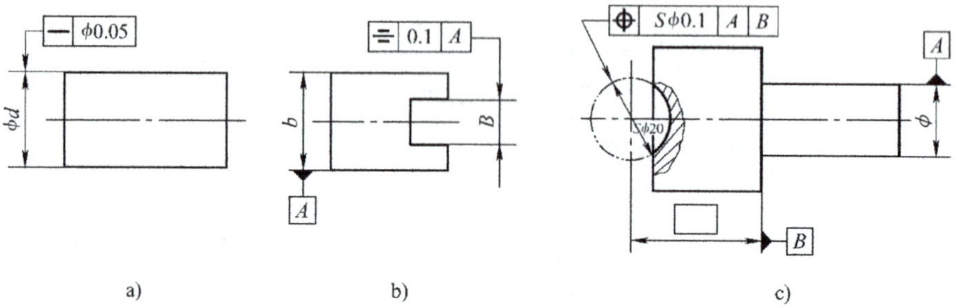

图3-9　被测要素为中心线、中心面、中心点时的标注

二、基准要素的标注

1）当基准要素是轮廓线或轮廓面时，基准三角形放置在该要素的轮廓线或其延长线上，并与尺寸线明显错开，如图3-10a、b所示；当采用带点的引出线指向实际表面时，基准三角形放置在引出线的水平线上，如图3-10c所示。

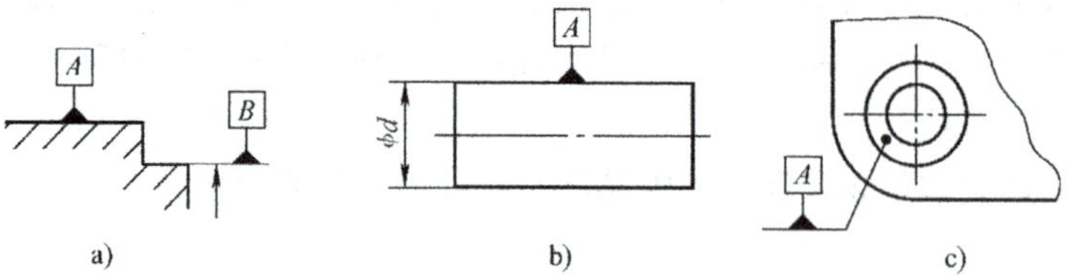

图3-10　基准要素为轮廓线或轮廓面时的标注

2）当基准是尺寸要素确定的轴线、中心平面或中心点时，基准三角形应放置在该尺寸线的延长线上，如图3-11a所示；如果没有足够的空间，可用基准三角形代替基准要素尺寸

的一个箭头，如图 3-11b、c 所示。

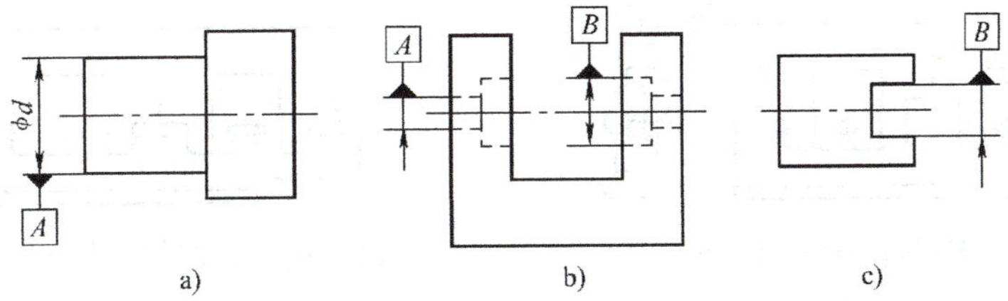

图 3-11 基准要素为轴线、中心平面（或中心点）时的标注

3）以两个要素建立公共基准时，用中间加连字符的两个大写字母表示，如图 3-12a 所示；以两个或三个基准建立基准体系（即采用多基准）时，表示基准的大写字母按基准的优先顺序从左至右写在框格内，如图 3-12b 所示。

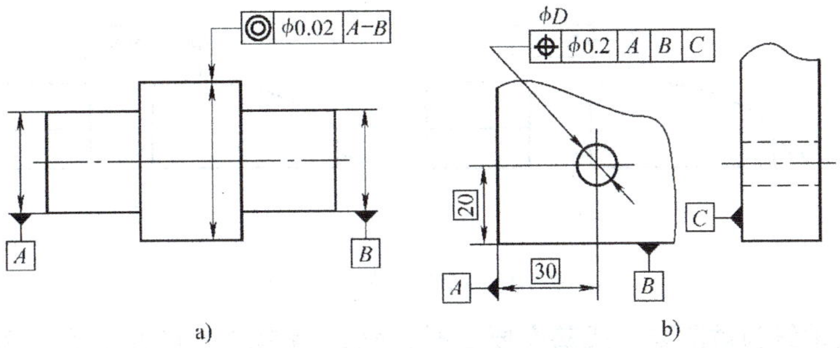

图 3-12 公共基准和基准体系的标注

三、简化标注

1）当同一被测要素有相同几何公差要求，且测量方向相同时，可将一个公差框格放在另一个框格的下方，用同一指引线指向被测要素，如图 3-13a 所示；如测量方向不完全相同，则应将测量方向不同的项目分开标注，如图 3-13b 所示。

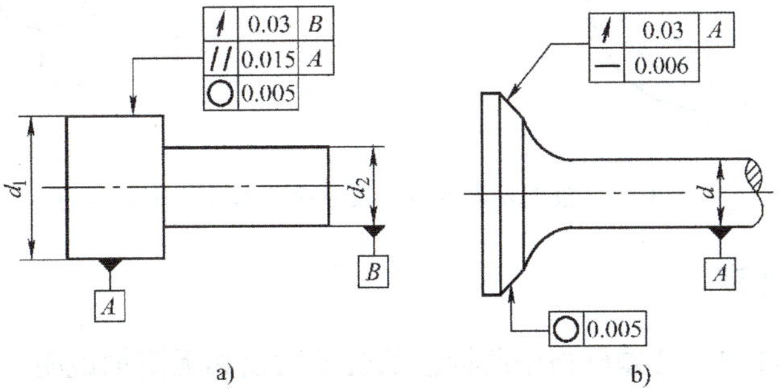

图 3-13 同一被测要素有多项几何公差要求时的标注

2）一个公差框格可以用于具有相同几何特征和公差值的若干个分离要素，如图 3-14 所示。

3）若干个分离要素给出单一公差带时，可按图 3-15 所示在公差框格内公差值的后面加注公共公差带的符号“CZ”。

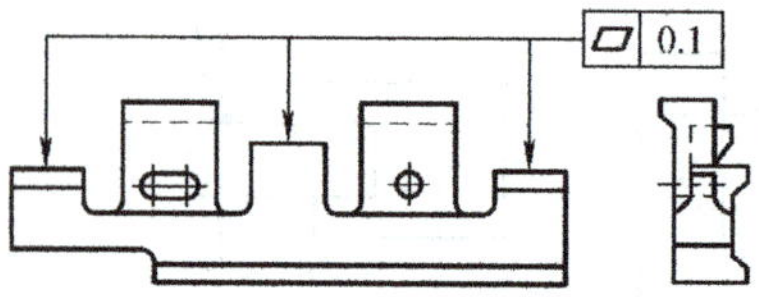

图 3-14　要求相同的被测要素的标注

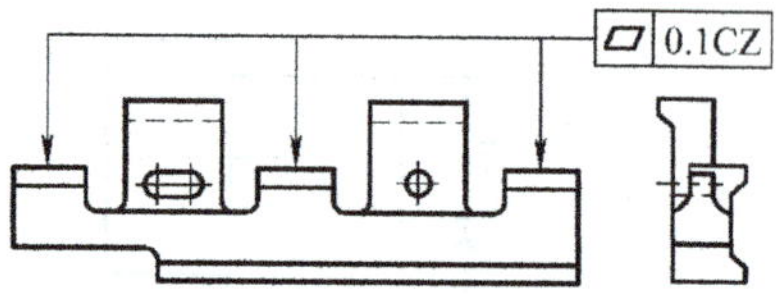

图 3-15　同一公差带控制若干个分离要素的标注

四、附加标记

1）轮廓度特征适用于横截面内的整周外轮廓线或由该轮廓所示的整周表面时，应采用“全周”符号表示，如图 3-16 所示。“全周”符号并不包括整个工件的所有表面（图 3-16 中的 *a*、*b* 面），只包括由轮廓和公差标注所表示的各个表面。

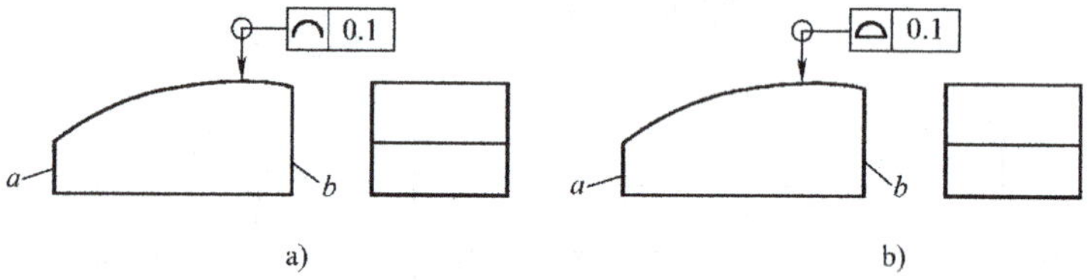

图 3-16　全周符号标注示例

2）以螺纹轴线为被测要素或基准要素时，默认为螺纹中径的轴线，否则应另有说明。例如用“MD”表示大径，用“LD”表示小径，如图 3-17 所示。以齿轮、花键轴线为被测要素或基准要素时，需要说明所指的要素，如用“PD”表示节径，用“MD”表示大径，用“LD”表示小径。

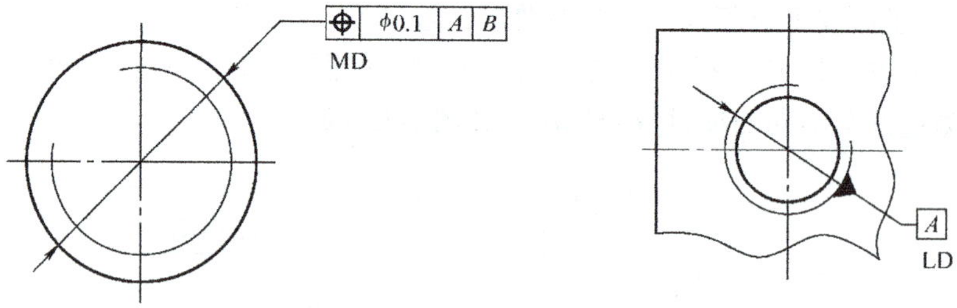

图 3-17　被测要素或基准要素为螺纹轴线时的标注

五、限定性规定

在几何公差标准中，公差框格中所标注的公差数值如无附加说明，则被测范围为箭头所指的整个被测组成要素或导出要素。

1）如果给出的公差仅适用于要素的某一指定局部，应采用粗点画线画出该局部的范围，并加注尺寸，如图 3-18 所示。

2）需要对整个被测要素上任意限定范围标注同样几何特征的公差时，可在公差值的后面加注限定范围的线性尺寸值，并在两者间用斜线隔开，如图 3-19a、b 所示；如果标注的

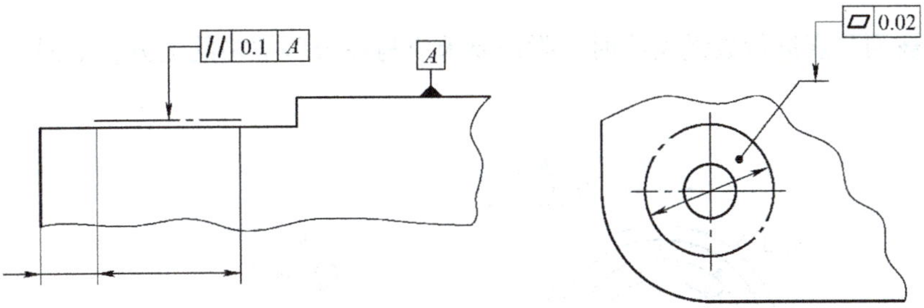

图 3-18　给出的公差仅为被测要素的某一指定局部时的标注

是两项或两项以上同样几何特征的公差，可直接在整个要素公差框格的下方放置另一个公差框格，如图 3-19c 所示。

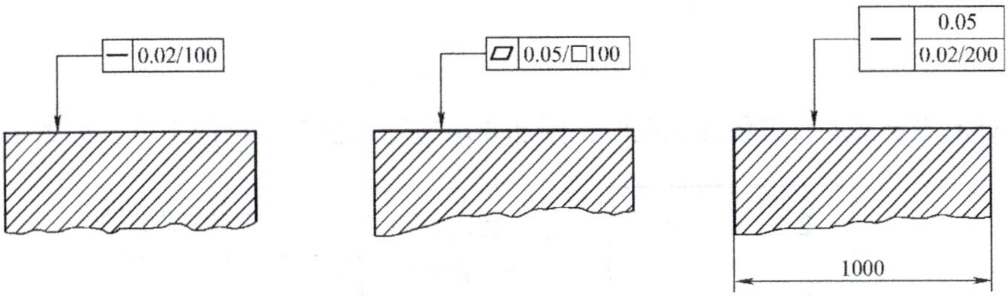

a)　　b)　　c)

图 3-19　任意限定范围标注同样几何特征的公差标注

图 3-19a 所示为在任意 100mm 的长度上，上平面的提取（实际）线的直线度误差应限定在间距等于 0. 02mm 的两平行直线之间；图 3-19b 所示为在任意 100mm × 100mm 的面积上，上平面的提取（实际）面的平面度误差应限定在间距等于 0. 05mm 的两平行平面之间；图 3-19c 所示为在任意 200mm 的长度上，上平面的提取（实际）线的直线度误差应限定在间距等于 0. 02mm 的两平行直线之间，在总长 1000mm 的长度上，上平面的提取（实际）线的直线度误差应限定在间距等于 0. 05mm 的两平行直线之间。

3）以要素的某一局部为基准的标注方法如图 3-20 所示。

4）如果进一步限定被测要素的形状，则在公差值之后加注相应符号，如图 3-21 所示。

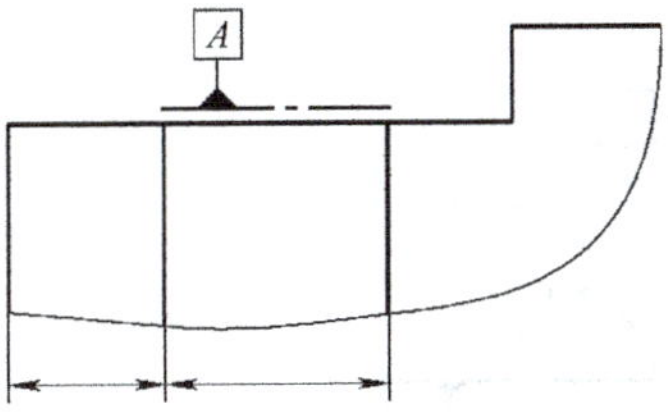

图 3-20　以要素的某一局部为基准的标注

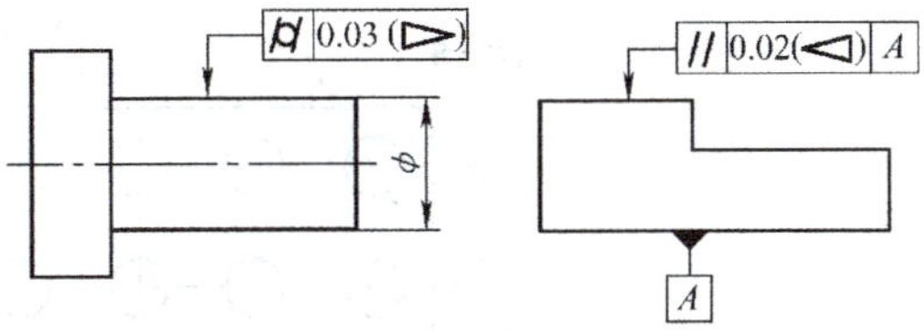

a)　　b)

图 3-21　用符号表示限定要求

▷表示只允许尺寸从左向右逐渐减小（图 3-21a），◁表示只允许尺寸从右向左逐渐减小（图 3-21b）。

六、附加要求

1）对被测要素进行数量说明时，附加要求应写在公差框格的上方，如图 3-22 所示。

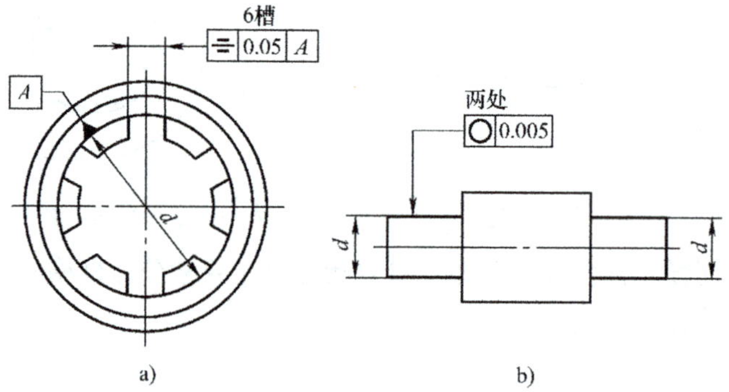

图 3-22　附加要求是数量说明的标注

2）对被测要素进行解释性说明时，附加要求应写在公差框格的下方，如图 3-23 所示。

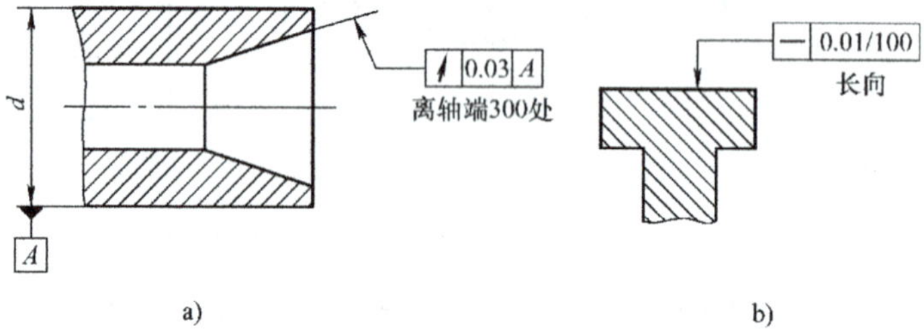

图 3-23　附加要求是解释性说明的标注

七、理论正确尺寸

当给出一个或一组要素的位置、方向或轮廓度公差时，分别用来确定其理论正确位置、方向或轮廓的尺寸称为理论正确尺寸（TED）。TED 也用于确定基准体系中各个基准之间的方向、位置关系。TED 没有公差，标注在一个方框中，如图 3-24 所示。

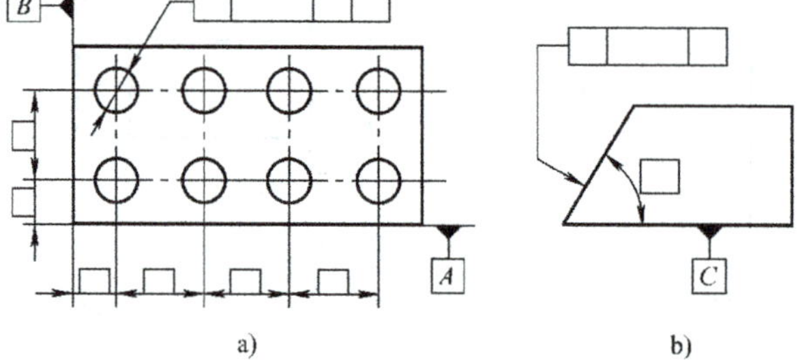

图 3-24　理论正确尺寸的标注

八、延伸公差带

延伸公差带用规范的附加符号Ⓟ表示，如图3-25所示。

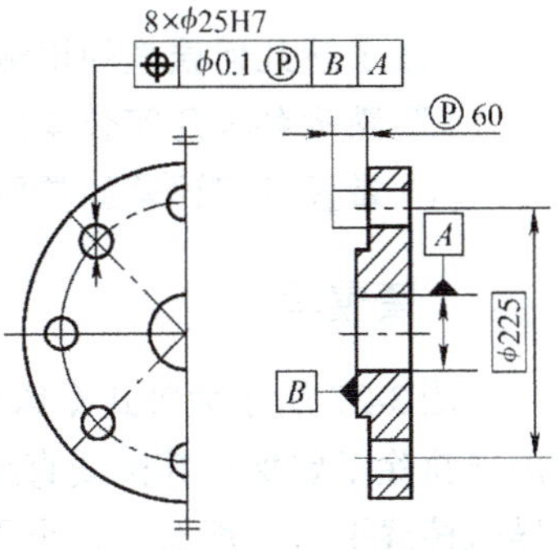

图3-25　延伸公差带的标注

任务实施

图3-7中对轴提出了平行度、对称度、垂直度、同轴度和圆柱度5项几何公差要求。下面逐一识读各项几何公差代号的含义（不含公差带形状）。

1. 平行度公差：被测要素 ϕ32mm圆柱体的左端面相对于基准要素 ϕ32mm圆柱体的右端面的平行度公差为0.03mm。

2. 对称度公差：被测要素键槽6N9上、下对称面的中心平面相对于基准要素 $\phi 22_{-0.013}^{\ 0}$ mm圆柱体的轴线对称度公差为0.06mm。

3. 垂直度公差：被测要素 $\phi 22_{-0.013}^{\ 0}$ mm圆柱体的轴线相对于基准要素 ϕ32mm圆柱体的右端面的垂直度公差为 ϕ0.01mm。

4. 同轴度公差：被测要素 $\phi 18_{-0.034}^{-0.016}$ mm圆柱体的轴线相对于基准要素 $\phi 20_{-0.041}^{-0.020}$ mm圆柱体的轴线的同轴度公差为 ϕ0.03mm。

5. 圆柱度公差：被测要素 $\phi 22_{-0.013}^{\ 0}$ mm圆柱面的圆柱度公差为0.05mm。

课题三　几何公差带及几何误差的检测

几何误差是被测提取要素对其拟合要素的变动量。评定几何误差的基本原则是最小条件，评定几何误差用最小包容区域法。

最小条件指被测提取组成要素对于其拟合要素的最大变动量为最小。如图3-26所示的 f_1、f_2、f_3 是对应于拟合要素处于不同位置时得到的各个最大变动量，若 $f_1 < f_2 < f_3, \cdots$，且其中 f_1 最小，则符合最小条件的拟合要素为 A_1B_1。

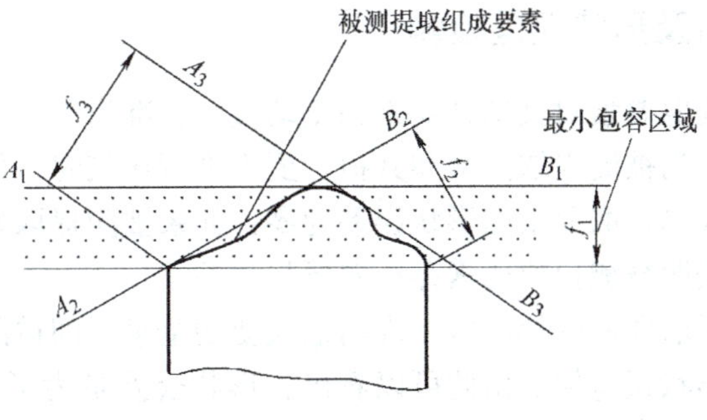

图3-26　提取组成要素的最小条件及最小包容区域

在评定几何误差时，可以运用多种检测方法进行检测。从其检测原理上概括起来有以下五种检测原则：与拟合要素比较原则、测量坐标值原则、测量特征参数原则、测量跳动原则及理想边界控制原则。

知识目标

- 了解几何误差的检测原则。
- 熟悉各种几何公差的公差带形状。
- 掌握几何误差的常用检测方法。

情景导入

图 3-27 所示为卧式车床导轨。为保证车床的加工精度，V 形导轨除了要保证其棱线直线度外，还要保证平面导轨与 V 形导轨棱线平行。那么，这个平行度误差如何检测呢？

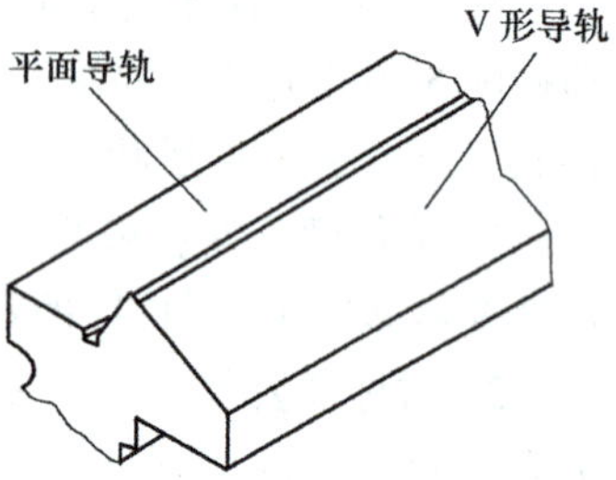

图 3-27　卧式车床导轨

任务要求

要想保证平面导轨与 V 形导轨棱线平行，应使平面导轨的实际平面限制在两个平行平面之间，且这两个平行平面要与 V 形导轨的棱线平行，如图 3-28 所示。

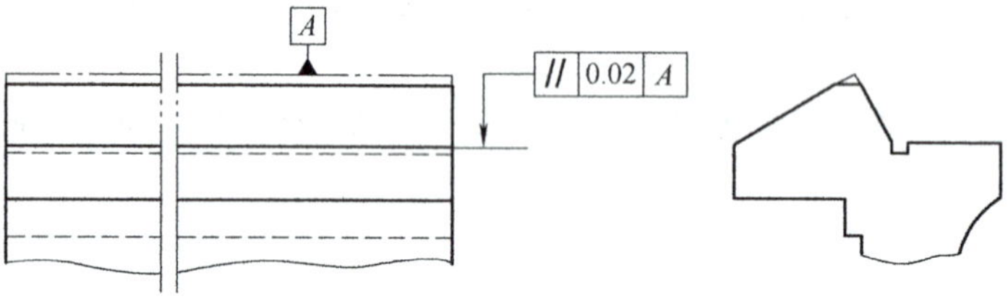

图 3-28　卧式车床导轨平行度公差要求

1. 用千分表检测平面导轨的平行度误差。
2. 判断被测导轨是否合格。

知识准备

一、形状公差带及形状误差检测

形状误差是被测提取要素对其拟合要素的变动量。标准指出，其拟合要素的位置应符合最小条件。也就是说，当被测提取要素和其拟合要素进行比较时，如果被测提取要素与其拟合要素处处重合，则被测提取要素的形状误差为零；如果被测提取要素与其拟合要素不能处处重合而有变动，则表明被测提取要素存在着形状误差。

形状公差是被测提取要素的形状所允许的最大变动全量，即被测提取要素的形状相对拟合要素所允许的最大形状误差值。由此可以看出，形状公差是为了限制形状误差而设置的。形状公差一般只用于单一要素。

形状公差包括直线度、平面度、圆度、圆柱度、线轮廓度和面轮廓度 6 个项目。形状公差带的特点是不涉及基准，其方向和位置均是浮动的。

1. 直线度公差带及直线度误差检测

（1）直线度公差带　直线度公差是限制被测实际直线对理想直线变动量的一项指标。

直线度公差的功用、公差带含义及标注示例见表 3-3。

表 3-3 直线度公差

项目	功用	公差带的含义	示例
给定平面	用于限制给定平面内的直线形状误差	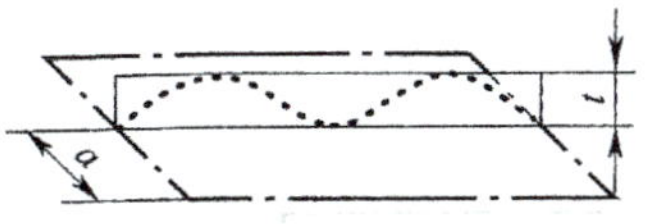 注：图中 *a* 为任意距离 公差带为在给定平面内和给定方向上，间距等于公差值 *t* 的两平行直线所限定的区域	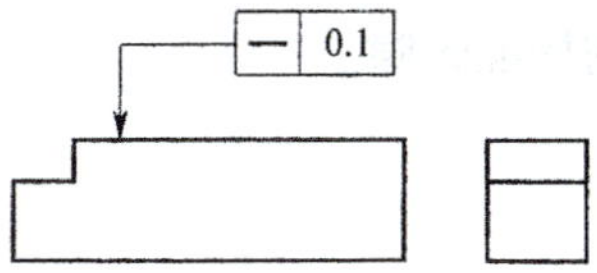 在任一平行于图示投影面的平面内，上表面的实际线应限制在距离等于公差值 0.1mm 的两平行直线之间
给定方向	用于限制给定方向上的直线形状误差	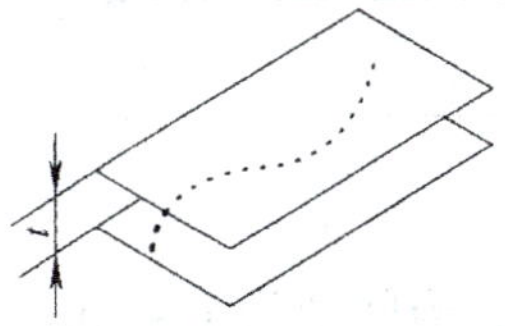 在给定方向上，公差带是距离为公差值 *t* 的两平行平面所限定的区域	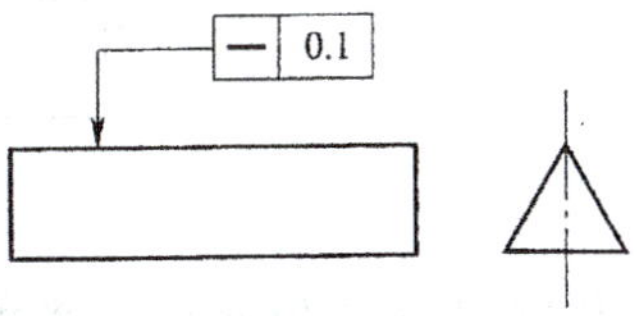 被测实际棱线应限定在间距等于公差值 0.1mm 的两平行平面之间
任意方向	用于限制空间直线的形状误差	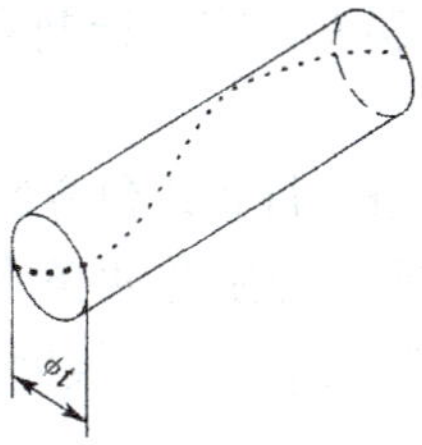 在任意方向上，公差带为直径等于公差值 ϕt 的圆柱面所限定的区域	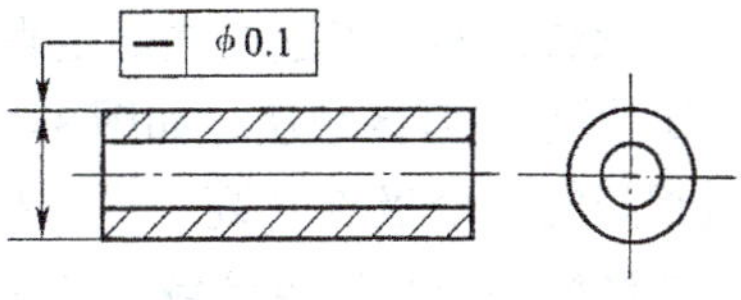 被测外圆柱面的实际轴线应限定在直径等于公差值 ϕ0.1mm 的圆柱面内

(2) 直线度误差检测

1) 用刀口形直尺检测。当精度要求不高，被测零件尺寸较小时，适合用刀口形直尺（或平尺等）检测直线度误差，如图 3-29 所示。这种方法简单易行，与操作经验关系密切。

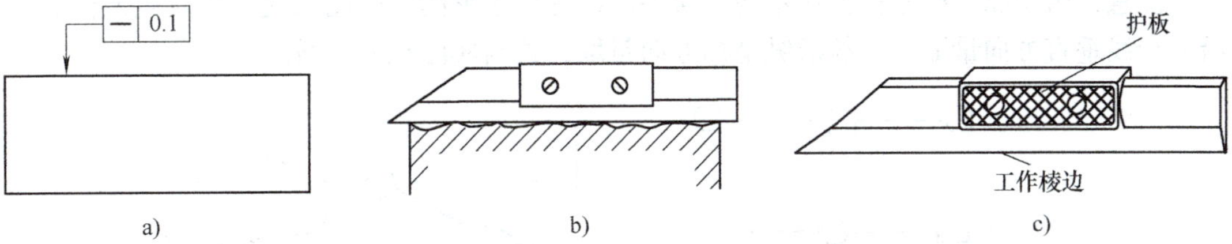

图 3-29 用刀口形直尺检测直线度误差

具体检测方法为手握刀口形直尺的护板，将其工作棱边轻轻地与被测面接触，凭借刀口形直尺的自重使工作棱边与被测面紧密贴合，便符合最小条件，不允许对刀口形直尺施加压力。此时，刀口形直尺的工作棱边与被测面之间所产生的最大间隙，即为所测的直线度误差。

当间隙较大时，用塞尺测出其数值；间隙较小时，用标准光隙法来估读光隙量的大小。产生标准光隙的方法如图 3-30 所示。在测量平台上水平放置平尺，用两块尺寸相同的量块研合在平尺的工作面上，选取比两等高量块尺寸依次小 1μm、2μm、3μm、4μm 的 4 块量块，按图示位置研合在平尺上，然后将刀口形直尺架在两等高量块上，这样就构成了 1～4μm的标准光隙。

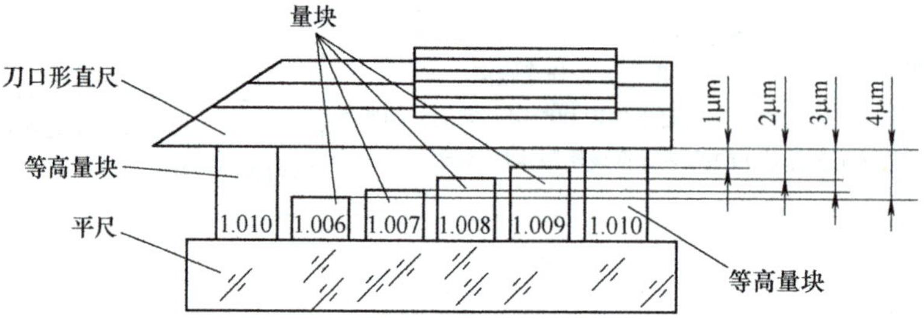

图 3-30　标准光隙

当间隙大于2.5μm 时，透光颜色为白光；当间隙为 1～2μm 时，透光颜色为红光；当间隙为 1μm 时，透光颜色为蓝光；当间隙小于 1μm 时，透光颜色为紫光；当间隙小于 0.5μm 时，则不透光。

2）用水平仪检测。如用水平仪检测直线度误差，需在绘制完误差曲线图之后，按最小包容区域法或两端点连线法确定直线度误差值。

① 最小包容区域法。如图 3-31 所示，由两条平行直线包容实际被测线 s 时，s 上至少有高低相间的三个极点（高—低—高或低—高—低）分别与两条直线接触，这两条平行直线之间的区域为最小包容区域。如果纵坐标的单位是 μm，直线度误差就是该区域的宽度 f；如果纵坐标的单位是格数，那么直线度误差为

$$f = hil$$

式中　f——直线度误差（mm）；

h——格数；

i——水平仪的分度值；

l——分段节距（mm）。

注意，由于纵、横坐标比例不同，误差曲线是变了形的实际轮廓线，所以误差值 f 不能沿平行线垂直方向量取，一般沿纵坐标方向量取，这与实际相差甚微。

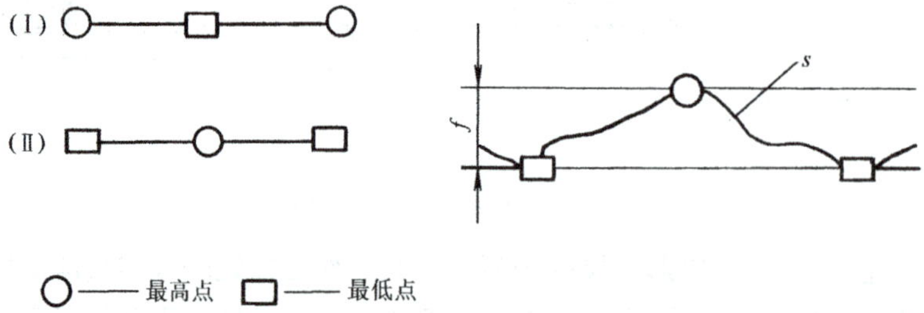

图 3-31　最小包容区域法评定直线度误差

② 两端点连线法。如图 3-32 所示，以实际被测线误差曲线两端点 A 和 B 的连线作为评定基准线，取各测点相对于评定基准线的最大值 h_{max} 和最小值 h_{min}。测点在两端点连线上方时偏差值为正，在下方时为负，如果纵坐标的单位是 μm，那么直线度误差 $f = h_{max} - h_{min}$；如果纵坐标的单位是格数，那么直线度误差 $f = hil$。

当由于采用不同评定方法对所得到的形状误差有争议时，如果没有特殊说明，则应该以最小区域法评定的误差值为仲裁依据。

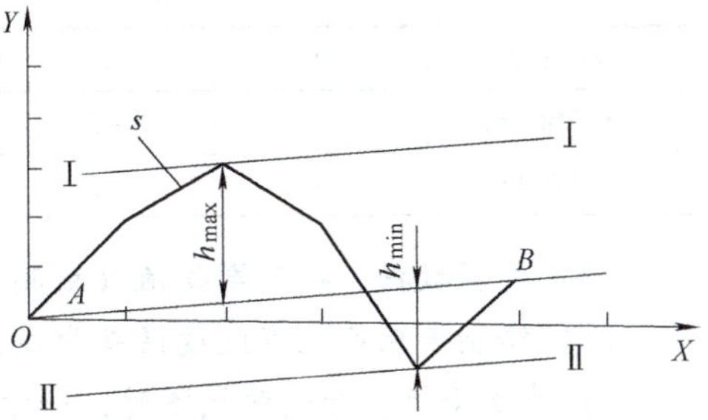

图 3-32 两端点连线法评定直线度误差

技能训练一

图 3-33 所示为车床 V 形导轨。为了保证车床的加工精度，对 V 形导轨的棱线提出了直线度公差要求。

1. 试说明图中几何公差代号的含义。

2. 使用分度值为 0.02mm/1000mm 的框式水平仪，分别按两端点连线法和最小包容区域法确定直线度误差值，并判断其合格与否。

技能训练一解答：

1. 几何公差代号的含义：V 形导轨棱线的直线度误差应限制在间距为 0.025mm 的两平行平面之间。

2. 用框式水平仪检测直线度误差

(1) 选择工具和量具　按要求选择精度为 0.02/1000 的框式水平仪一台，桥板一块。

(2) 测量直线度误差　按图 3-34 所示，先将桥板放在车床导轨上，然后把框式水平仪放在桥板上。测量前，先在车床导轨的两端测量位置上观察框式水平仪的读数值是否一致，如果不一致，则还要调整，直至读数相同。具体操作步骤如下。

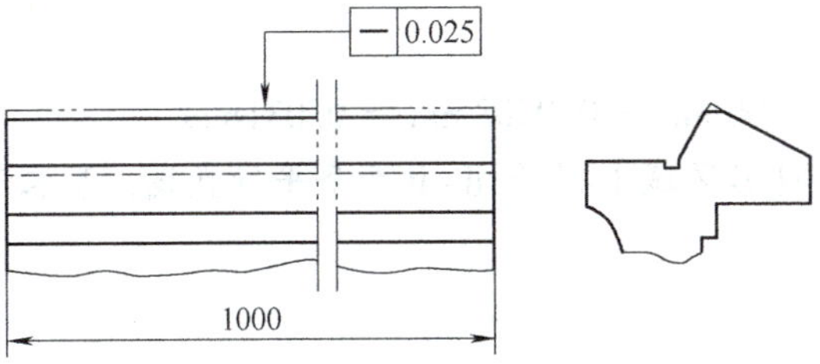

图 3-33 车床 V 形导轨的直线度公差

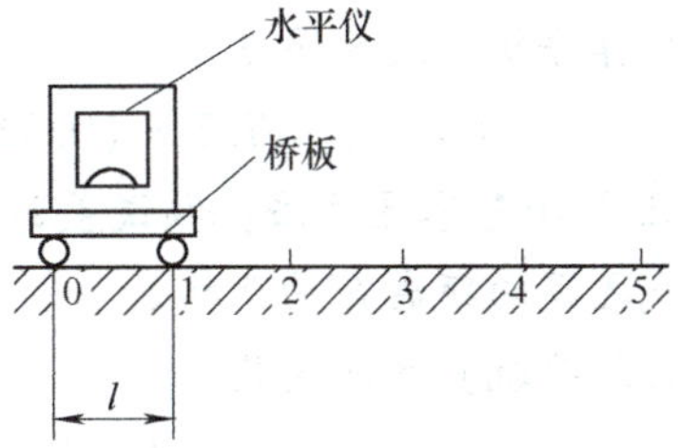

图 3-34 车床导轨测量示意图

1) 将车床导轨大体调整至水平位置。

2) 导轨的长度为 1000mm，桥板节距为 200mm。

3) 将框式水平仪放在车床导轨的左端，开始测量并记下测量结果。让桥板依次沿一个方向重复测量 5 个位置，测得 5 个测点的读数（单位为格）依次为：-2，+4，+2，-7.5，+4.5。将这些数据填入表 3-4 中。

表 3-4　框式水平仪测量数据及处理

节距序号	0	1	2	3	4	5
测得数值/格	0	-2	+4	+2	-7.5	+4.5
累积值/格	0	-2	+2	+4	-3.5	+1

（3）处理数据　确定累积值（被测节距点相对于起始点的差值），见表 3-4。

（4）绘制车床导轨直线度误差曲线图

1）建立坐标。绘制曲线图时，一般是在坐标纸上进行。Y 轴表示水平仪倾斜格数（或 μm），X 轴表示导轨分段节距和导轨长度。

2）连接各点。按累积值找出各点坐标并依次连接，形成直线度误差曲线图，如图 3-35 所示。

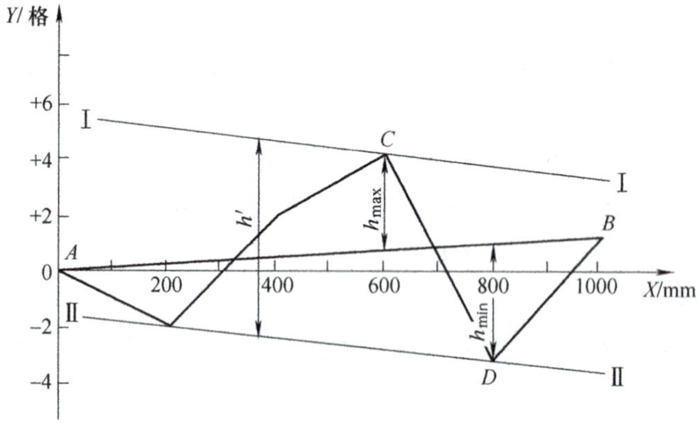

图 3-35　车床导轨直线度误差曲线图

3）确定直线度误差值。

① 两端点连线法：连接两端点 A 和 B 的连线作为评定基准线。量取曲线上、下两点至 AB 连线的最大距离 h_{max} = +3.4 格（C 点到评定基准线 AB 的格数）、最小距离 h_{min} = -4.3 格（D 点到评定基准线 AB 的格数），$h = h_{max} - h_{min}$ = +3.4 - （-4.3） = 7.7 格。

计算导轨直线度误差

$$f = hil = 7.7 \times (0.02/1000) \times 200\text{mm} = 0.0308\text{mm} \approx 0.031\text{mm}$$

② 最小包容区域法：做误差曲线的最小包容区域 Ⅰ-Ⅰ 和 Ⅱ-Ⅱ 两条平行直线，量取两平行直线之间的距离 h' 为 7 格。

计算导轨直线度误差

$$f' = h'il = 7 \times (0.02/1000) \times 200\text{mm} = 0.028\text{mm}$$

由此可见，按最小包容区域法评定的结果小于（或等于）两端点连线法所得到的结果。

（5）判断导轨直线度误差是否合格　图样上给定的车床导轨的直线度公差为 0.025mm，而测出的直线度误差 0.028mm > 0.025mm，所以该车床导轨直线度误差不合格。

2. 平面度公差带及平面度误差检测

（1）平面度公差带　平面度公差是限制实际表面对理想平面变动量的一项指标。平面度公差的功用、公差带含义及标注示例见表 3-5。

表 3-5 平面度公差

项目	功用	公差带的含义	示例
平面度公差	用于限制被测实际平面的形状误差	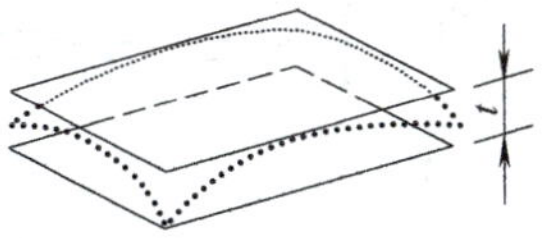 公差带为间距等于公差值 t 的两平行平面所限定的区域	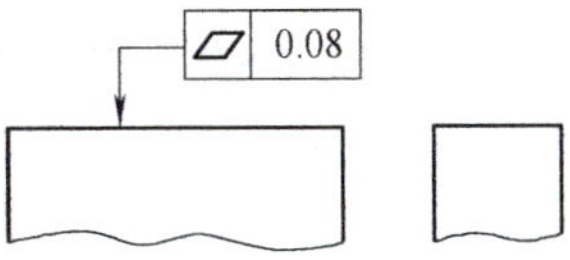 被测实际表面应限定在间距等于公差值 0.08mm 的两平行平面之间

(2) 平面度误差检测

1) 用指示表检测。如图 3-36 所示，将被测工件放在平板上，通过调整可调支承，使被测平面的最远三点等高，即与平板平行，再按一定的布点和方向逐点测量，同时记录读数，指示表的最大读数与最小读数之差即为该平面的平面度误差。

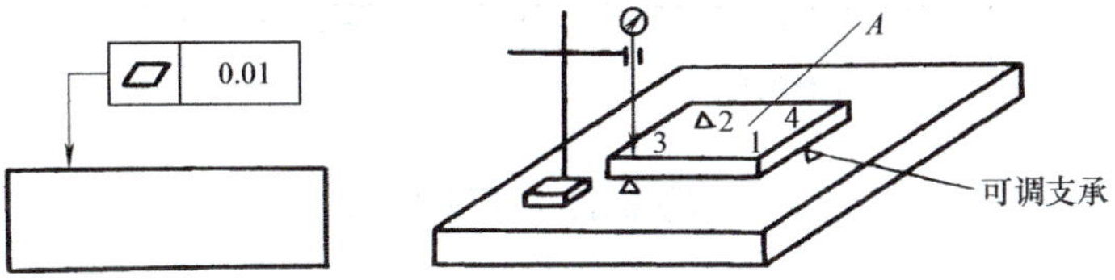

a) b)

图 3-36 用指示表测量平面度误差

2) 用水平仪检测。用这种方法测量平面度误差时，一般用最小包容区域法来评定。

最小包容区域法是由两个平行平面包容实际被测表面评定平面度的方法。测量时，先测出被测表面上各测点相对于同一测量基准的原始数据，然后通过基面转换（旋转法），使得实际被测表面与两平行平面至少应符合下列三种准则之一的接触状态，即认为符合最小条件，构成最小包容区域。此时，各测点中最大正值和最大负值的绝对值之和就是被测平面的平面度误差。

① 三角形准则：一个最低点在上包容面上的投影位于三个最高点所形成的三角形内或一个最高点在下包容面上的投影位于三个最低点所形成的三角形内，如图 3-37a 所示。若满足上述条件，则该两平行平面构成最小包容区域，其宽度 f 即为该实际被测表面的平面度误差。

② 交叉准则：两个最高点连线与两个最低点的连线在包容面上的投影相交，如图 3-37b 所示。若满足上述条件，则该两平行平面就构成最小包容区域，其宽度 f 即为该实际被测表面的平面度误差。

③ 直线准则：两平行包容平面与实际被测表面接触于高低相间的三点，且它们在包容平面上的投影位于同一条直线上，如图 3-37c 所示。若满足上述条件，则该两平行平面构成最小包容区域，其宽度 f 即为该实际被测表面的平面度误差。

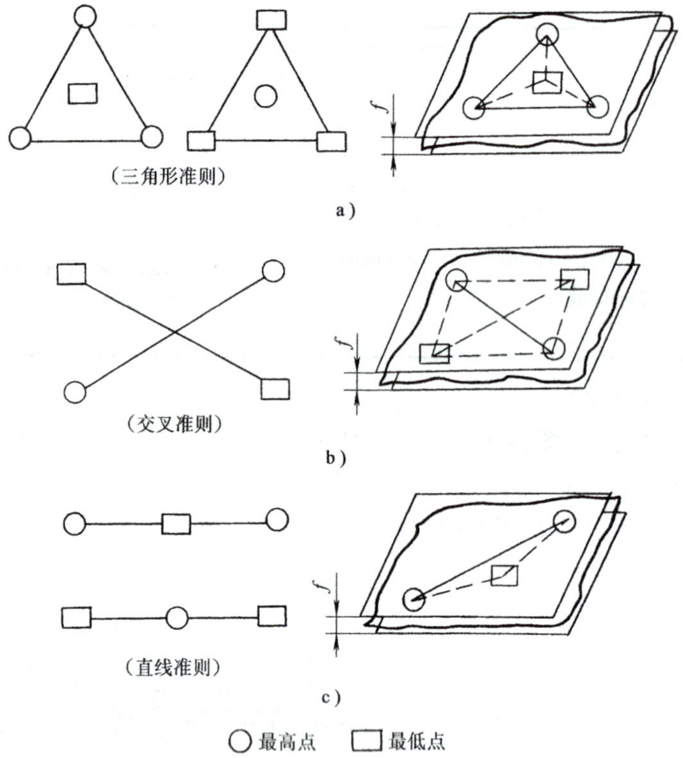

图 3-37　平面度误差评定的最小包容区域

技能训练二

图 3-38 所示为一块长方形的小平板，对其工作平面提出了平面度公差要求。

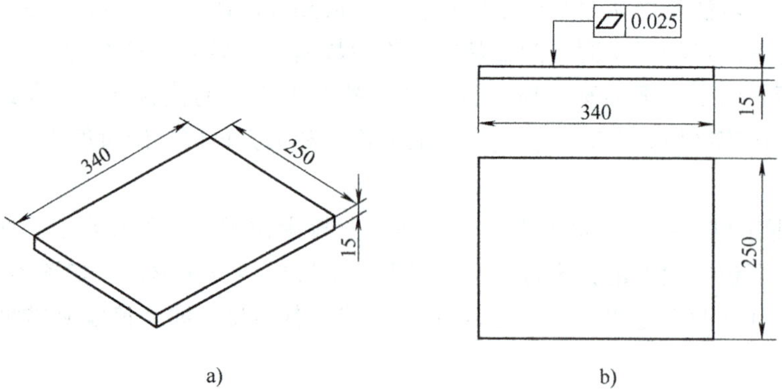

图 3-38　小平板

1. 试说明图中几何公差代号的含义。
2. 用千分表检测平面度误差大小，并判断其合格与否。

技能训练二解答：

1. 几何公差代号的含义：小平板上表面的平面度误差应限制在间距为 0.025mm 的两平

行平面之间。

2. 检测平面度误差

(1) 选择工具和量具　选择分度值为 0.001mm、测量范围为 0～1mm 的千分表一把，表架一套，检验平板一块，可调支承3 个。

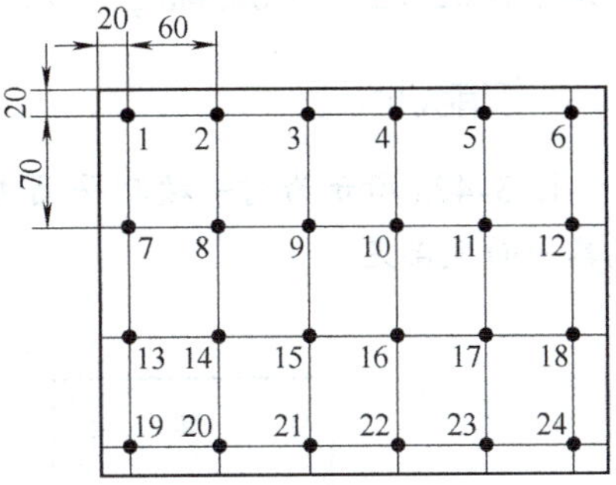

图 3-39　小平板工作面测量点分布示意图

(2) 测量平面度误差

1) 布置测量点。根据小平板的尺寸大小，在其工作平面上按图 3-39 所示的方法布置 24 个测量点。

2) 安装支承。如图 3-40 所示，使小平板的工作平面朝上，在检验平板上放三个可调支承，将小平板承起。为使三个支承的位置是小平板相距最远的三个点，把三个可调支承分别放置于测量点 3 与 4 中点的下方和测量点 19、测量点 24 的下方。

3) 建立基准平面。将千分表安装在表架上，使测杆轴线垂直于工件被测表面，调节可调支承使最远的三个点与平板平行，即将三个支承点的高度都调整为 H，如图 3-41 所示。

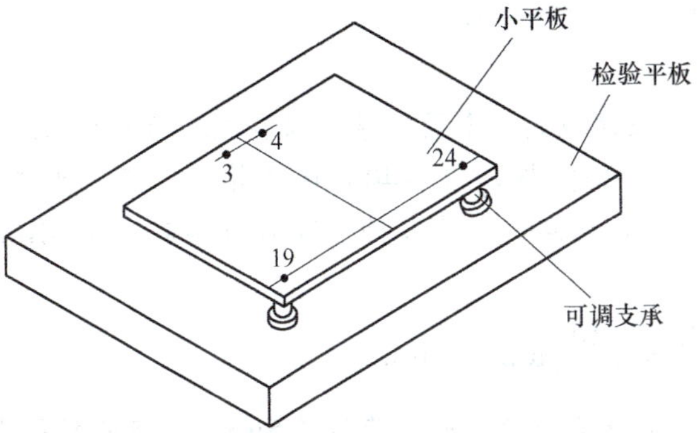

图 3-40　小平板支承示意图

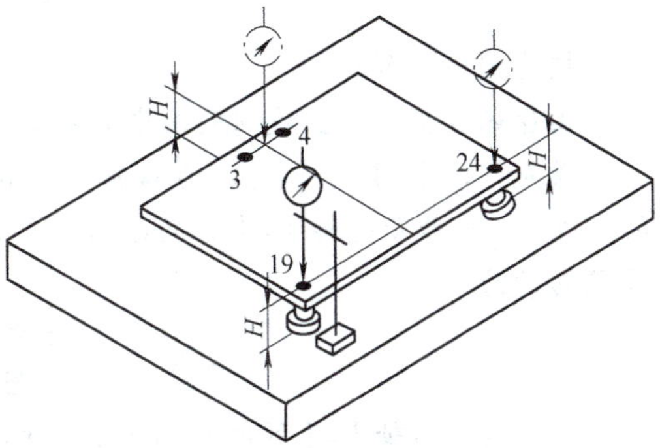

图 3-41　小平板基准平面找正示意图

4) 测量并记录数据。将千分表调零，按布点位置逐一测量各点相对于基准平面的误差值，记录各数值并填入表 3-6 中。

表 3-6　小平板各测点千分表读数值　　（单位：mm）

测量点序号	1	2	3	4	5	6
千分表示值	-0.012	-0.007	0	0	-0.005	-0.01
测量点序号	7	8	9	10	11	12
千分表示值	-0.01	-0.005	+0.006	+0.003	0	-0.015
测量点序号	13	14	15	16	17	18
千分表示值	-0.005	+0.002	+0.005	-0.005	-0.01	-0.01
测量点序号	19	20	21	22	23	24
千分表示值	0	+0.004	+0.003	0	+0.002	0

(3) 处理数据　由表 3-6 中数据显示，测量点 12 处相对于基准平面最低，为 -0.015mm；测量点 9 处相对于基准平面最高，为 +0.006mm。最大正值和最大负值的绝对值之和即为平面度误差，故该小平板的平面度误差为

$$f = |+0.006|\text{mm} + |-0.015|\text{mm} = 0.021\text{mm}$$

（4）判断平面度误差是否合格　图样上给定的平面度公差为 0.025mm，而测出的平面度误差 0.021mm < 0.025mm，所以小平板的平面度误差合格。

技能训练三

图 3-42a 所示为对一被测平面进行布点测量后获得的数据（单位为 μm）。按旋转法确定其平面度误差。

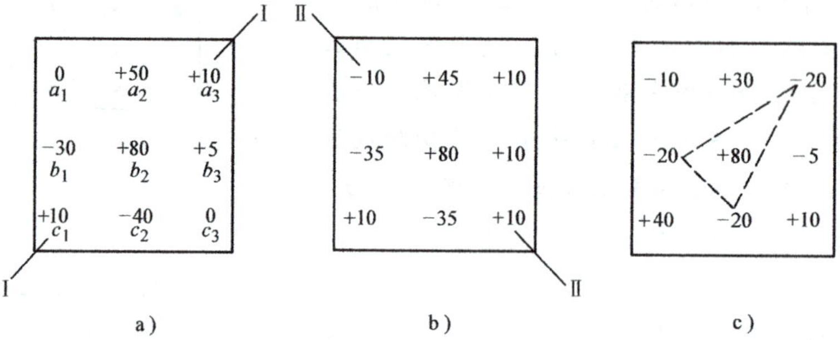

图 3-42　旋转法——三角形准则实例

技能训练三解答：

由原始数据可看出被测表面中间最高，应设法找到 3 个最低等值以实现三角形准则。

首先，以 I - I （c_1-a_3）为转轴，使 b_1（-30）与 c_2（-40）两点等高。两点所在的 b_1a_2 线、c_2b_3 线距转轴 I - I 的间距均为 1，b_1、c_2 两点的高度差为 -30 - （-40） = 10μm，其旋转量为

$$旋转量 = \frac{高度差}{间距数} = \frac{10}{1+1}\mu\text{m} = 5\mu\text{m}$$

c_2b_3 线距转轴 I - I 的间距均为 1，故 c_2、b_3 点均应升高一个旋转量 5μm，c_3 点距转轴 I - I 的间距为 2，故该点应升高两个旋转量 5μm × 2 = 10μm。同理，b_1、a_2 点均应降低一个旋转量 5μm，a_1 点应降低两个旋转量 10μm，转轴 I - I 上各点数值不变，旋转后的数值如图 3-42b 所示，实现了 b_1、c_2 两点等高。

再以 II - II 为转轴，使 a_3（+10）与 b_1（-35）两点等高。因 a_3 点与转轴 II - II 的间距为 2，b_1c_2 线与转轴 II - II 的间距为 1，a_3 与 b_1 的高度差为 +10 - （-35） = 45μm，故

$$旋转量 = \frac{高度差}{间距数} = \frac{45}{2+1}\mu\text{m} = 15\mu\text{m}$$

因此 b_1、c_2 点均应升高一个旋转量 15μm，a_3 点应降低两个旋转量 15μm × 2 = 30μm，转轴 II - II 上各点数值不变，旋转后的数值如图 3-42c 所示，实现了 a_3 与 b_1 等高。

经过以上两次旋转后，使其符合三角形准则，故该表面的平面度误差为

$$f = |-20|\mu\text{m} + |+80|\mu\text{m} = 100\mu\text{m}$$

技能训练四

图 3-43a 所示为对一被测平面进行布点测量后获得的数据（单位为 μm）。按旋转法确定其平面度误差。

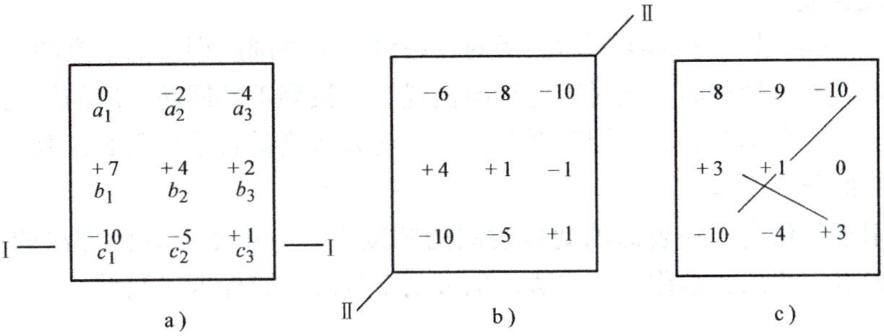

图 3-43 旋转法——交叉准则实例

技能训练四解答：

第一次旋转以Ⅰ-Ⅰ（c_1 c_3）为转轴，使 c_1（−10）与 a_3（−4）两点等高。

$$\text{旋转量}=\frac{\text{高度差}}{\text{间距数}}=\frac{-10-(-4)}{2}\mu\text{m}=-3\mu\text{m}$$

旋转后数值如图 3-43b 所示，实现了 c_1、a_3 两点等高。

第二次旋转以Ⅱ-Ⅱ（c_1 a_3）为转轴，使 b_1（+4）与 c_3（+1）两点等高。

$$\text{旋转量}=\frac{\text{高度差}}{\text{间距数}}=\frac{+4-1}{1+2}\mu\text{m}=1\mu\text{m}$$

旋转后数值如图 3-43c 所示，实现了 b_1、c_3 两点等高。经过以上两次旋转后，使其符合交叉准则，故该表面的平面度误差为

$$f=|+3|\mu\text{m}+|-10|\mu\text{m}=13\mu\text{m}$$

3. 圆度公差带及圆度误差检测

（1）圆度公差带　圆度公差是限制被测实际圆对理想圆变动量的一项指标，它是对具有圆柱面（圆锥面、球面）的零件，在任一横截面内的圆形轮廓要求。圆度公差的功用、公差带含义及标注示例见表 3-7。

表 3-7　圆度公差

项目	功用	公差带的含义	示　例
圆度公差	用于限制回转表面径向截面轮廓的形状误差	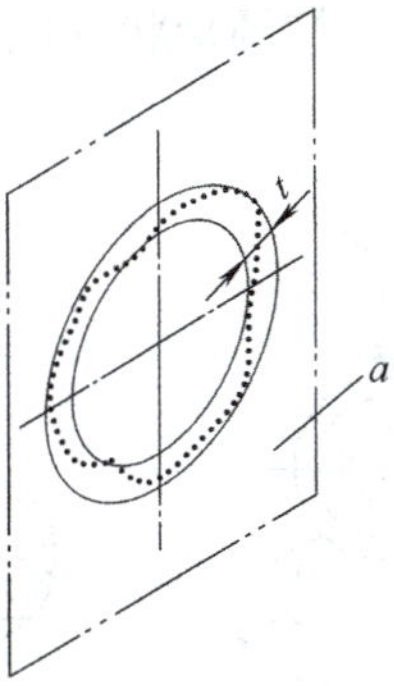 注：图中 a 的任意截面 公差带为在给定横截面内，半径差等于公差值 t 的两同心圆所限定的区域	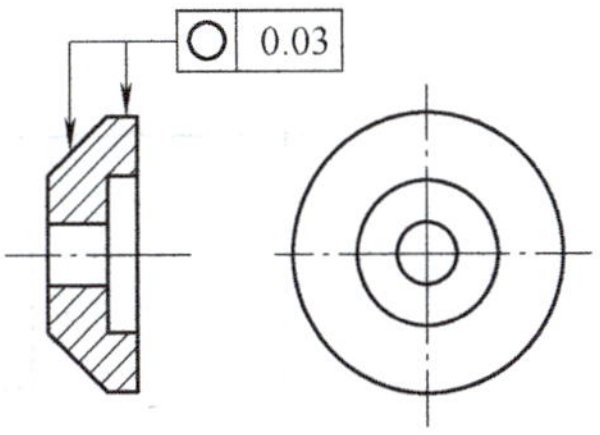 在圆柱面和圆锥面的任意截面内，实际圆周应限定在半径差等于 0.03mm 的两共面同心圆之间

（2）圆度误差检测

1）用两点法测量。图3-44所示为用两点法测量工件圆度误差的示意图。测量时应使被测工件轴线垂直于测量截面，同时固定轴向位置。在被测工件回转一周的过程中，指示表读数的最大差值之半为单个截面的圆度误差。按上述方法测量若干个截面，取其中最大的误差值作为该工件的圆度误差。

此方法用于测量内、外表面的偶数棱圆的圆度误差。由于此检测方法的支承点只有一个，加上测量点，所以通常称为两点法。也可用千分尺、游标卡尺测量。

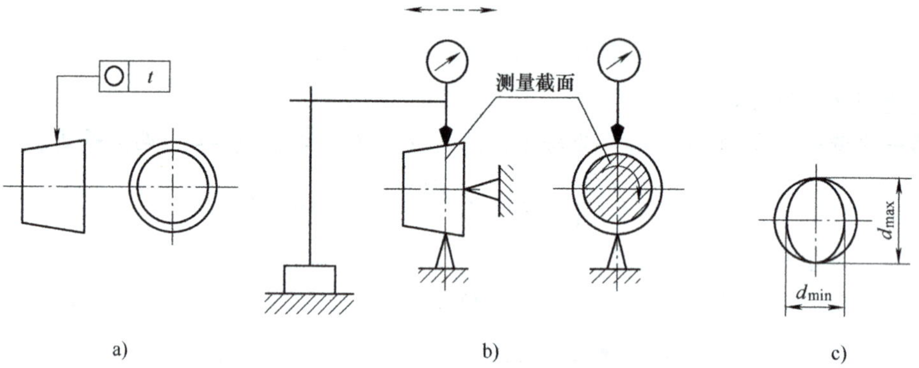

图3-44　用两点法测量圆度误差

两点法测量的圆度误差可由下式确定

$$f = \Delta/F$$

式中　Δ——特征参数，指直径的两极限测量值之差；

F——反映系数，表示圆度误差反映在特征参数上的明显程度。

测量时，特征参数 $\Delta = d_{max} - d_{min}$，$F = 2$，所以两点法测得的圆度误差 $f = (d_{max} - d_{min})/2$。

2）用三点法测量。图3-45所示为用三点法测量工件圆度误差的示意图。由于三点法的支承点有两个，再加上一个测量点，所以通常称为三点法。测量时将被测工件放在V形架内，使其轴线垂直于测量截面，同时固定轴向位置。测量方法基本与两点法相同。

对于奇数棱圆状态，用两点法测不出来，如正三棱圆形状（图3-45b）在各个方向上的

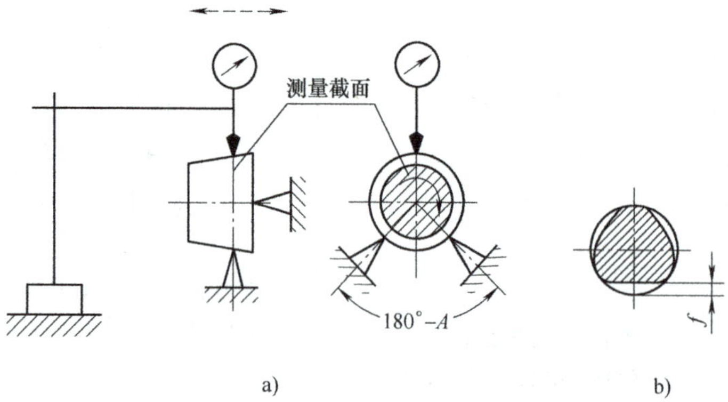

图3-45　用三点法测量圆度误差

直径都相等，所以无法用直径来反映圆度误差。

三点法通常用于已知棱圆为奇数的圆度误差的测量。但在实际生产中，通常不知道被测圆柱面的棱数。此种情况下，将三点法和两点法组合（常用的是顶点式对称安置法测量圆度），便可以测量任何棱数的圆度误差。测量时，对同一截面分别用两点法、三点法进行测量，取其最大值 Δ_{max} 除以反映系数 F，即为圆度误差

$$f = \Delta_{max}/F$$

反映系数 F 是一个变量，与棱圆的数目及选用的 V 形架的角度有关，具体数值见表 3-8。

表 3-8　顶点式测量的反映系数 F　　（单位：mm）

棱数 n	两点法	三点法对称安置的 V 形架角度				
		72°	108°	90°	120°	60°
2	2	0.47	1.38	1.00	1.58	—
3	—	2.62	1.38	2.00	1.00	3
4	2	0.38	—	0.41	0.42	—
5	—	1.00	2.24	2.00	2.00	—
6	2	2.38	—	1.00	0.16	3
7	—	0.62	1.38	—	2.00	—
8	2	1.53	1.38	2.41	0.42	—
9	—	2.00	—	—	1.00	3
10	2	0.70	2.24	1.00	1.58	—
11	—	2.00	—	2.00	—	—
12	2	1.53	1.38	0.41	2.16	3
13	—	0.62	1.38	2.00	—	—
14	2	2.38	—	1.00	1.58	—
15	—	1.00	2.24	—	1.00	3
16	2	0.38	—	2.41	0.42	—
17	—	2.62	1.38	—	2.00	—
18	2	0.47	1.38	1.00	0.16	3
19	—	—	—	2.00	2.00	—
20	2	2.70	2.24	0.41	0.42	—
21	—	—	—	2.00	1.00	3
22	2	0.47	1.3	1.00	1.58	—

3）用圆度仪测量。图 3-46 所示为用圆度仪测量工件圆度误差的示意图。图 3-46a 所示圆度仪的回转轴带着传感器转动，使传感器上的测量头沿被测表面回转一周，测量头的径向位移由传感器转换成电信号，经放大器放大，推动记录笔在圆盘纸上画出相应的位移，得到所测截面的轮廓图，如图 3-46b 所示。将一块刻有许多同心圆（图 3-46c）的透明板置于记录纸下，与测得的轮廓圆相比较，找出紧紧包容轮廓圆且半径差为最小的两同心圆，如图 3-46d 所示，其间距就是被测圆的圆度误差。注意应符合最小包容区域法，如图 3-46e 所示。

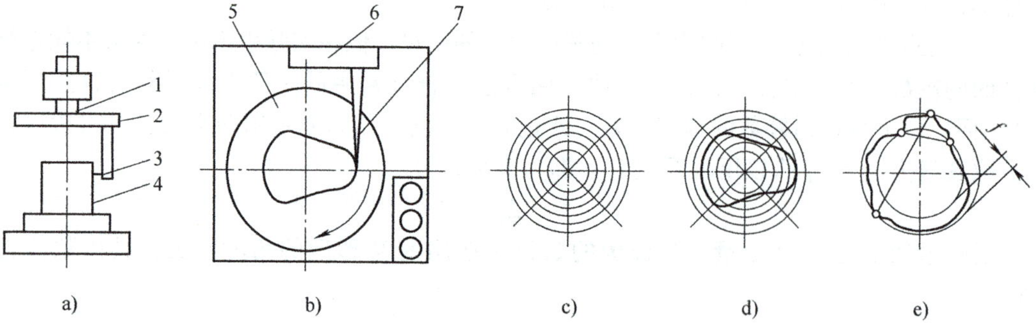

图 3-46　用圆度仪测量圆度误差

1—回转轴　2—传感器　3—测量头　4—被测工件　5—转盘　6—放大器　7—记录笔

技能训练五

图 3-47 所示为一薄壁套。加工过程中薄壁套容易产生变形，所以在图中对其提出了圆度公差要求（图 3-47b）。将其放在 V 形架上旋转一周，用指示表检测其外圆柱面是否变形时，发现指示表在 0～6 格间摆动了 3 次。

1. 试说明图中几何公差代号的含义。

2. 检测薄壁套的圆度误差，并判断其合格与否。

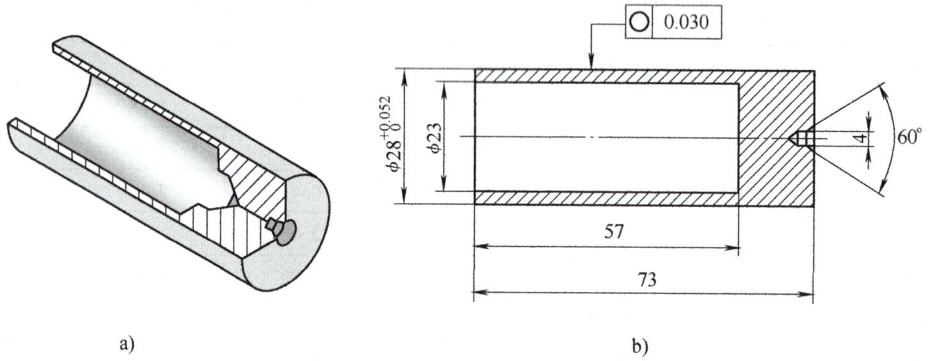

图 3-47　薄壁套

a）立体图　b）图样

技能训练五解答：

1. 几何公差代号的含义：在圆柱面的任一横截面内，实际圆应限制在半径差为 0.030mm 的两共面同心圆之间。

2. 检测圆度误差

（1）分析圆柱面的棱数　实际圆柱横截面上提取的圆周都是棱圆。图 3-48 所示为几种常见的棱圆（图形误差有所放大）。由于指示表在 0～6 格间摆动了 3 次，显然该圆柱表面为三棱圆，所以应采用三点法测量圆度误差。

（2）准备工具和量具　准备千分表及表架一套、90°V 形架一个、检验平板一块、方箱一个、ϕ10mm 钢球一个。

（3）用三点法测量圆度误差

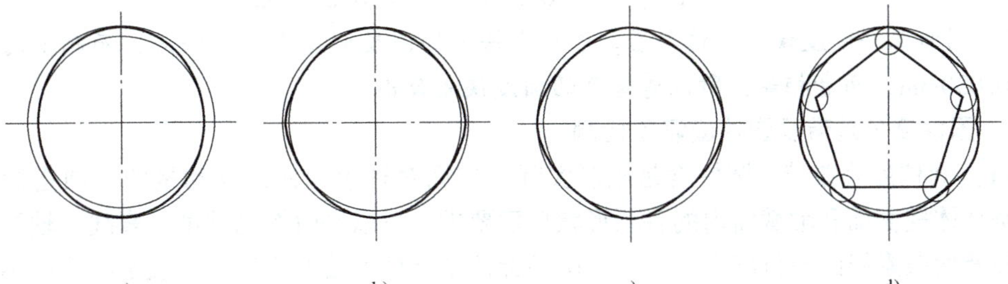

图 3-48 几种常见棱圆

a）椭圆（两棱） b）三棱圆 c）四棱圆 d）五棱圆

1）测量前的准备工作。

① 将待测工件、90°V 形架、检验平板等清理干净后，把工件放在 V 形架上，如图 3-49 所示。

② 用手轻轻推压千分表的测头，检查测杆和指针动作是否灵敏。

③ 将千分表安装到表架上，调整千分表的高度，使其与被测表面接触良好。

④ 调整千分表的位置，使其测杆的轴线垂直于零件轴线。

⑤ 将千分表调零。

⑥ 为了保证在同一截面上测量，以钢球及方箱做轴向定位。

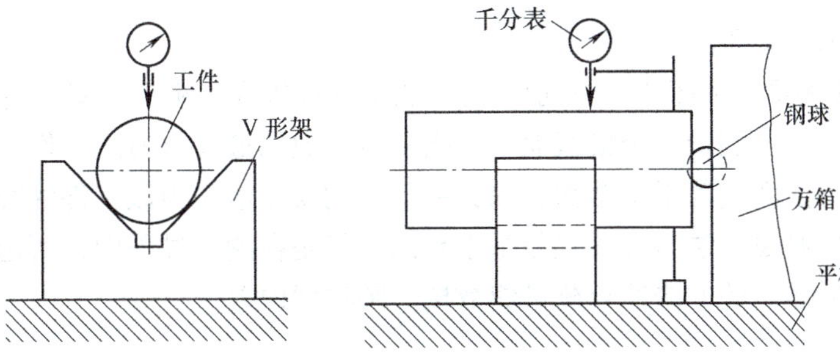

图 3-49 三点法测量圆度误差

2）测量并记录数据。

① 使被测工件旋转一周，记录千分表测得的最大读数值 f_{max} 和最小读数值 f_{min} 。

② 均匀地测量若干个截面，记录下每个截面的数据，并填入表 3-9 中。

3）处理数据。计算各个测量截面的差值 Δ ，填入表 3-9 中。

表 3-9 测量薄壁套的数据及处理 （单位：mm）

测量次数	1	2	3	4	5	6
最大读数值 f_{max}	+0.035	+0.035	+0.033	+0.030	+0.035	+0.025
最小读数值 f_{min}	−0.025	−0.023	−0.020	−0.020	−0.020	−0.005
差值 Δ	0.060	0.058	0.053	0.050	0.055	0.030

4）计算圆度误差。由表 3-9 可知，该薄壁套的特征参数 Δ_{max} =0.060mm。查表 3-8 可知，使用 90°V 形架，棱数为 3 的反映系数 $F=2$。则圆度误差为

$$f = \Delta_{max}/F = 0.060\text{mm}/2 = 0.030\text{mm}$$

5）判断工件圆度误差合格与否。图样上给定的圆度公差为 0.030mm，而测出的圆度误差为 0.030mm，两者相等，所以薄壁套的圆度误差合格。

4. 圆柱度公差带及圆柱度误差检测

（1）圆柱度公差带　圆柱度是限制实际圆柱面对理想圆柱面变动量的一项指标。它可控制圆柱体横截面和轴截面内的各项形状精度要求，可以同时控制圆度，素线、轴线的直线度，以及两条素线的平行度等。当一个圆柱标注了圆柱度公差之后，一般情况下就不再标注圆度公差和直线度公差了，如果需要标注，则后两者的数值一定要小于前者，否则没有实际意义。圆柱度公差的功用、公差带含义及标注示例见表 3-10。

表 3-10　圆柱度公差

项目	功用	公差带的含义	示　例
圆柱度公差	用于限制圆柱面的形状误差	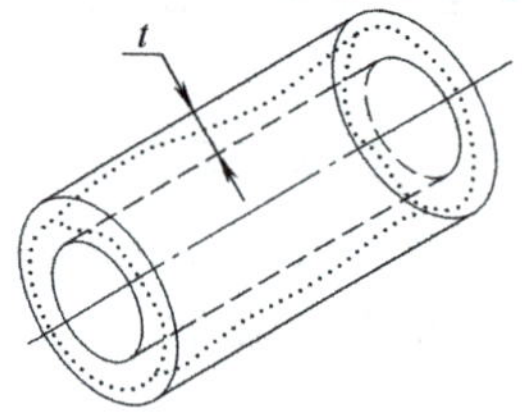 公差带为半径差等于公差值 t 的两同轴圆柱面所限定的区域	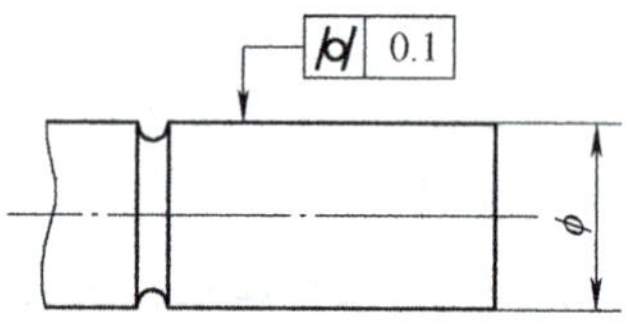 实际圆柱面应限定在半径差等于 0.1mm 的两同轴圆柱面之间

（2）圆柱度误差检测

1）用两点法测量。如图 3-50 所示，将被测工件放置在平板上，紧靠直角座。在被测工件回转一周的过程中，测量一个横截面上的指示表读数的最大差值之半作为单个截面的圆柱度误差。按上述方法测量若干个截面，取其中最大的误差值作为该工件的圆柱度误差。

圆柱度误差的测量方法与圆度误差基本相同，只是在测量过程中，所选取的测量截面要比测量圆度误差时多。此方法适合测量偶数棱的圆柱度误差。

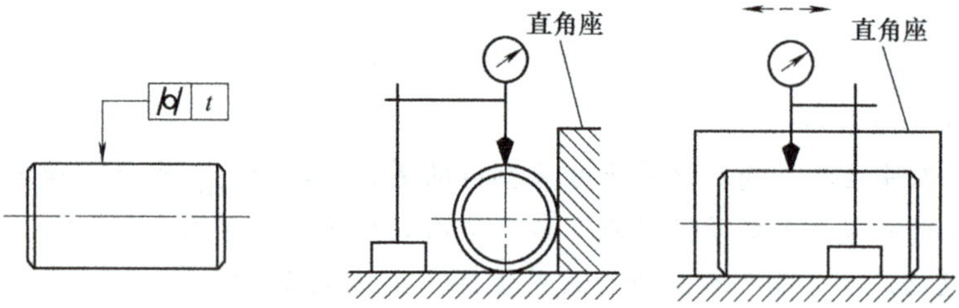

图 3-50　用两点法测量圆柱度误差

2）用三点法测量。测量时先将被测工件放在 90°V 形架内，按圆度的测量方法，测出一个圆柱度误差值 f_1，再将被测工件放在 120°V 形架内，按上述方法测出一个圆柱度误差值 f_2，取 f_1 和 f_2 中的较大值作为被测工件的圆柱度误差。

此方法适合测量奇数棱的圆柱度误差。

3）用圆度仪测量。此方法是在测量圆度的基础上，同时将测头沿被测轴的轴向做均匀、精确的移动，测量若干个横截面，由计算机按最小条件确定圆柱度误差。

二、方向公差带及方向误差检测

方向误差是被测提取要素对一具有确定方向的拟合要素的变动量。拟合要素的方向由基准确定。方向公差是关联被测提取要素对基准在方向上允许的变动全量，用于控制方向误差，保证被测提取要素相对基准的方向精度。

方向公差包括平行度、垂直度、倾斜度、线轮廓度和面轮廓度5个项目，其特点是：方向公差带相对于基准有确定的方向，但其位置往往是浮动的；方向公差具有综合控制被测要素的方向和形状的能力，如平面的平行度公差可以限制该平面的平面度和直线度误差，轴线的垂直度公差可以控制该被测（导出）要素的直线度误差。因此，在保证功能的前提下，规定了方向公差，一般就不再规定形状公差，只有在需要对该要素的形状提出进一步要求时，才可同时给出形状公差，但其公差值不得大于方向公差值。

1. 平行度公差带及平行度误差检测

（1）平行度公差带　平行度公差是限制被测提取要素对基准在平行方向上变动量的一项指标。平行度公差的功用、公差带含义及标注示例见表3-11。

表3-11　平行度公差

项目	功用	公差带含义	示　例
线对线平行度公差	用于限制被测直线对于基准直线的平行度误差	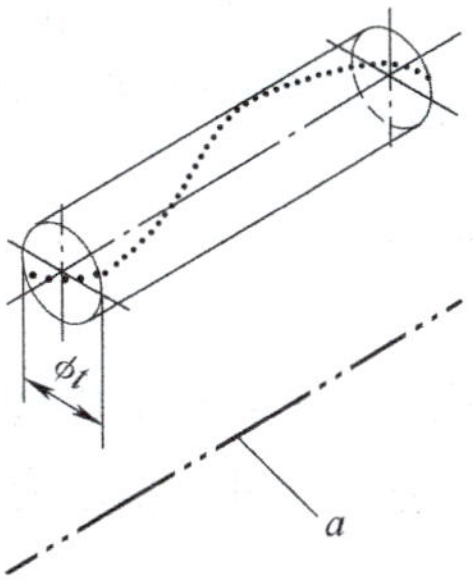 注：图中 a 为基准轴线 若公差值前加注了符号 φ，则公差带为平行于基准轴线且直径等于公差值 φt 的圆柱面所限定的区域	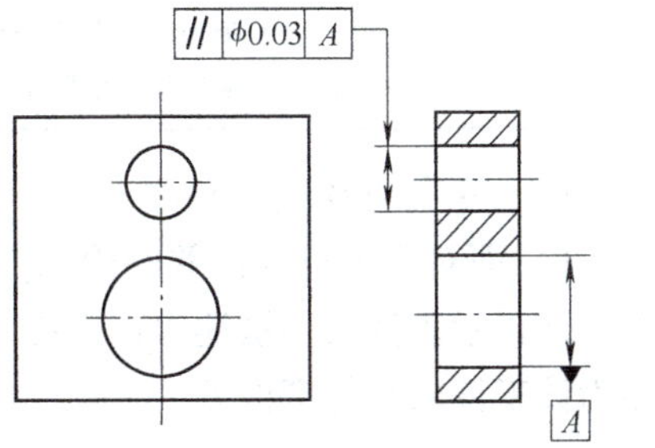 被测孔的实际轴线应限定在平行于基准轴线 A 且直径等于 φ0.03mm 的圆柱面内
线对面平行度公差	用于限制被测直线对于基准平面的平行度误差	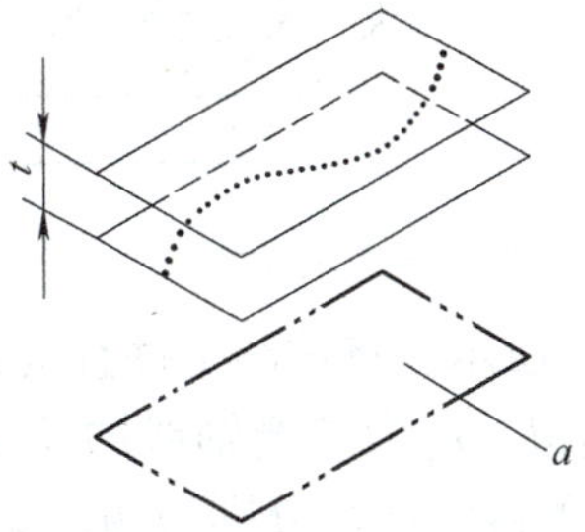 注：图中 a 为基准平面 公差带为平行于基准平面且间距等于公差值 t 的两平行平面所限定的区域	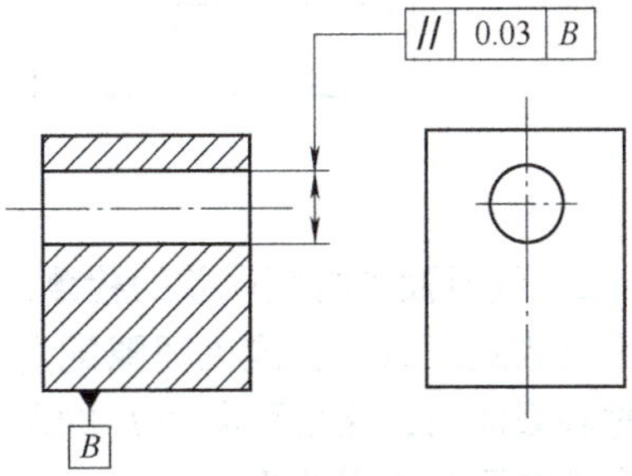 被测孔的实际轴线应限定在平行于基准平面 B 且间距等于 0.03mm 的两平行平面之间

（续）

项目	功用	公差带含义	示　例
面对线平行度公差	用于限制被测平面对于基准直线的平行度误差	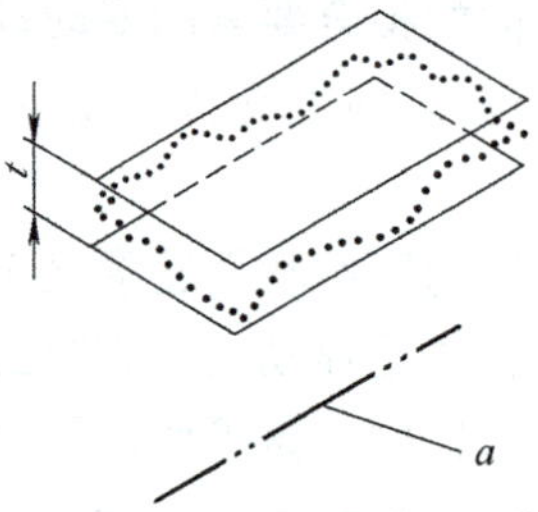 注：图中 *a* 为基准轴线 公差带为间距等于公差值 *t* 且平行于基准轴线的两平行平面所限定的区域	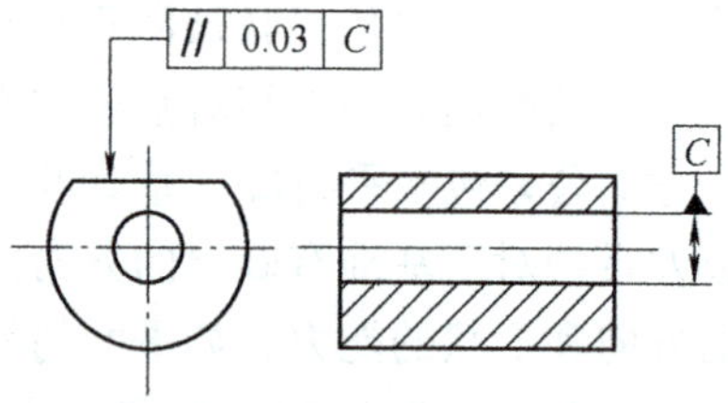 实际表面应限定在间距等于 0.03mm 且平行于基准轴线 *C* 的两平行平面之间
面对面平行度公差	用于限制被测平面对于基准平面的平行度误差	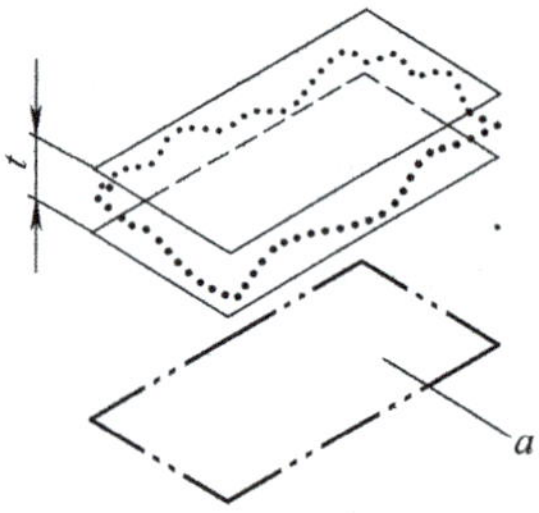 注：图中 *a* 为基准平面 公差带为间距等于公差值 *t* 且平行于基准平面的两平行平面所限定的区域	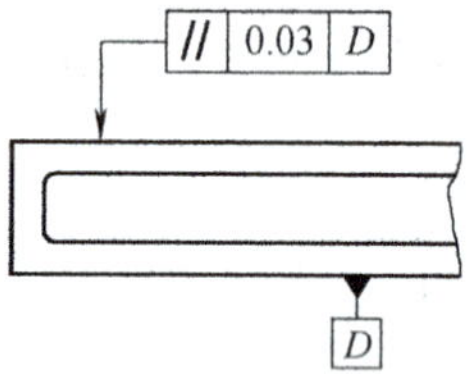 实际表面应限定在间距等于 0.03mm 且平行于基准平面 *D* 的两平行平面之间

（2）平行度误差的检测

1）面对面平行度误差的检测。如图 3-51 所示，将被测工件放置在平板（模拟为基准）上，使指示表测头在被测表面上按一定的测量线进行测量。指示表最大读数与最小读数之差即为该工件的平行度误差。

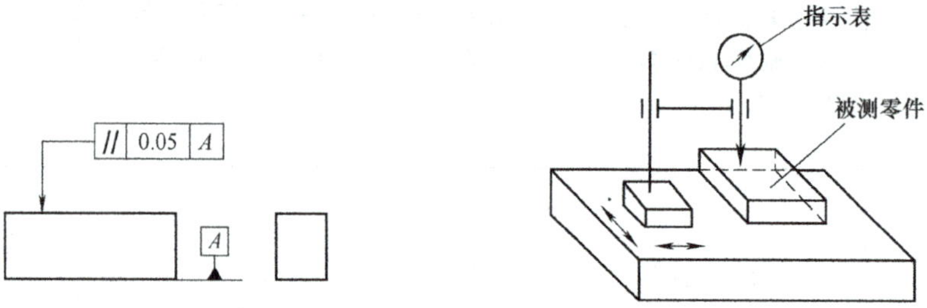

图 3-51　面对面平行度误差的检测

2）线对面平行度误差的检测。如图 3-52 所示，将被测工件直接放置在平板上，被测轴线由可胀式（或与孔成无间隙配合）心轴模拟，L_1 为被测轴线的长度。将指示表测头置于铅垂轴截面内，测量距离为 L_2 的两个位置，测得的读数分别为 M_1 和 M_2，则被测孔轴线对于底面的平行度误差为

$$f = |M_1 - M_2| \frac{L_1}{L_2}$$

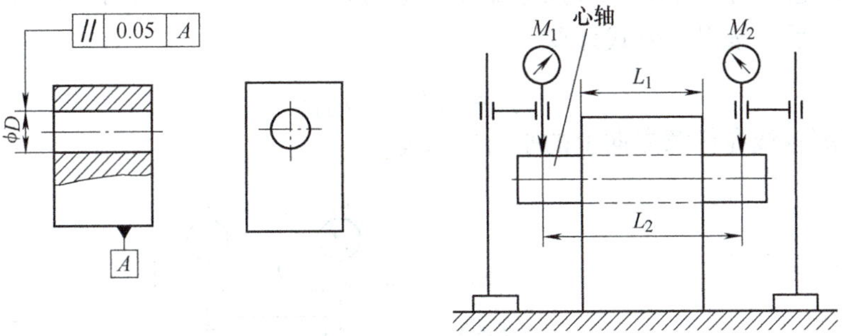

图 3-52　线对面平行度误差的检测

3）面对线平行度误差的检测。如图 3-53 所示，基准轴线由心轴模拟。将被测工件放在等高支承上，并转动工件，使 $L_1 = L_2$，然后测量整个表面，指示表最大读数与最小读数之差即为该工件的平行度误差。

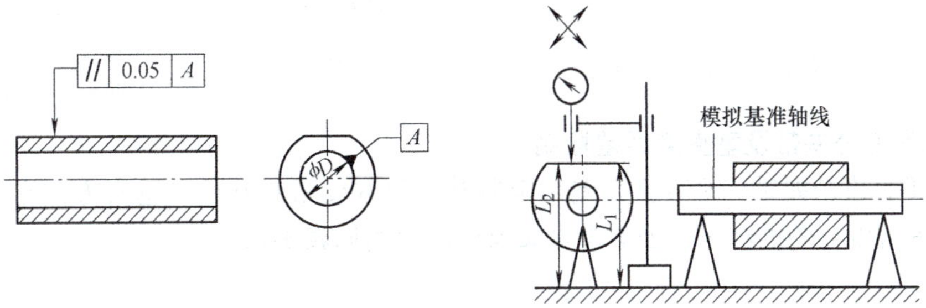

图 3-53　面对线平行度误差的检测

4）线对线平行度误差的检测。

① 要求一个方向。如图 3-54 所示，被测轴线和基准轴线均由心轴模拟，将被测工件放在等高支承上，指示表测头置于被测心轴铅垂轴截面内，测量距离为 L_2 的两个位置，测得读数分别为 M_1 和 M_2，则被测轴线对于基准轴线在垂直方向上的平行度误差为

$$f_{垂直} = |M_1 - M_2| \frac{L_1}{L_2}$$

② 要求两个方向。测出 $f_{垂直}$ 后，如图 3-55 所示，将工件转过 90°，按上述方法再测出轴线在相互垂直方向上的平行度误差 $f_{水平}$，计算公式同 $f_{垂直}$。

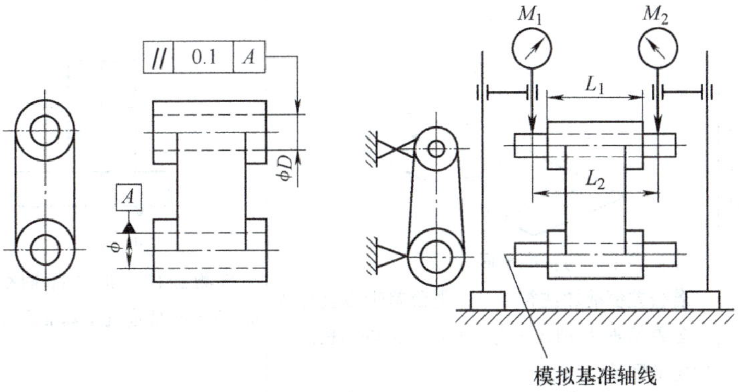

图 3-54　线对线（垂直方向）平行度误差检测

③ 要求任意方向。如图 3-56 所示给出任意方向的平行度公差，检测方法同上，分别测出$f_{垂直}$和$f_{水平}$后，按以下公式计算

$$f = \sqrt{f_{水平}^2 + f_{垂直}^2}$$

f 即为被测轴线在任意方向上的平行度误差。

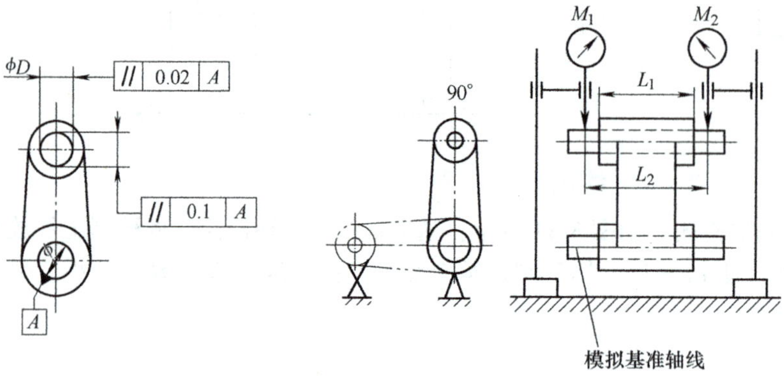

图 3-55　线对线（两个相互垂直方向）平行度误差的检测

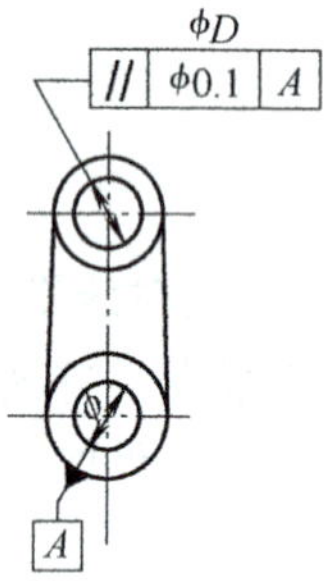

图 3-56　线对线（任意方向）平行度误差的检测

2. 垂直度公差带及垂直度误差检测

（1）垂直度公差带　垂直度公差是限制被测提取要素对基准在垂直方向上变动量的一项指标。垂直度公差的功用、公差带含义及标注示例见表 3-12。

表 3-12　垂直度公差

项目	功用	公差带含义	示　例
线对线垂直度公差	用于限制被测直线对于基准直线的垂直度误差	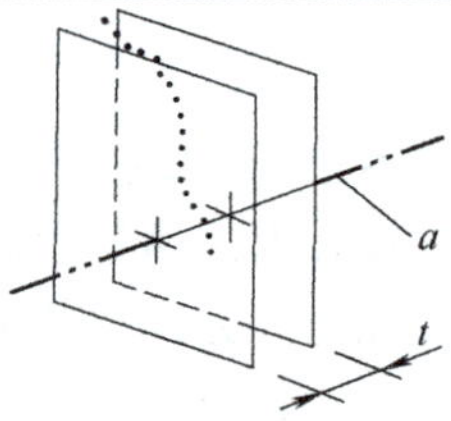 注：图中 a 为基准线 公差带为间距等于公差值 t 且垂直于基准轴线的两平行平面所限定的区域	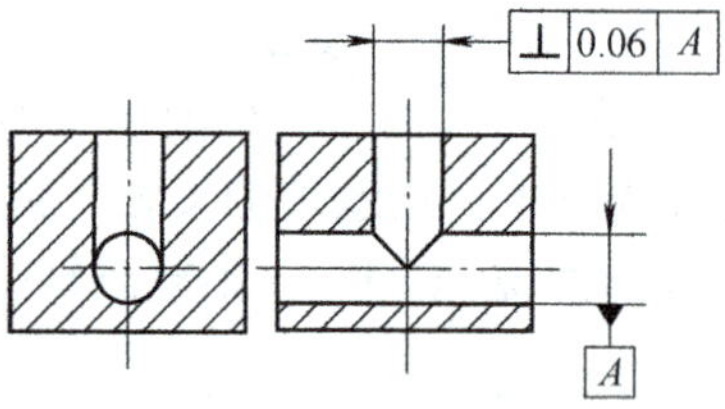 被测孔的实际轴线应限定在间距等于 0.06mm 且垂直于基准轴线 A 的两平行平面之间
线对面垂直度公差	用于限制被测直线对于基准平面的垂直度误差	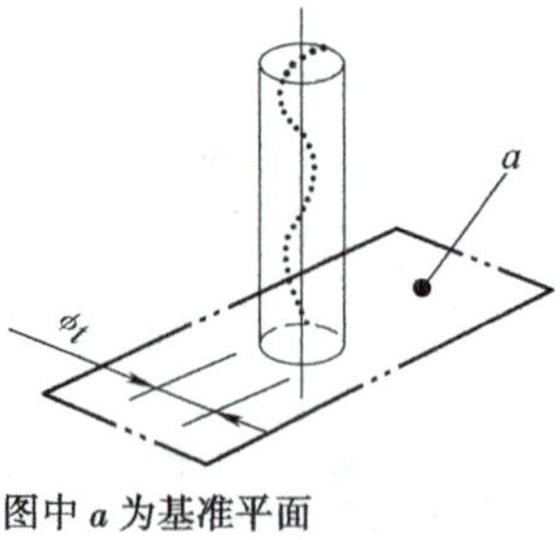 注：图中 a 为基准平面 若公差值前加注符号 ϕ，则公差带为直径等于公差值 ϕt 且轴线垂直于基准平面的圆柱面所限定的区域	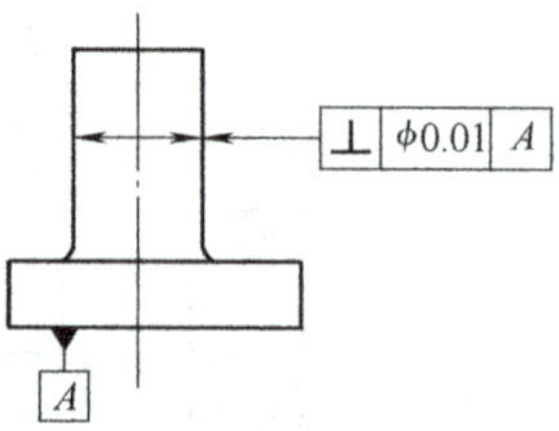 被测圆柱面的实际轴线应限定在直径等于 ϕ0.01mm 且垂直于基准面 A 的圆柱面内

（续）

项目	功用	公差带含义	示　例
面对线垂直度公差	用于限制被测平面对于基准直线的垂直度误差	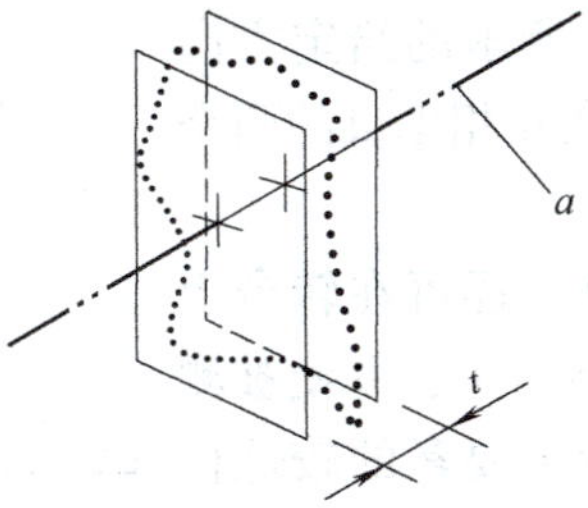 注：图中 a 为基准轴线 公差带为间距等于公差值 t 且垂直于基准轴线的两平行平面所限定的区域	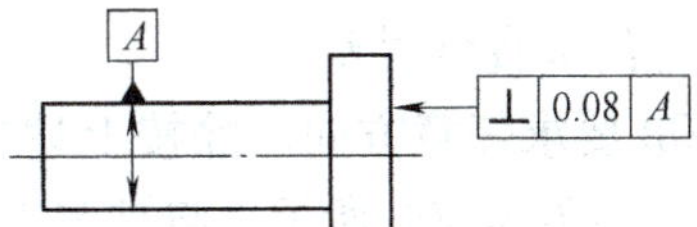 实际表面应限定在间距等于 0.08mm 且垂直于基准轴线 A 的两平行平面之间
面对面垂直度公差	用于限制被测平面对于基准平面的垂直度误差	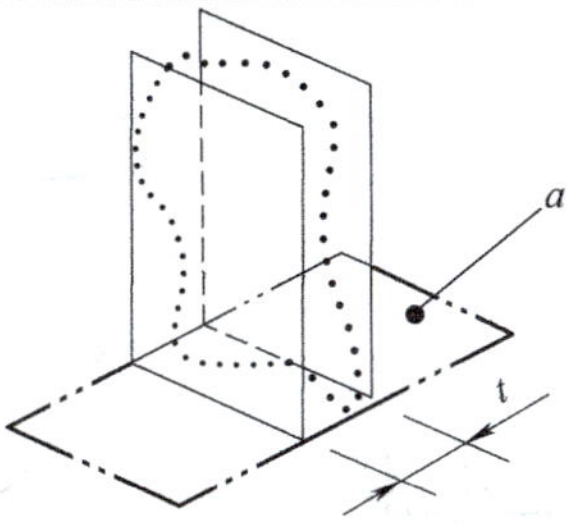 注：图中 a 为基准平面 公差带为间距等于公差值 t 且垂直于基准平面的两平行平面所限定的区域	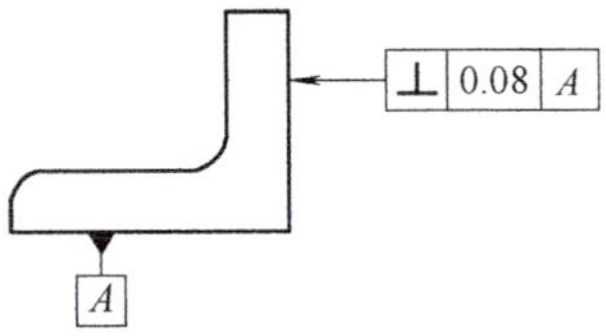 实际表面应限定在间距等于 0.08mm 且垂直于基准平面 A 的两平行平面之间

（2）垂直度误差的检测

1）面对面垂直度误差的检测。如图 3-57 所示，将被测工件的基准面固定在直角座上。调整靠近基准的被测表面的读数差为最小值，取指示表在整个被测表面测得的最大读数与最小读数之差作为垂直度误差。

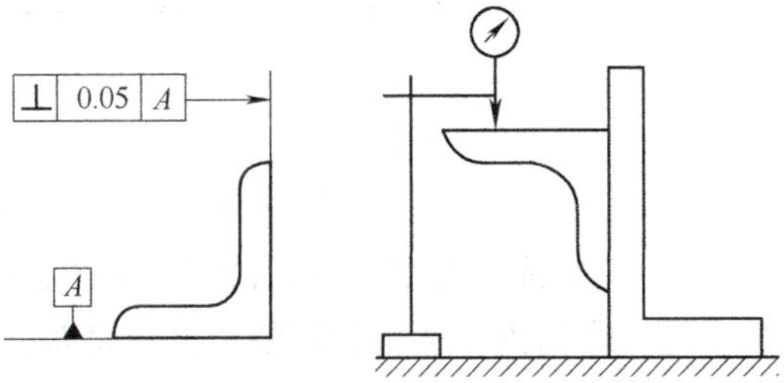

图 3-57　面对面垂直度误差的检测

2）线对面垂直度误差的检测。

① 要求一个方向。如图 3-58 所示，在给定方向上测量距离为 L_2 的两个位置处，测得 M_1 和 M_2 及相应的轴径 d_1 和 d_2，则在该方向上的垂直度误差为

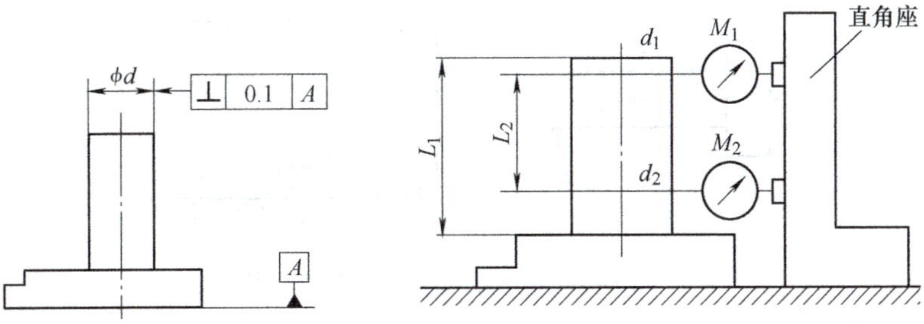

图 3-58　线对面垂直度误差的检测

$$f=\left|(M_1-M_2)+\frac{d_1-d_2}{2}\right|\frac{L_1}{L_2}$$

② 要求两个方向（图 3-59）。按图 3-58 所示的给定方向上线对面垂直度误差的测量方法，分别测得在互相垂直的两个方向上的垂直度误差。

③ 要求任意方向。除按上述方法测量外，还可在转台上测量，如图 3-60b 所示。将被测工件放置在转台上，并使被测轴线与转台的回转轴线对中（通常在被测轮廓要素的较低位置对中）。测量若干横截面内轮廓要素上各点的半径差，并记录在同一坐标图上，用图解法求出其垂直度误差 ϕf，如图 3-60c 所示。

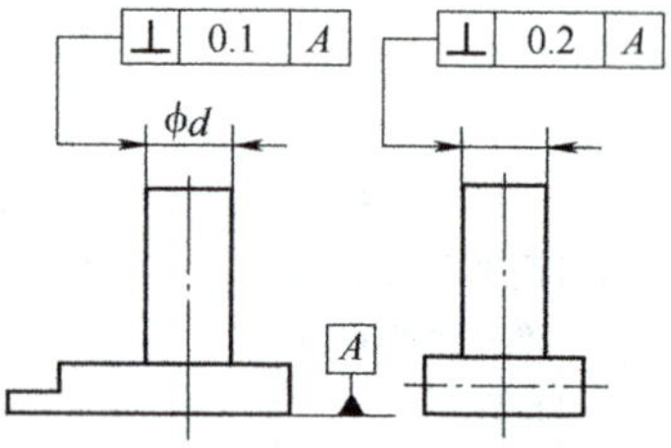

图 3-59　线对面（两个相互垂直方向）垂直度误差的检测

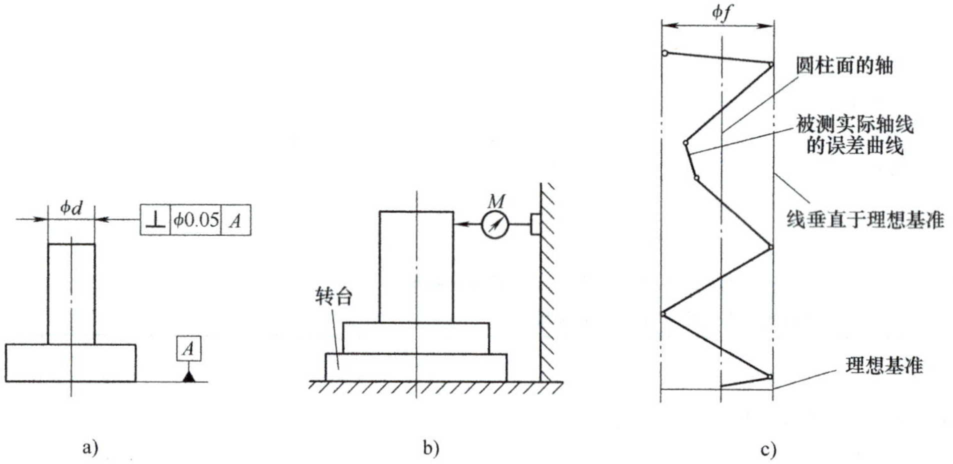

图 3-60　线对面（任意方向）垂直度误差的检测

3）面对线垂直度误差的检测。如图 3-61 所示，基准轴线由导向套筒模拟。将被测工件放在导向套筒内，然后测量整个被测表面，取指示表测得的最大读数与最小读数之差作为其垂直度误差。

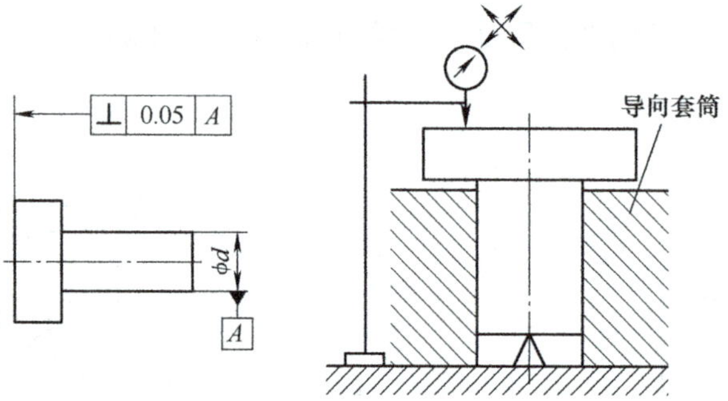

图 3-61　面对线垂直度误差的检测

4）线对线垂直度误差的检测。

将被测工件按图3-62所示放置，被测轴线和基准轴线均由可胀式心轴模拟，转动被测心轴，在测量距离为L_2的两个位置处，测得读数分别为M_1和M_2，则被测轴线对于基准轴线垂直度误差为

$$f = |M_1 - M_2|\frac{L_1}{L_2}$$

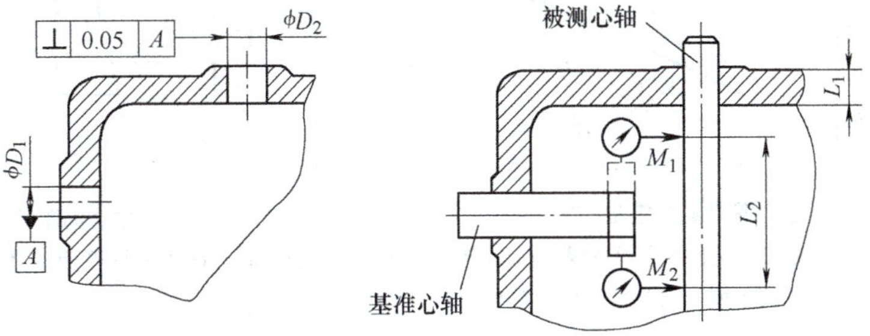

图3-62 线对线（一个方向）垂直度误差的检测

3. 倾斜度公差带及倾斜度误差检测

（1）倾斜度公差带 倾斜度公差是限制被测提取要素对基准在倾斜方向上变动量的一项指标。倾斜度公差带的功用、公差带含义及标注示例见表3-13。

表3-13 倾斜度公差

项目	功用	公差带的含义	示例
线对线倾斜度公差	用于限制被测直线对于基准直线的倾斜度误差	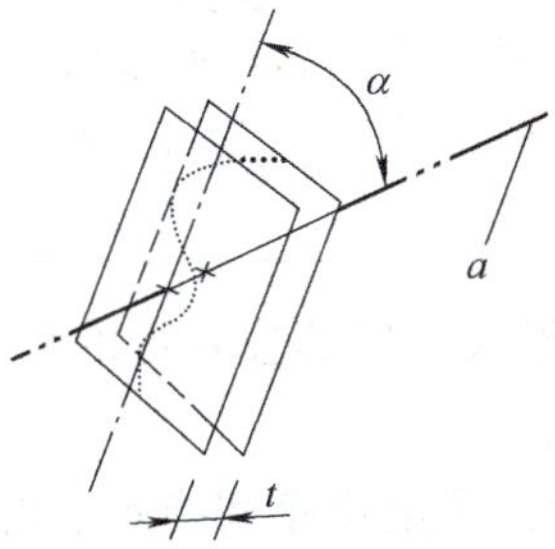 注：图中a为基准直线，被测直线与基准直线在同一平面上 公差带为间距等于公差值t的两平行平面所限定的区域。该两平行平面按给定角度α倾斜于基准直线	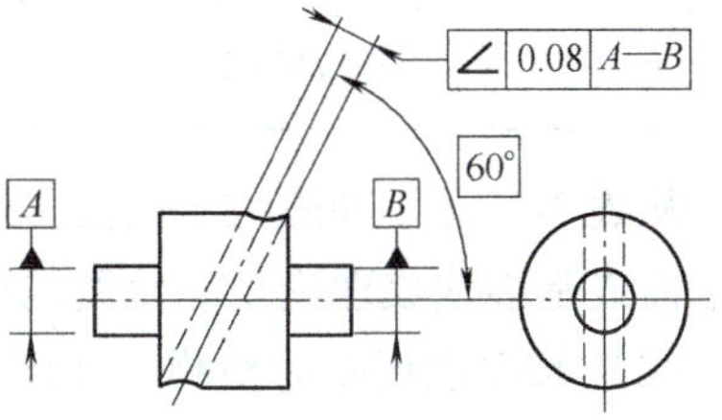 被测孔的实际轴线应限定在间距等于0.08mm的两平行平面之间。该两平行平面按理论正确角度60°倾斜于公共基准轴线A—B
线对面倾斜度公差	用于限制被测直线对于基准平面的倾斜度误差	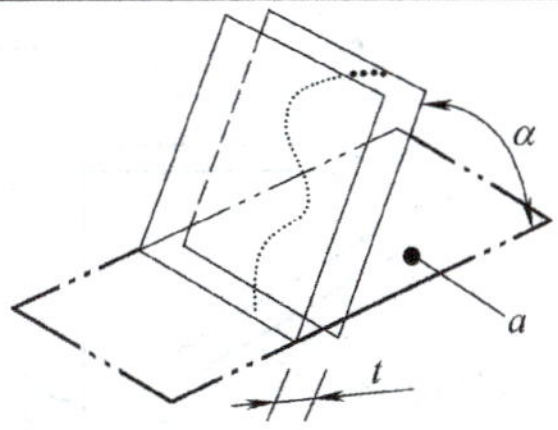 注：图中a为基准平面 公差带为间距等于公差值t的两平行平面所限定的区域。该两平行平面按给定角度α倾斜于基准平面	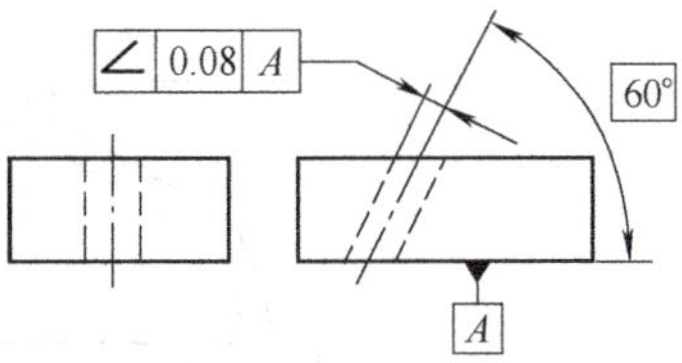 被测孔的实际轴线应限定在间距等于0.08mm的两平行平面之间。该两平行平面按理论正确角度60°倾斜于基准平面A

（续）

项目	功用	公差带的含义	示　例
面对线倾斜度公差	用于限制被测平面对于基准直线的倾斜度误差	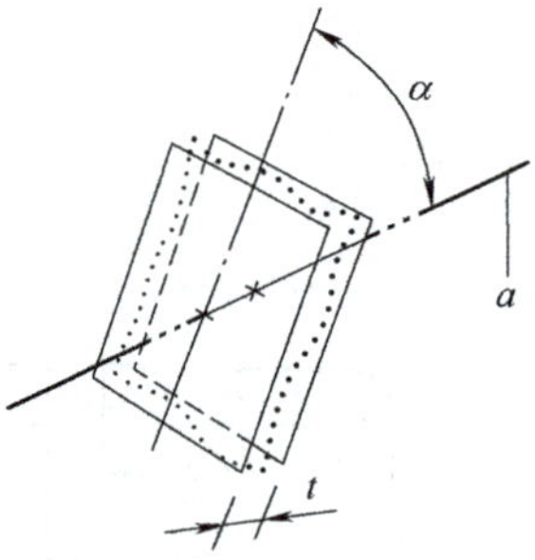 注：图中 a 为基准直线 公差带为间距等于公差值 t 的两平行平面所限定的区域。该两平行平面按给定角度 α 倾斜于基准直线	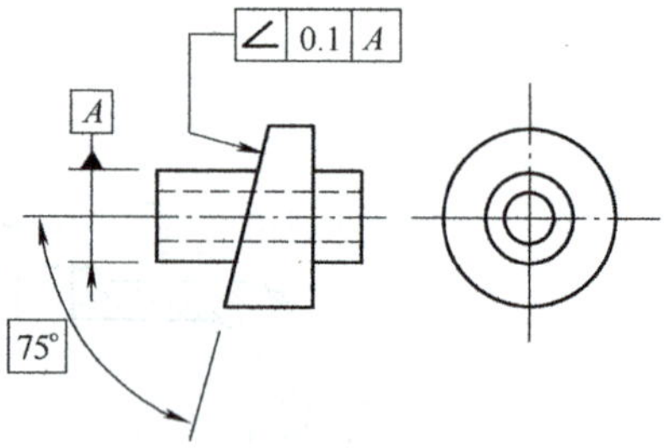 实际表面应限定在间距等于 0.1mm 的两平行平面之间。该两平行平面按理论正确角度 75°倾斜于基准轴线 A
面对面倾斜度公差	用于限制被测平面对于基准平面的倾斜度误差	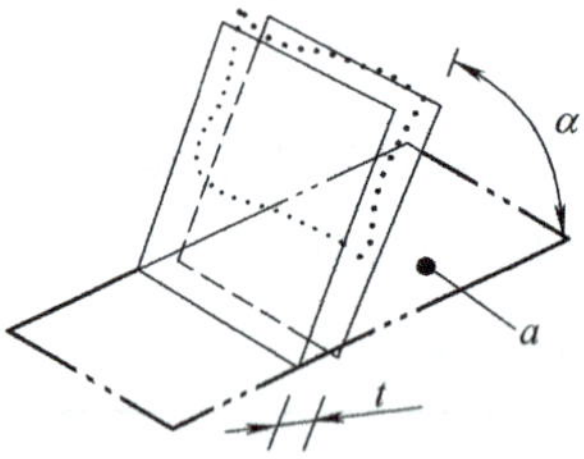 注：图中 a 为基准平面 公差带为间距等于公差值 t 的两平行平面所限定的区域。该两平行平面按给定角度 α 倾斜于基准平面	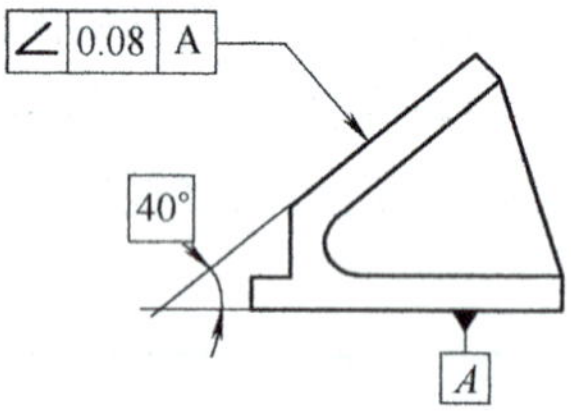 实际表面应限定在间距等于 0.08mm 的两平行平面之间。该两平行平面按理论正确角度 40°倾斜于基准平面 A

从表 3-13 看，倾斜度公差虽有四种标注形式，但其公差带的形状只有一种，就是与基准平面或基准线成理论正确角度的两平行平面。

（2）倾斜度误差的检测　如图 3-63 所示，用定角座和指示表测量工件的倾斜度误差。此种方法实际上是把倾斜度误差转换成平行度误差进行检测。测量时，将被测工件放置在定角座上，调整被测工件，使整个被测表面的读数为最小值。取指示表的最大读数与最小读数之差作为该工件的倾斜度误差。定角座也可用正弦规或精密转台代替。

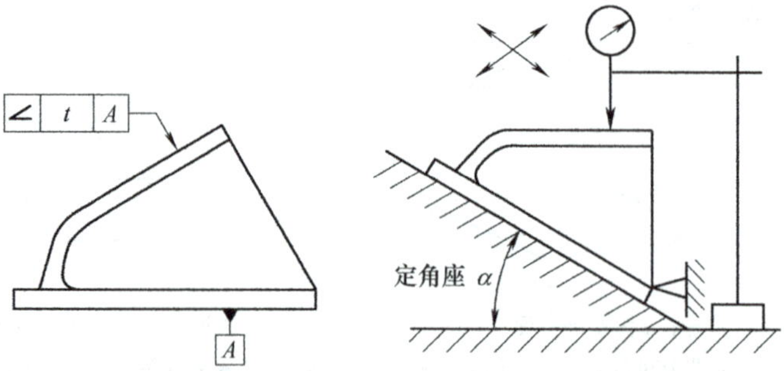

图 3-63　倾斜度误差的检测

技能训练六

图 3-64 所示为楔铁。为了保证零件的使用要求，对楔铁的斜面提出了倾斜度公差要求。

1. 试用正弦规、量块等计量器具检测倾斜度误差。
2. 判断倾斜度误差合格与否。

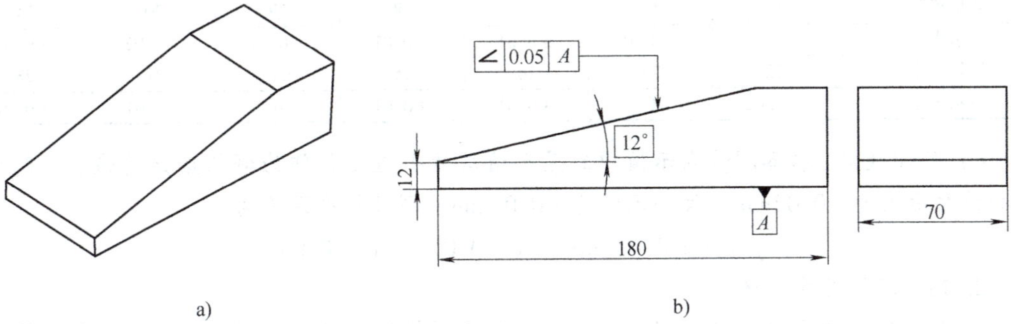

图 3-64 楔铁

技能训练六解答：

1. 检测倾斜度误差

(1) 选择工具和量具 准备规格为 200mm × 80mm 的正弦规一台、检验平板一块、91 块量块一套、指示表及表架一套。

(2) 测量倾斜度误差 按图 3-65 所示，把正弦规和工件擦拭干净，将正弦规放在检验平板上，楔铁放在正弦规的工作平面上。

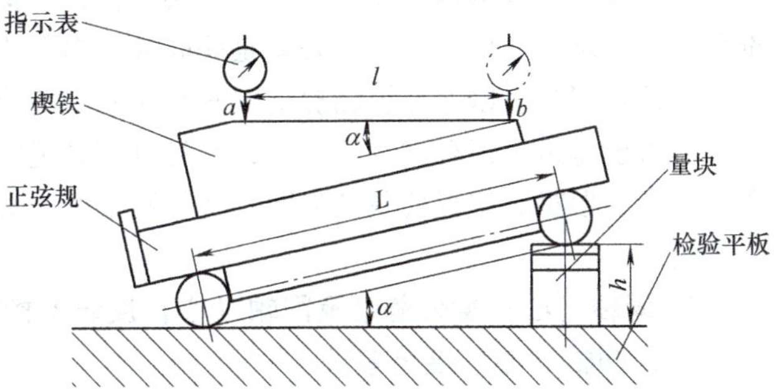

图 3-65 用正弦规测量楔铁倾斜度误差

1) 计算量块高度。根据公式$\sin\alpha = h/L$，L 取 200mm，得量块组的高度尺寸 $h = L\sin\alpha = 200\text{mm} \times \sin 12° = 200\text{mm} \times 0.20791 = 41.582\text{mm}$。

2) 组合量块。选取 1.002mm、1.08mm、9.5mm 和 30mm 量块组合出尺寸 41.582mm。

3) 放置量块。在正弦规的一侧按计算的量块高度研合并放置量块，使正弦规工作平面的倾斜角 $\alpha = 12°$。这样就将楔铁斜面相对于工件底面的倾斜度误差转变为了检测平行度误差。

4) 调整工件。调整楔铁，使指示表沿纵向（图 3-66 的前后方向）相距最远的两个点（图 3-66 中的 1 点和 22 点）测得的示值相同，即使这两个点至检验平板的高度相等。

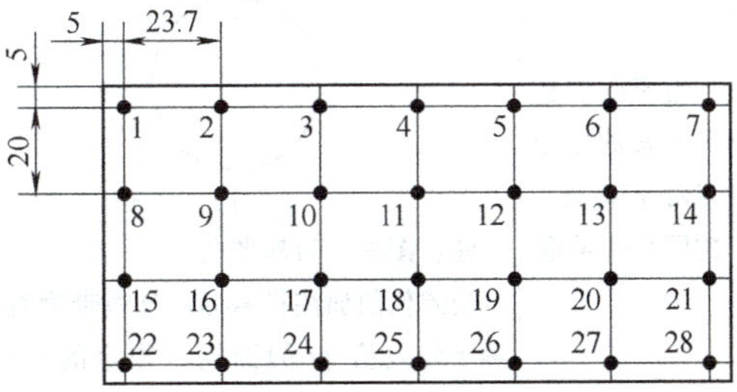

图 3-66 楔铁被测表面测量点的布置

5) 测量并记录。按照图 3-66 所示，用指示表对实际被测表面上的各测量点依次进行测量，记录数据，并填写在表3-14中。

表3-14 楔铁各测量点指示表读数值 （单位：mm）

测量点序号	1	2	3	4	5	6	7
指示表示值	-0.02	-0.02	-0.01	0	+0.01	+0.01	+0.02
测量点序号	8	9	10	11	12	13	14
指示表示值	-0.02	-0.01	-0.01	0	0	+0.01	+0.01
测量点序号	15	16	17	18	19	20	21
指示表示值	-0.01	-0.01	+0.01	-0.01	-0.01	+0.02	+0.02
测量点序号	22	23	24	25	26	27	28
指示表示值	-0.02	0	+0.01	+0.01	0	-0.01	+0.01

6）处理数据。取各测量点示值中的最大值与最小值之差作为倾斜度误差值f。表3-14中的最大示值为+0.02mm，最小示值为-0.02mm，则倾斜度误差为

$$f = (+0.02)\text{mm} - (-0.02)\text{mm} = 0.04\text{mm}$$

2. 判断工件是否合格

图样上给定的倾斜度公差为0.05mm，而被测楔铁斜面对于其底面的倾斜度误差为0.04mm<0.05mm，故该楔铁的倾斜度误差合格。

三、位置公差带及位置误差检测

位置误差是被测提取要素对一具有确定位置的拟合要素的变动量。拟合要素的位置由基准和理论正确尺寸确定。位置公差是关联被测提取要素对基准在位置上允许的变动全量，用于控制位置误差，以保证被测提取要素相对基准的位置精度。

位置公差带不仅有确定的方向，而且具有确定的位置，它能综合控制被测关联要素的位置、方向和形状。位置公差分为同心度、同轴度、对称度、位置度、线轮廓度和面轮廓度6个项目。

1. 同轴（心）度公差带及同轴（心）度误差检测

（1）同轴（心）度公差带

1）点的同心度公差带。同心度公差是实际被测点对基准点的允许变动量。同心度公差的功用、公差带含义及标注示例见表3-15。

表3-15 同心度公差

项目	功用	公差带含义	示例
中心点对基准点的同心度公差	用于限制被测要素的中心点对于基准点的同心度误差	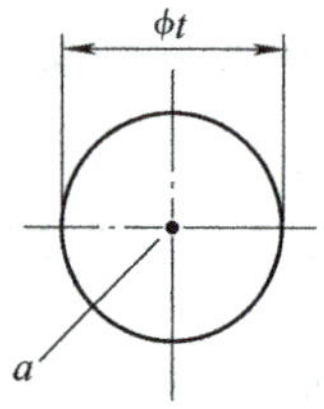 注：图中a为基准点 公差值前加注符号ϕ，公差带为直径等于公差值ϕt的圆周所限定的区域。该圆周的圆心与基准点重合	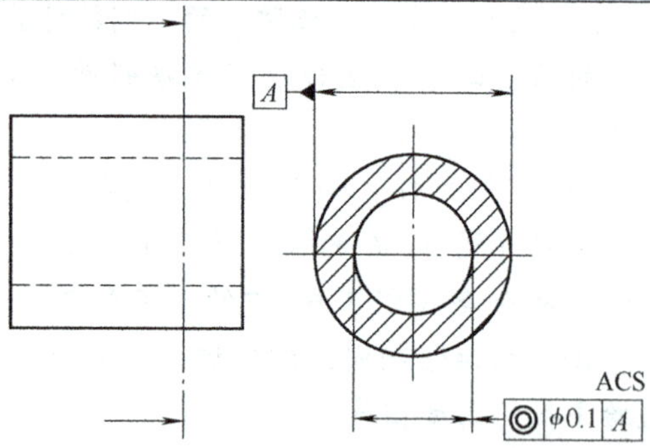 在任意横截面（ACS）内，内圆的实际中心点应限定在直径等于ϕ0.1mm且以基准点A为圆心的圆周内

2）轴线的同轴度公差带。同轴度公差是实际被测轴线对基准轴线的允许变动量。同轴度公差的功用、公差带含义及标注示例见表3-16。

表3-16 同轴度公差

项目	功用	公差带含义	示 例
轴线对轴线同轴度公差	用于限制被测要素的轴线对于基准要素的轴线的同轴度误差	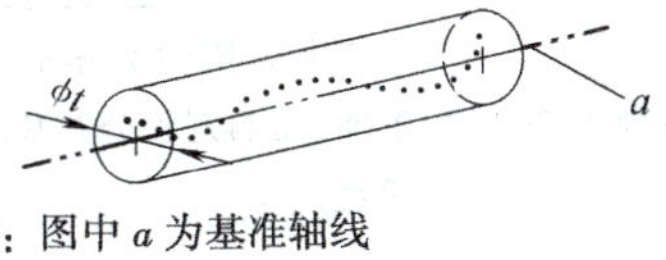 注：图中 a 为基准轴线 公差值前加注符号 ϕ，公差带为直径等于公差值 ϕt 的圆柱面所限定的区域。该圆柱面的轴线与基准轴线重合	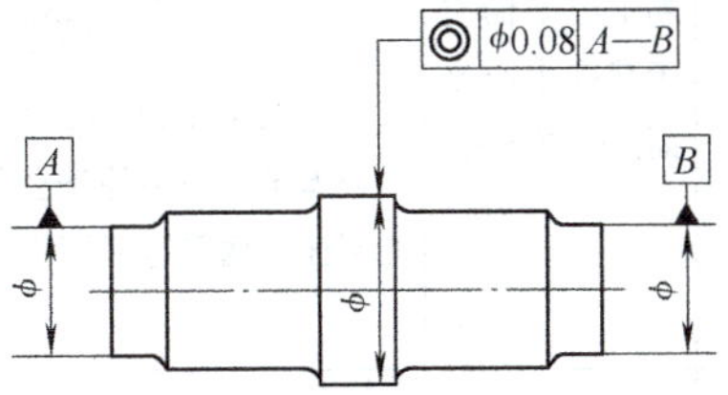 大圆柱面的实际轴线应限定在直径等于 ϕ0.08mm、以公共基准线 A—B 为轴线的圆柱面内

（2）同轴（心）度误差的检测 如图3-67所示，以检验平板为测量基准，将两个等高的刀口状V形块放置在检验平板上，调整两个V形块使V形槽的对称中心平面共面。将被测工件放置在两个等高的刀口状V形块上，以此体现公共基准轴线，并进行轴向定位。测量时，在同一表架上安装两个指示表，并使两个指示表的测杆同轴且垂直于检验平板。调零后，沿被测工件轴向移动指示表，并同时记录两指示表在各对应测点处的读数差，其最大读数差的绝对值为该截面的同轴度误差。转动被测工件，按上述方法测量若干个轴截面，取其中的最大误差值作为该工件被测表面的轴线对公共基准轴线的同轴度误差。

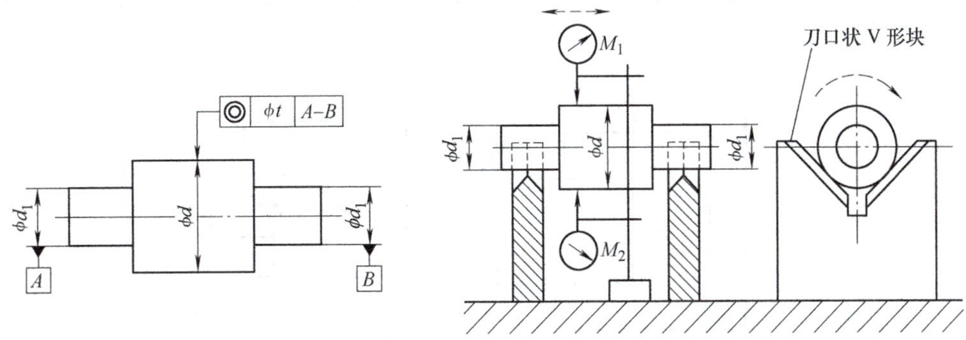

图3-67 同轴度误差检测

2. 对称度公差带及对称度误差检测

（1）对称度公差带 对称度公差指被测导出要素（中心平面、中心线或轴线）的位置对基准的允许变动量。对称度公差的功用、公差带含义及标注示例见表3-17。

表 3-17　对称度公差

项目	功用	公差带含义	示　例
中心平面对中心平面对称度公差	用于限制被测中心平面对于基准中心平面的位置误差	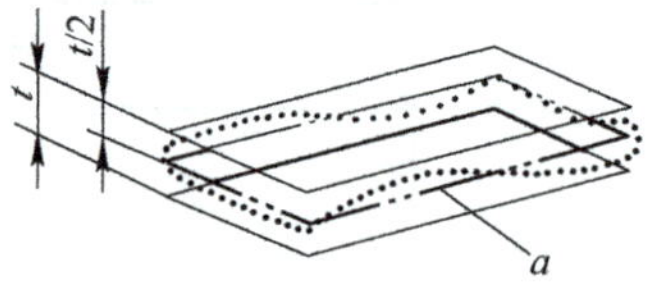 注：图中 a 为基准中心平面 公差带为间距等于公差值 t 且对称于基准中心平面的两平行平面所限定的区域	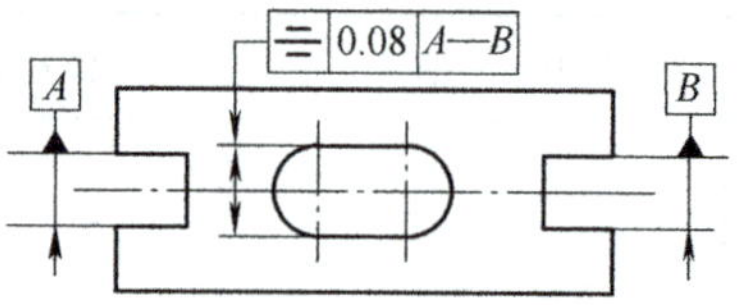 被测键槽的实际中心平面应限定在间距等于 0.08mm 且对称公共基准中心平面 $A—B$ 的两平行平面之间
中心平面对轴线对称度公差	用于限制被测中心平面对于基准轴线的位置误差	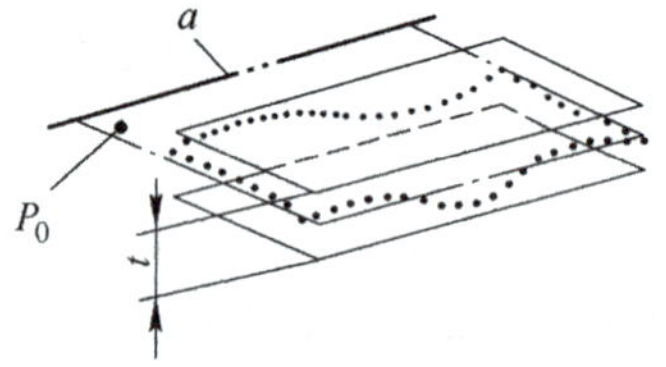 注：图中 a 为基准轴线，P_0 为通过基准轴线的理想平面 公差带为间距等于公差值 t 且对称于基准轴线（通过基准轴线的理想平面）的两平行平面所限定的区域	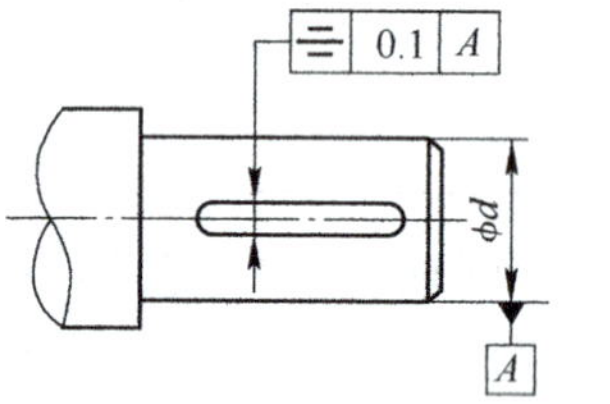 被测键槽的实际中心平面应限定在间距等于 0.1mm 且对称于基准轴线 A（通过基准轴线 A 的理想平面）的两平行平面之间

（2）对称度误差的检测

1）用差值法检测。如图 3-68 所示，将工件放置在检验平板上，测量槽面①上各测点的高度；然后翻转工件，测量槽面②上各测点的高度，各对应两测点数值的最大差值即为该工件的对称度误差。

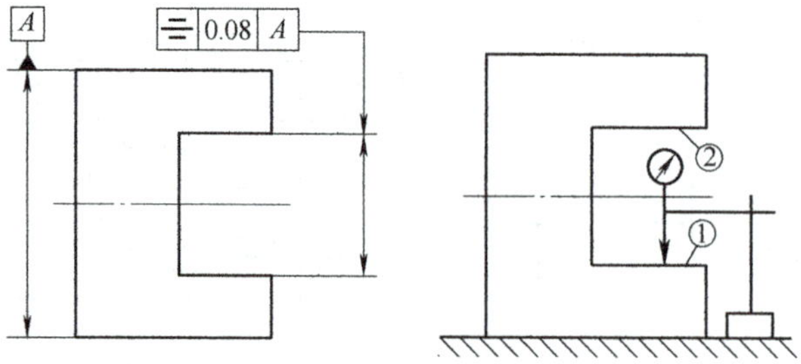

图 3-68　用差值法测量对称度误差

2）用打表法检测。如图 3-69 所示，基准轴线由 V 形架模拟，被测键槽中心平面由测量块模拟。测量时用指示表调整工件，使测量块沿径向与平板平行，并读出两个测量点的读数 M_1 和 M_2，然后将工件翻转 180°后重复上述过程，读出前两个测量点对应的读数 M_1' 和 M_2'，按以下公式确定被测工件的对称度误差。

$$f=\frac{d\,|f_1-f_2|+2tf_2}{d-t}$$

式中 f_1——偏移量中的最大值（mm）；

f_2——偏移量中的最小值（mm）；

d——轴的直径（mm）；

t——键槽深度（mm）。

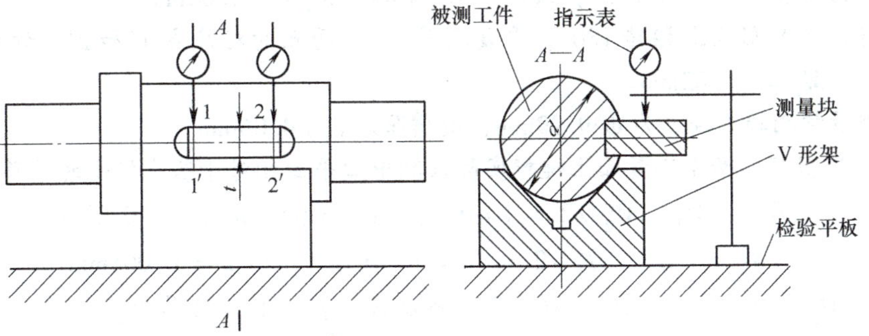

图 3-69 用打表法检测对称度误差

技能训练七

图 3-70 所示阶梯轴，加工后如果键槽出现偏离或倾斜，则无法安装齿轮，即使齿轮能勉强安装上，也会影响齿轮的运动精度。为此，对该键槽提出了对称度公差要求。

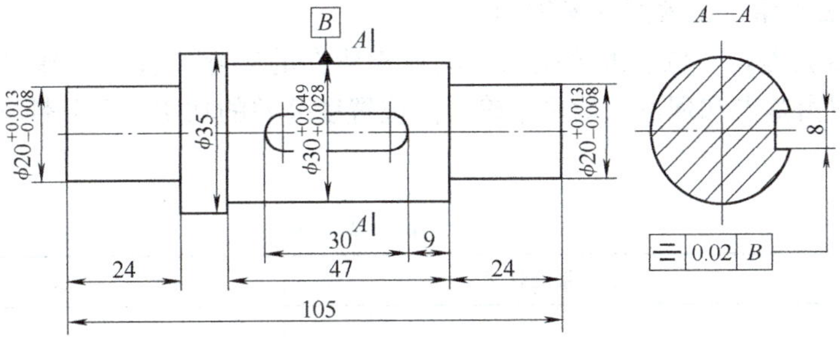

图 3-70 阶梯轴

1. 检测键槽的对称度误差。

2. 判断对称度误差合格与否。

技能训练七解答：

1. 检测对称度误差

（1）准备工具和量具 准备检验平板一块、90°V 形架一个、指示表及表架一套、与键槽尺寸和形状一致的测量块一块。

（2）测量对称度误差

1）测量前的准备工作。

① 将测量块装入工件的键槽中，要保证测量块不能松动，必要时应进行研合。

② 将被测工件放置在V形架上，如图3-69所示，以检验平板为测量基准，用V形架模拟基准 $\phi30^{+0.049}_{+0.028}$mm 圆柱体的轴线，用测量块模拟被测键槽的中心平面。

2）调整被测工件。将指示表的测头与测量块的上表面接触，沿测量块某一个横截面（垂直于被测圆柱轴线）移动，稍微转动被测工件以调整测量块的位置，使指示表在这个横截面上移动时示值不变，即使测量块沿径向与平板平行。

3）测量并记录数据。

① 用指示表测量1、2两点，读出示值 $M_1=0$，$M_2=+0.02$mm。

② 将轴在V形架上翻转180°，重复测量1、2两点的对应点1′和2′，读出示值 $M_1'=-0.01$mm，$M_2'=-0.02$mm。

③ 测量被测轴直径 d 为 $\phi29.99$mm，键槽深度 t 为4.06mm。

4）处理数据。两个测量面上键槽实际被测中心平面相对于基准轴线的偏移量为

$$f_1=|M_2-M_2'|/2=|+0.02-(-0.02)|\text{mm}/2=0.02\text{mm}$$

$$f_2=|M_1-M_1'|/2=|0-(-0.01)|\text{mm}/2=0.005\text{mm}$$

因为 $|M_2-M_2'|/2>|M_1-M_1'|/2$，所以将 $|M_2-M_2'|/2$ 作为 f_1。

5）计算对称度误差。

$$f=\frac{d|f_1-f_2|+2tf_2}{d-t}=\frac{29.99\times|0.02-0.005|+2\times4.06\times0.005}{29.99-4.06}\text{mm}$$

$$\approx0.0189\text{mm}\approx0.019\text{mm}$$

2. 判断工件对称度误差是否合格

图样上给定的对称度公差为0.02mm，测出的对称度误差为0.019mm < 0.02mm，所以该阶梯轴的对称度误差合格。

3. 位置度公差带及位置度误差检测

（1）位置度公差带　位置度公差指被测要素所在的实际位置对其理想位置的允许变动量。其理想位置由基准和理论正确尺寸确定。位置度公差的功用、公差带含义及标注示例见表3-18。

表3-18　位置度公差

项目	功用	公差带的含义	示　例
点的位置度公差	用于限制被测点的实际位置对于理想位置的变动	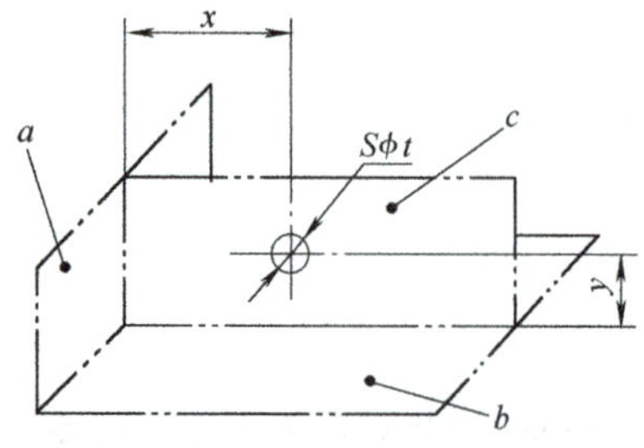 注：图中a、b、c为基准平面 公差值前加注Sϕ，公差带为直径等于公差值Sϕt球面所限定的区域。该球面中心的理论正确位置由基准平面a、b、c和理论正确尺寸确定	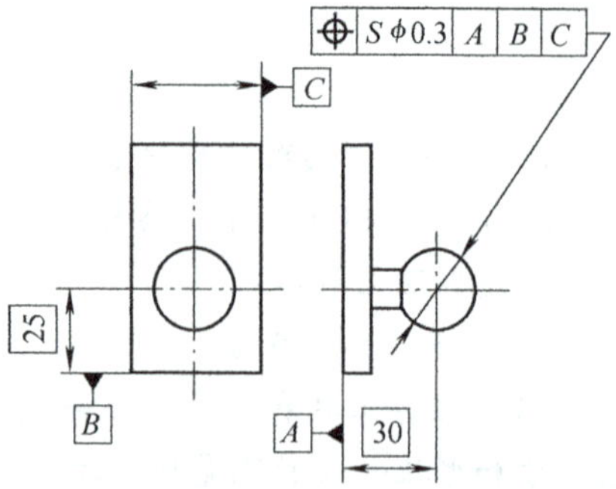 实际球心应限定在直径等于Sϕ0.3mm的球面内，该球面的中心由基准平面A、B、C和理论正确尺寸30mm和25mm确定

（续）

项目	功用	公差带的含义	示例
线的位置度公差	用于限制被测线的实际位置对于理想位置的变动	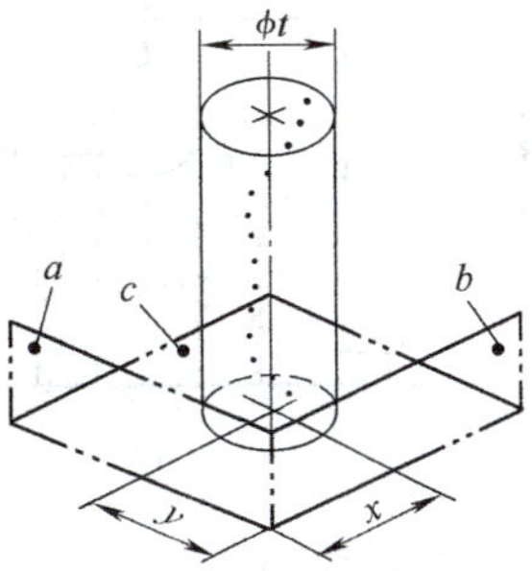 注：图中 a、b、c 为基准平面 公差值前加注符号 ϕ，公差带为直径等于公差值 ϕt 的圆柱面所限定的区域。该圆柱面的轴线位置由基准平面 c、a、b 和理论正确尺寸确定	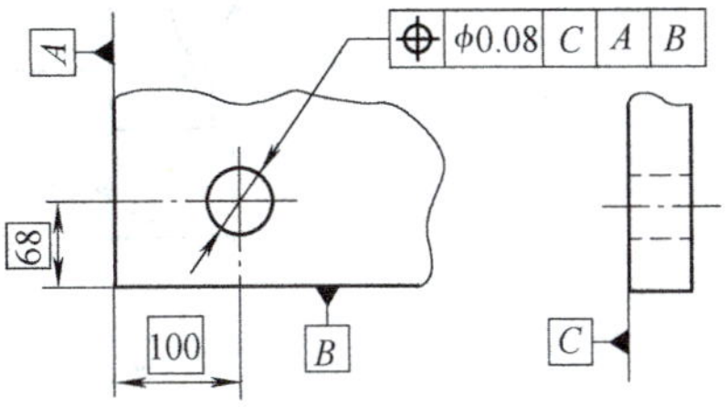 被测孔的实际轴线应限定在直径等于 ϕ0.08mm 的圆柱面内，该圆柱面的轴线位置应处于由基准平面 C、A、B 和理论正确尺寸 100mm 和 68mm 确定的理论正确位置上
面的位置度公差	用于限制被测面的实际位置对于理想位置的变动	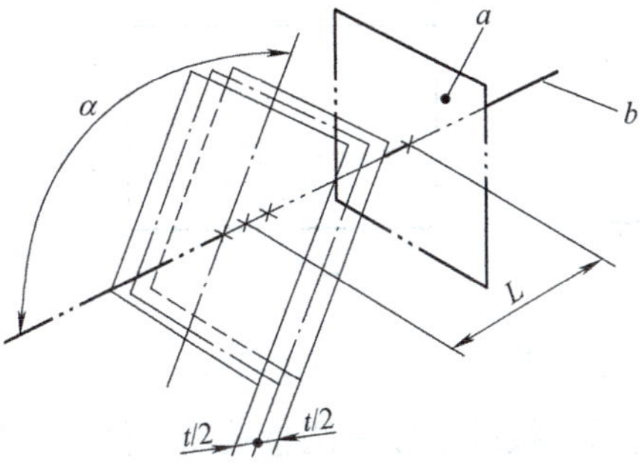 注：图中 a 为基准平面，b 为基准轴线 公差带为间距等于公差值 t，且对称于被测面理论正确位置的两平行平面所限定的区域。面的理论正确位置由基准平面 a、基准轴线 b 和理论正确尺寸确定	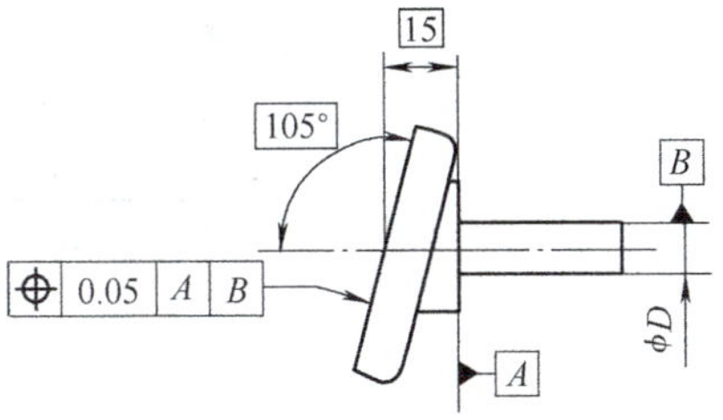 被测实际表面应限定在间距等于 0.05mm，且对称于被测面的理论正确位置的两平行平面之间。该两平行平面对称于由基准平面 A、基准轴线 B 和理论正确尺寸 15mm 和 105° 确定的理论正确位置上

（2）位置度误差的检测

1）点的位置度检测。

① 用打表法检测。图 3-71 所示是测量工件左端球形凹坑球心的位置度误差的示意图。首先用回转定心夹头的基准孔模拟基准轴线 A，再选择适当直径的钢球放置在工件的球面凹坑内。此时是以钢球球心模拟被测球面的中心，如图 3-71b 所示，将指示表调零。然后换上被测工件，将被测工件回转一周，径向指示表的最大读数差之半即为实际球心相对于基准轴线 A 的径向偏差 f_y；垂直方向指示表的最大读数差之半即为实际球心相对于基准轴线的轴向偏差 f_x，则被测工件球心的位置度误差为

$$f = 2\sqrt{f_x^2 + f_y^2}$$

② 用坐标法检测。测量薄板工件上某孔中心点的位置度误差时，可用坐标法测量该中心点对基准 A、B 的位置度误差，如图 3-72 所示。测量时，按基准 A 和 B 调整工件，使其与

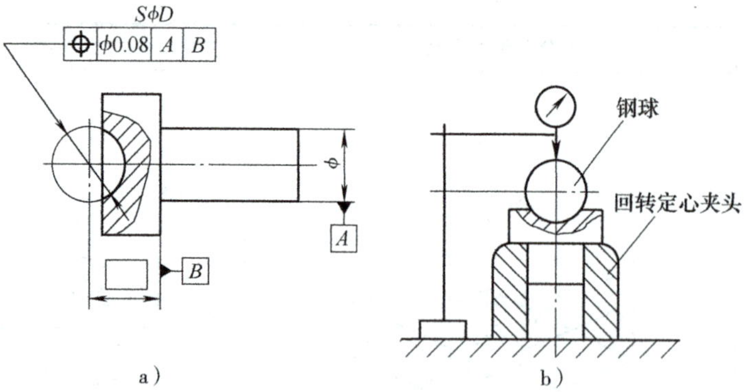

图 3-71　用打表法测量点的位置度误差

测量装置的坐标方向一致，此时将测得的被测点的坐标值 x、y 分别与相应的理论正确尺寸 x_0、y_0 做比较，得其差值 $f_x = x - x_0$ 和 $f_y = y - y_0$，则该工件球心的位置度误差

$$f = 2\sqrt{f_x^2 + f_y^2}$$

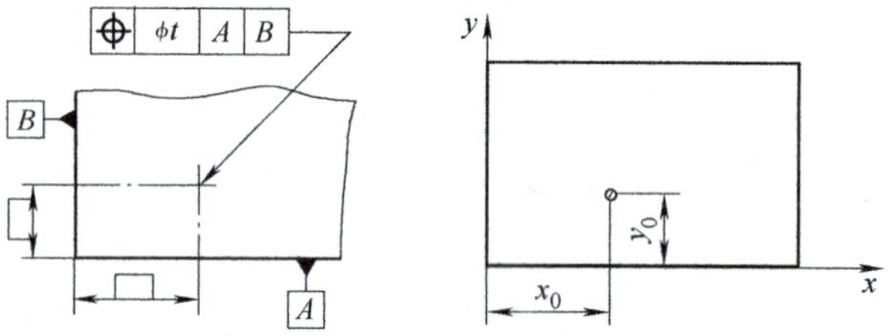

图 3-72　用坐标法测量点的位置度误差

2）线的位置度检测。如图 3-73 所示，按基准顺序调整被测工件，使其与测量装置的坐标方向一致。将心轴插入被测孔中，测量心轴相对基准的坐标尺寸为 x_1、x_2、y_1、y_2，则孔的实际坐标尺寸为 $x = \dfrac{x_1 + x_2}{2}$，$y = \dfrac{y_1 + y_2}{2}$。将 x、y 分别与相应的理论正确尺寸 x_0、y_0 做比较，得其差值 $f_x = \dfrac{x_1 + x_2}{2} - x_0$ 和 $f_y = \dfrac{y_1 + y_2}{2} - y_0$，则位置度误差 $f = 2\sqrt{f_x^2 + f_y^2}$。然后将被测工件翻转，重复上述测量，取其中较大的误差值作为该工件的位置度误差。

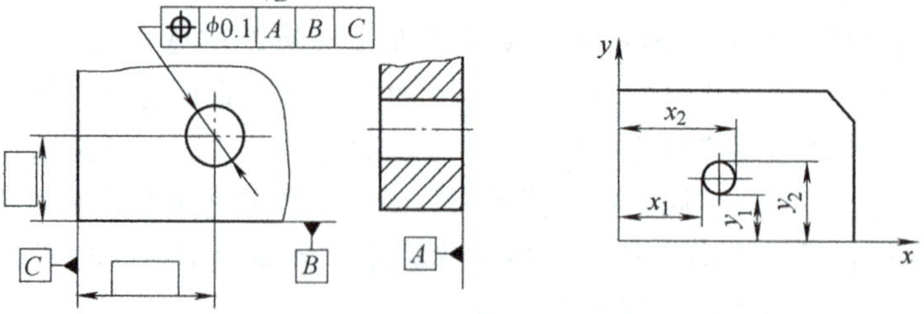

图 3-73　用坐标法测量线的位置度误差

3）面的位置度检测。如图 3-74 所示，指示表按专用的标准件调零，然后调整被测工件在专用测量支架上的位置，使指示表的读数差最小。在整个被测表面上测量，指示表读数的

最大绝对值的 2 倍，即为该工件的位置度误差。

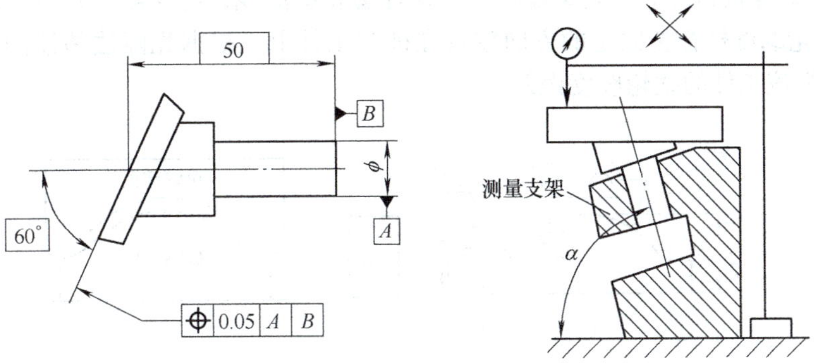

图 3-74 测量面的位置度误差

4. 线轮廓度公差带及线轮廓度误差检测

(1) 线轮廓度公差带 线轮廓度公差是限制实际平面曲线对其理想曲线变动量的一项指标。其理想被测要素的形状需要由理论正确尺寸来决定。轮廓度公差分为无基准和有基准两种，前者的方位是可以浮动的，属于形状公差；后者的方位是固定的，属于方向或位置公差。线轮廓度公差的功用、公差带含义及标注示例见表 3-19。

表 3-19 线轮廓度公差

项目	功用	公差带的含义	示 例
无基准线轮廓度公差	无基准线轮廓度是形状公差，用于限制平面曲线的形状误差	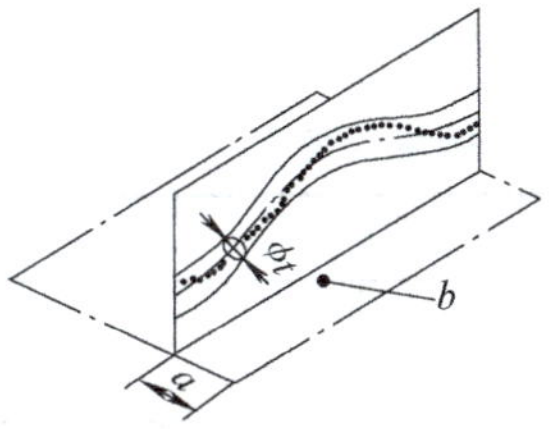 注：图中 a 为任意距离，b 为底面 公差带为直径等于公差值 t、圆心位于具有理论正确几何形状上的一系列圆的两包络线所限定的区域	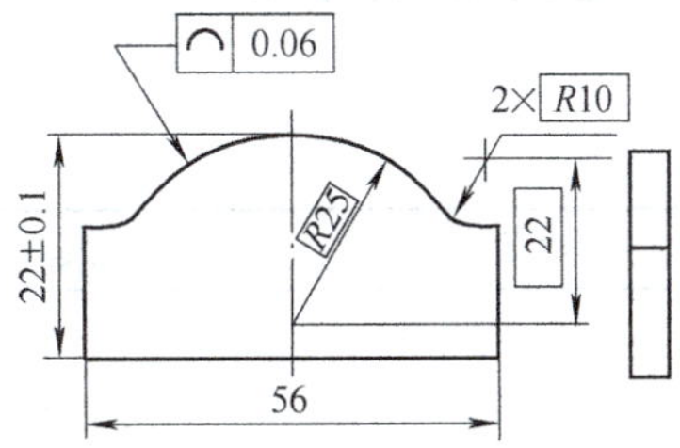 在任一平行于正投影面的截面内，被测实际轮廓线应限定在直径等于 0.06mm 且圆心位于被测要素理论正确几何形状上的一系列圆的两等距包络线之间
相对于基准体系的线轮廓度公差	线轮廓度公差对基准体系时，是方向或位置公差，用于限制曲线的形状、方向和位置误差	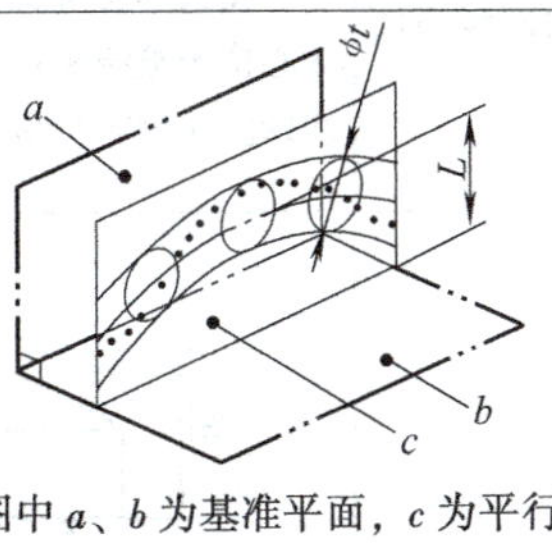 注：图中 a、b 为基准平面，c 为平行于基准平面 a 的平面 公差带为直径等于公差值 t 且圆心位于基准平面 a 和基准平面 b 确定的被测要素理论正确几何形状上的一系列圆的两包络线所限定的区域	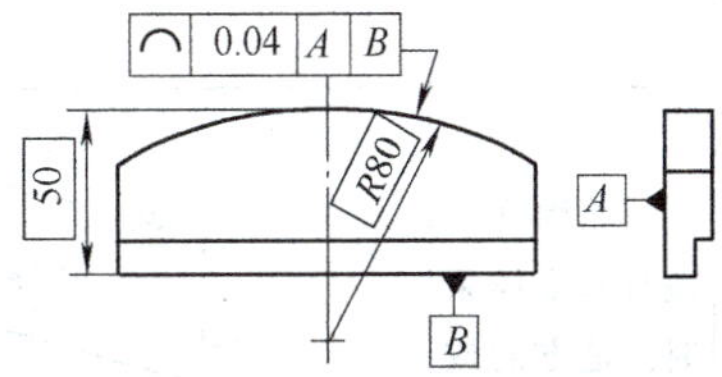 在任一平行于正投影面的截面内，被测实际轮廓线应限定在直径等于 0.04mm 且圆心位于由基准平面 A 和基准平面 B 确定的被测要素理论正确几何形状上的一系列圆的两等距包络线之间

（2）线轮廓度误差的检测

1）用轮廓样板检测。用轮廓度样板模拟理想轮廓曲线，与实际轮廓进行比较。如图 3-75 所示，将轮廓度样板按固定的方向放置在被测工件上，根据光隙法估读间隙的大小，取最大间隙作为该工件的线轮廓度误差。

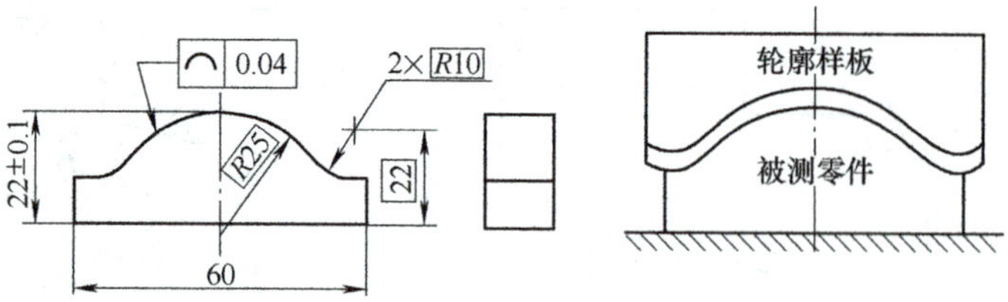

图 3-75　用轮廓样板检测线轮廓度误差

2）用坐标法检测。用坐标测量仪测出被测曲线上若干点的坐标值，与理想曲线上相应点的坐标值作比较，取其中最大差值的绝对值的 2 倍作为线轮廓度误差，如图 3-76 所示。

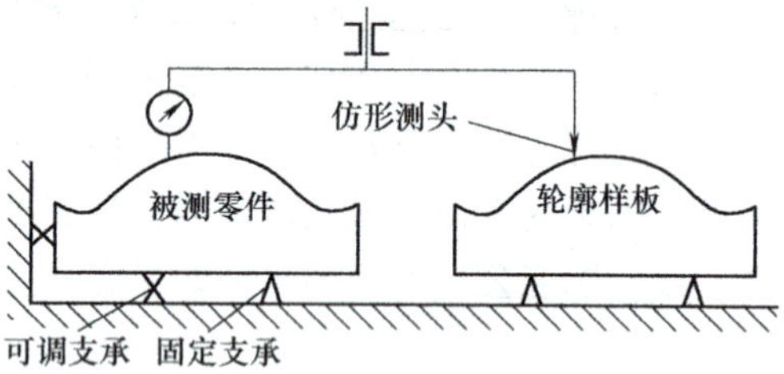

图 3-76　用坐标法检测线轮廓度误差

5. 面轮廓度公差带及面轮廓度误差检测

（1）面轮廓度公差带　面轮廓度公差是限制实际曲面对其理想曲面变动量的一项指标。面轮廓度公差的功用、公差带含义及标注示例见表 3-20。

表 3-20　面轮廓度公差

项目	功用	公差带的含义	示　例
无基准面轮廓度公差	无基准面轮廓度是形状公差，用于限制一般曲面的形状误差	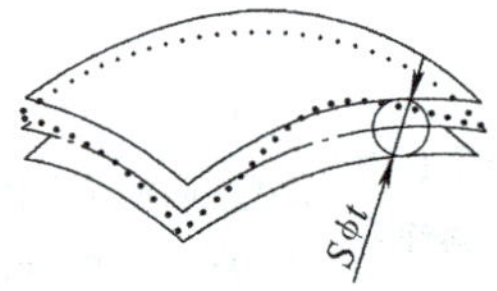 公差带为直径等于公差值 t 且球心位于被测要素理论正确形状上的一系列圆球的两包络面所限定的区域	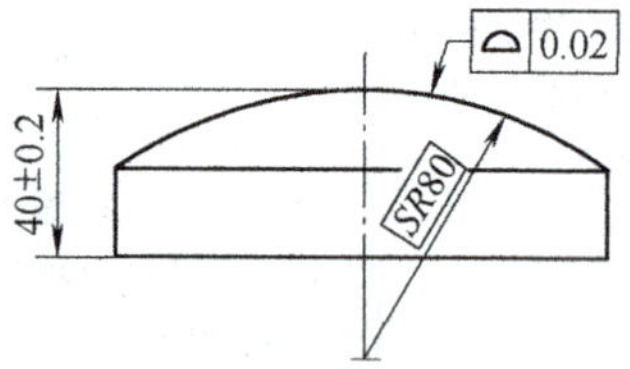 被测实际轮廓面应限定在直径等于 0.02mm 且球心位于被测要素理论正确几何形状上的一系列圆球的两等距包络面之间
相对于基准体系的面轮廓度公差	面轮廓度公差对基准体系时，是方向或位置公差，用于限制曲面的形状、方向和位置误差	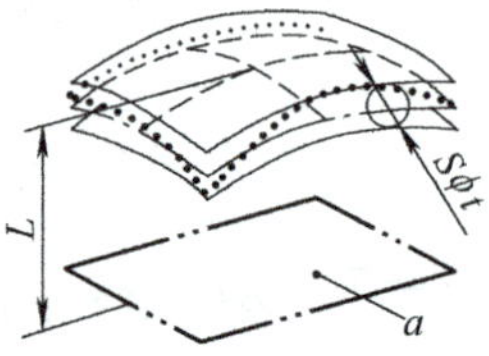 注：图中 a 为基准平面 公差带为直径等于公差值 t 且球心位于由基准平面 a 确定的被测要素理论正确几何形状上的一系列圆球的两包络面所限定的区域	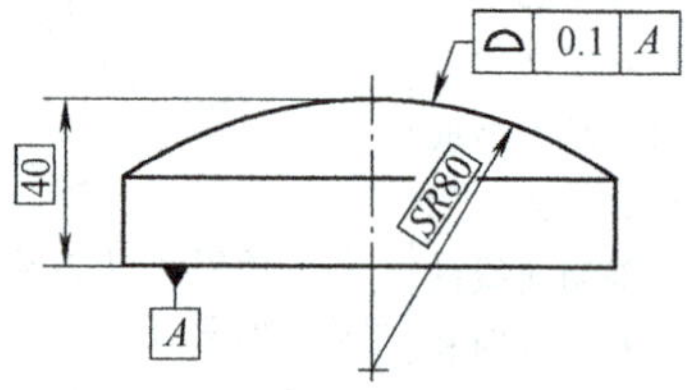 被测实际轮廓面应限定在直径等于 0.1mm 且球心位于由基准平面 A 确定的被测要素理论正确几何形状上的一系列圆球的两等距包络面之间

（2）面轮廓度误差的检测　面轮廓度误差的检测方法基本与线轮廓度误差的检测方法相同，只是在检测线轮廓度误差的基础上沿宽度方向再取若干点，选最大误差值作为面轮廓度误差即可。

四、跳动公差带及跳动误差测量

跳动公差是被测提取要素绕基准轴线旋转一周或作若干次旋转时所允许的最大跳动量。跳动公差涉及的被测要素为圆柱面、圆形端平面、环状端平面、圆锥面和曲面等组成要素（轮廓要素），涉及的基准要素为轴线。

跳动公差的特点是能够综合控制同一被测要素的方向、位置和形状误差。例如，径向圆跳动公差可综合控制同轴度误差和圆度误差；径向全跳动公差可综合控制同轴度误差和圆柱度误差；轴向全跳动公差可综合控制端面对基准轴线的垂直度误差和平面度误差。

跳动公差按被测要素旋转的情况，可分为圆跳动公差和全跳动公差两个特征项目。

1. 圆跳动公差带及圆跳动误差测量

（1）圆跳动公差带　圆跳动公差指被测提取要素在无轴向移动的条件下围绕基准轴线旋转一周时，由位置固定的指示表在给定的测量方向上测得的最大值与最小值之差。圆跳动公差适用于被测要素任一不同的测量位置。圆跳动公差按被测要素的几何特征和测量方向分为径向圆跳动公差、轴向圆跳动公差和斜向圆跳动公差三种形式。圆跳动公差的功用、公差带含义及标注示例见表3-21。

表3-21　圆跳动公差

项目	功用	公差带含义	示　例
径向圆跳动公差	用于限制被测要素的任一截面对于基准轴线的径向跳动误差	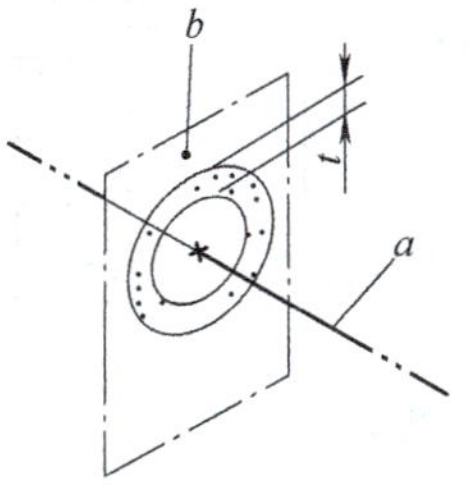 注：图中 a 为基准轴线，b 为横截面 公差带为在任一垂直于基准的横截面内且半径差等于公差值 t、圆心在基准轴线上的两同心圆所限定的区域	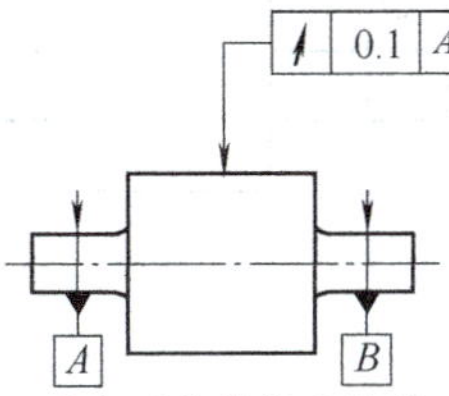 在任一垂直于公共基准轴线 $A—B$ 的横截面内，被测实际圆应限定在半径差等于0.1mm、圆心在基准轴线 $A—B$ 上的两同心圆之间
轴向圆跳动公差	用于限制被测要素的任一圆柱截面对于基准轴线的轴向跳动误差	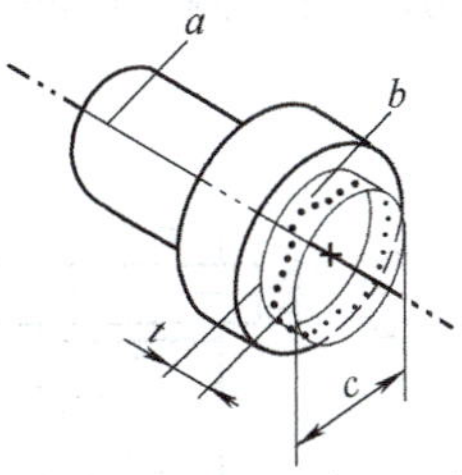 注：图中 a 为基准轴线，b 为公差带，c 为任一直径 公差带为与基准轴线同轴的任一半径的圆柱截面上，间距等于公差值 t 的两圆所限定的圆柱面区域	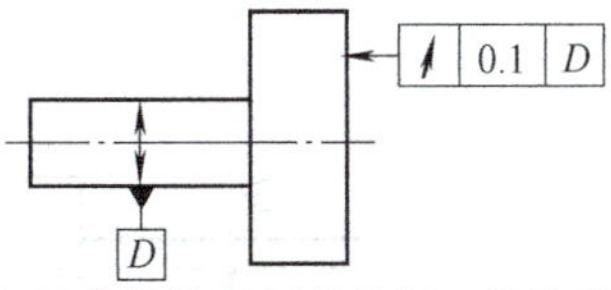 在与基准轴线 D 同轴的任一圆柱形截面上，被测实际圆应限定在轴向距离等于0.1mm的两个等半径圆之间

（续）

项目	功用	公差带含义	示　例
斜向圆跳动公差	用于限制被测要素对于基准轴线的斜向跳动误差	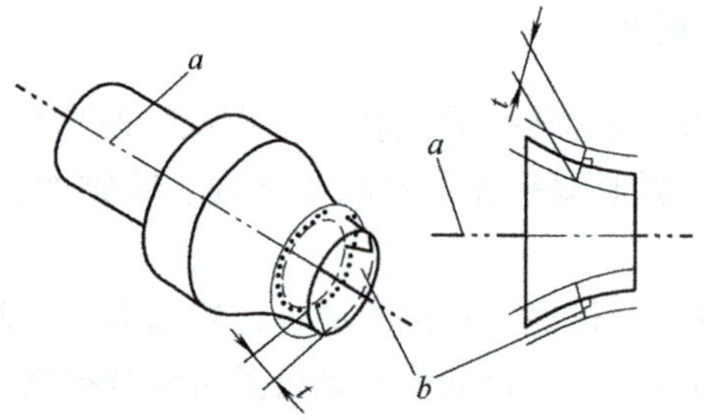 注：图中 *a* 为基准轴线，*b* 为公差带 公差带为与基准轴线同轴的某一圆锥截面上，间距等于公差值 *t* 的两圆所限定的圆锥面区域。除非另有规定，否则测量方向均沿被测表面的法向	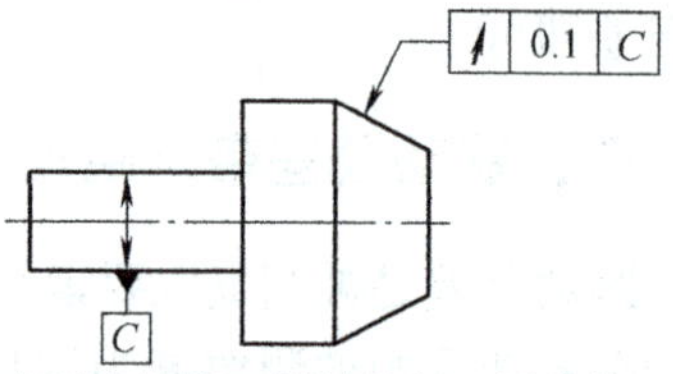 在与基准轴线 *C* 同轴的任一圆锥截面上，被测实际素线应限定在素线方向间距等于 0. 1mm 的两不等圆之间 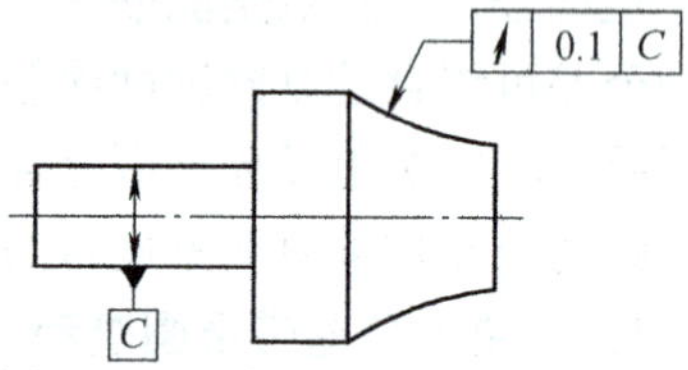 当标注公差的素线不是直线时，圆锥截面的圆锥角要随所测圆的实际位置而改变

（2）圆跳动误差的测量

1）径向圆跳动误差的测量。如图 3-77 所示，将被测工件支承在 V 形架上，并在轴向上定位，基准轴线由 V 形架模拟。

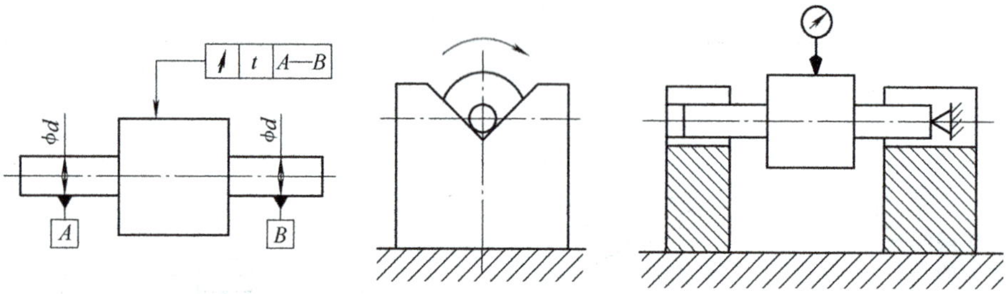

图 3-77　径向圆跳动误差的测量

在被测工件回转一周的过程中，指示表读数的最大差值即为单个截面上的径向圆跳动误差。按上述方法测量若干个截面，取各截面上测得的跳动量中的最大值作为该工件的径向圆跳动误差。

2）轴向圆跳动误差的测量。如图 3-78 所示，将被测工件固定在 V 形架上，并在轴向定位，基准轴线由 V 形架模拟。

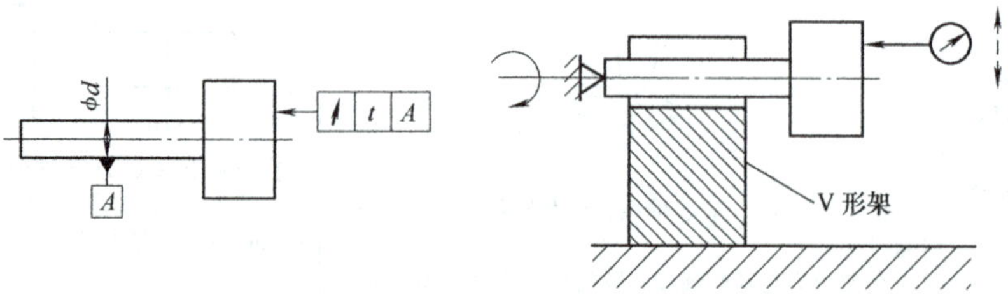

图 3-78　轴向圆跳动误差的测量

在被测工件回转一周的过程中，指示表读数的最大差值即为单个圆柱面上测得的轴向圆跳动误差。按上述方法测量若干个圆柱面，取各圆柱面上测得的跳动量中的最大值作为该工件的轴向圆跳动误差。

3）斜向圆跳动误差的测量。如图3-79所示，将被测工件固定在导向套筒内，并在轴向定位。

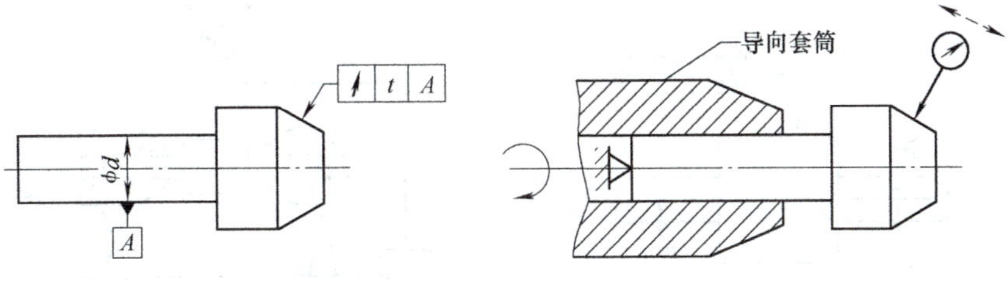

a)　　　　b)

图3-79　斜向圆跳动误差的测量

在被测工件回转一周的过程中，指示表读数的最大差值即为单个圆锥面上测得的斜向圆跳动误差。按上述方法测量若干个圆锥面，取各圆锥面上测得的跳动量中的最大值作为该工件的斜向圆跳动误差。

2. 全跳动公差带及全跳动误差的测量

（1）全跳动公差带　全跳动公差指被测提取要素在无轴向移动的条件下围绕基准轴线连续旋转时，指示表与被测要素做相对直线运动，指示表在给定的测量方向上对被测要素测得的最大值与最小值之差。全跳动公差按被测要素的几何特征和测量方向分为径向全跳动公差和轴向全跳动公差两种形式。全跳动公差的功用、公差带含义及标注示例见表3-22。

表3-22　全跳动公差

项目	功能	公差带含义	示　例
径向全跳动公差	用于限制整个被测要素相对于基准轴线的径向跳动误差	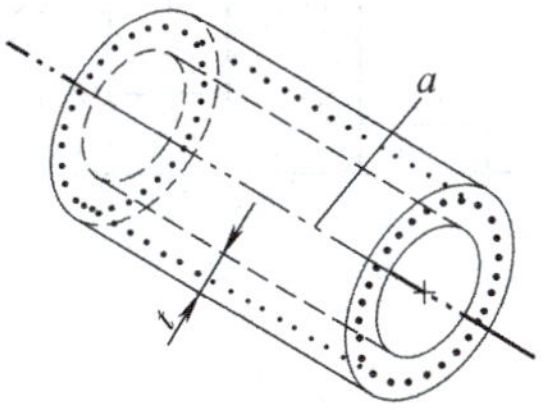 注：图中 *a* 为基准轴线 公差带为半径差等于公差值 *t* 且与基准轴线同轴的两圆柱面所限定的区域	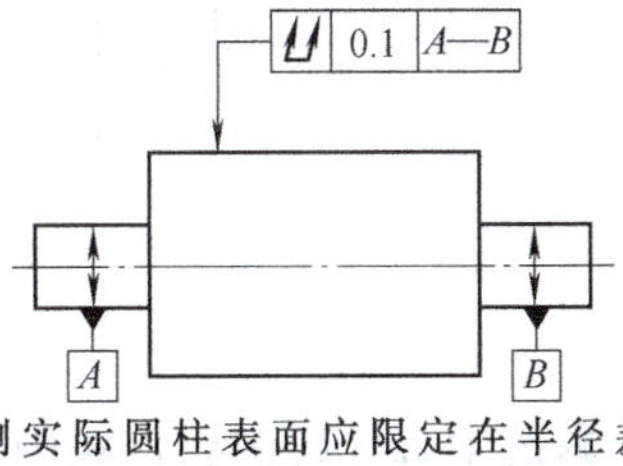 被测实际圆柱表面应限定在半径差等于0.1mm，与公共轴线 *A*—*B* 同轴的两圆柱面之间
轴向全跳动公差	用于限制整个被测要素相对于基准轴线的轴向跳动误差	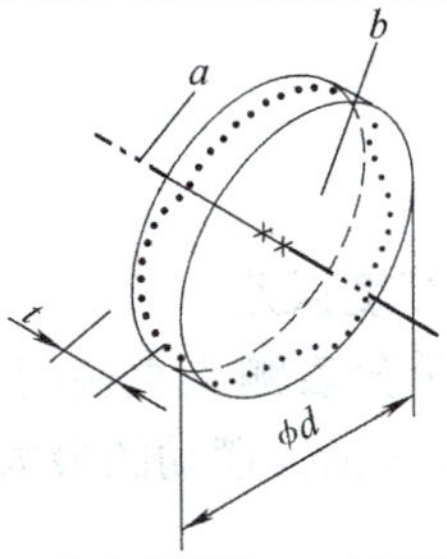 注：图中 *a* 为基准轴线，*b* 为被测实际表面 公差带为间距等于公差值 *t* 且垂直于基准轴线的两平行平面所限定的区域	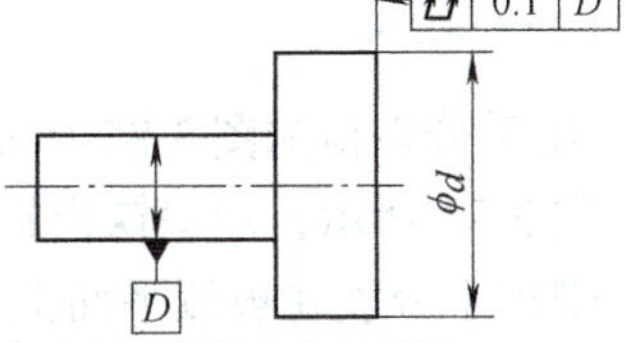 被测实际表面应限定在间距等于0.1mm、垂直于基准轴线 *D* 的两平行平面之间

（2）全跳动误差的测量

1）径向全跳动误差的测量。如图 3-80 所示，将被测工件固定在两导向套筒内，同时在轴向定位，调整两导向套筒，使其同轴并与平板平行。

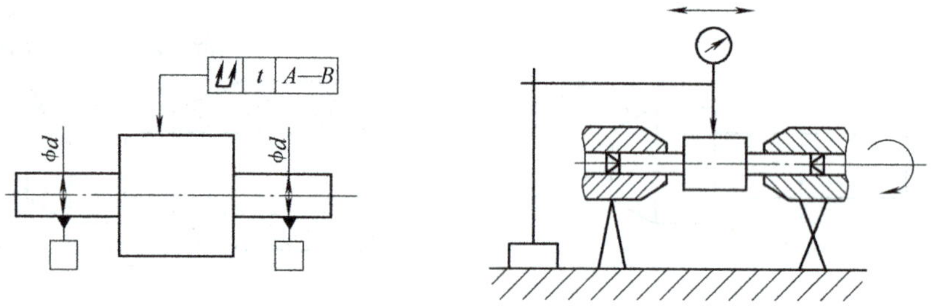

图 3-80　径向全跳动误差的测量

在被测工件连续回转过程中，让指示表沿基准轴线的方向做直线运动。在整个测量过程中，指示表读数的最大差值即为该工件的径向全跳动误差。

基准轴线也可以用一对 V 形架或一对顶尖来体现。

2）轴向全跳动误差的测量。如图 3-81 所示，将被测工件固定在导向套筒内，并在轴向定位，导向套筒的轴线应垂直于平板。

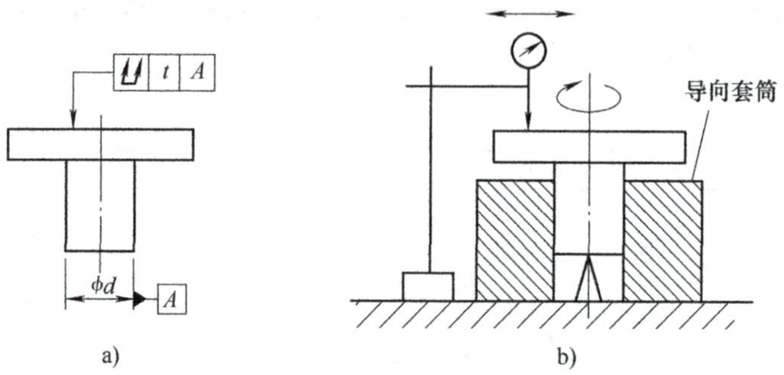

图 3-81　轴向全跳动误差的测量

在被测工件连线回转过程中，让指示表沿端面径向做直线运动。在整个测量过程中，指示表读数的最大差值即为该工件的轴向全跳动误差。

基准轴线也可以用 V 形架来体现。

任务实施

1. 用千分表检测图 3-82 所示平面导轨的平行度误差

如图 3-82 所示，用垫铁模拟测量基准，使千分表测头直接与被测导轨平面接触，移动垫铁并带动千分表在被测平面上进行测量，千分表指针摆动的最大差值就是该导轨的平行度误差。具体的测量步骤如下。

1）将导轨及垫铁清理干净，把千分表安装在磁力表架上。

2）调整千分表，使测杆与被测面垂直。

3）将千分表调零，缓慢匀速地移动垫铁，在导轨的全长上进行测量，并记录千分表读数的最大值和最小值。由于导轨的平面较窄，可以在三条线上进行测量，测量线的分布情况如图 3-83 所示。测量数据及其处理见表 3-23。

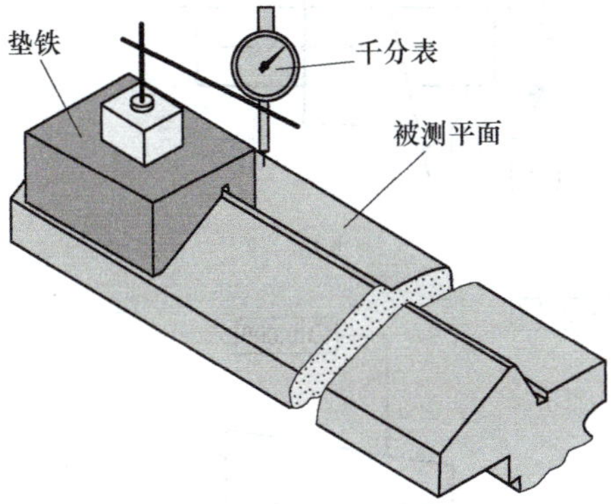

图 3-82　卧式车床导轨平行度误差测量

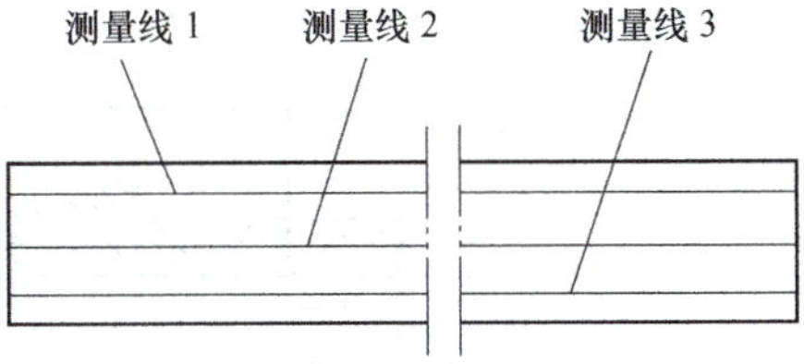

图 3-83　卧式车床导轨测量线分布示意图

表 3-23　测量数据　（单位：mm）

测量线序号	千分表最小示值	千分表最大示值	该测量线的平行度误差	平面导轨的平行度误差
1	0	+0.010	0.010	0.015
2	-0.003	+0.012	0.015	
3	-0.005	+0.008	0.013	

2. 判断被测导轨的平行度误差是否合格

图样中给定的平行度公差为 0.020mm，测得平面导轨相对 V 形导轨的平行度误差为 0.015mm <0.020mm，所以该导轨的平行度误差合格。

复习思考题

1. 什么是被测要素？什么是基准要素？
2. 几何公差是如何分类的？各用什么符号表示？
3. 几何公差代号和基准符号各由哪些部分组成？
4. 什么是几何公差带？它是由哪几部分组成的？
5. 几何公差带的形状一般由哪些因素确定？
6. 什么是形状公差？什么是位置公差？
7. 指出图 3-84 中各图注出的几何公差的被测提取要素和基准要素，并分析几何公差的公差带的四要素。
8. 什么是最小条件？它是如何定义的？
9. 根据图 3-85 中所标注的几何公差，填写表 3-24 中的各项内容。

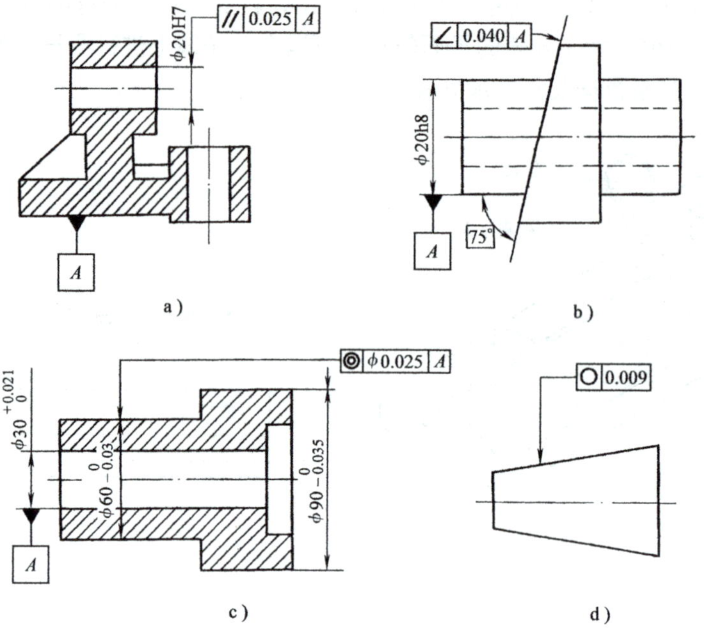

图 3-84 题 7 图

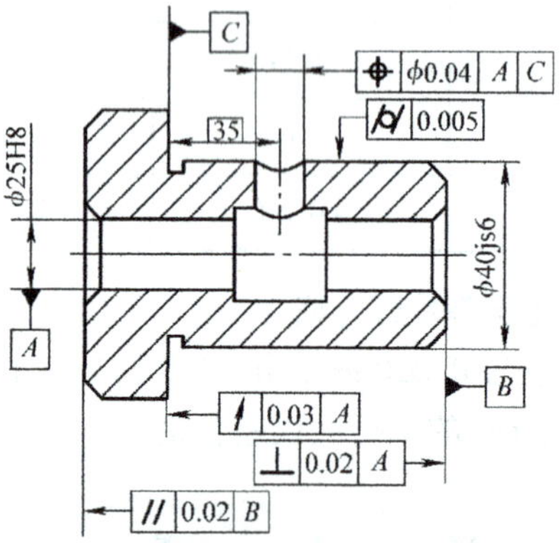

图 3-85 题 9 图

表 3-24 题 9 表

几何公差项目符号	几何公差项目名称	被测提取要素	基准要素	公差带形状和大小	公差带相对基准的方位关系
⌭					
//					
⊥					
↗					
⌖					

10. 将下列几何公差要求，用几何公差代号标注在图3-86所示的图样上。

1）键槽10mm两工作平面的对称中心平面必须位于距离为0.05mm，且相对ϕ40mm圆柱轴线对称配置的两平行平面之间。

2）在垂直于ϕ60mm圆柱轴线的任一正截面上，实际圆必须位于半径差为0.03mm的两同心圆之间。

3）ϕ60mm圆柱面绕ϕ40mm圆柱轴线做无轴向移动的连续回转，同时指示表做平行于ϕ40mm轴线的直线移动，在ϕ60mm圆柱整个表面上的跳动量不得大于0.06mm。

4）ϕ60mm圆柱的轴线必须位于直径为0.05mm、轴线与ϕ40mm圆柱轴线同轴的圆柱面内。如有同轴度误差，则只允许从右到左逐渐减小。

5）零件的左端面必须位于距离为公差值0.05mm，且垂直于ϕ60mm圆柱轴线的两平行平面之间。如有垂直度误差，则只允许中间不凸起。

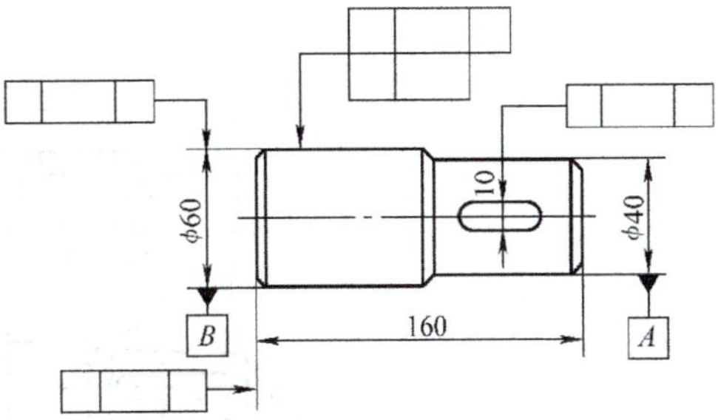

图3-86　题10图

11. 将下列几何公差要求，用几何公差代号标注在图3-87所示的图样上。

1）同轴度公差：被测提取要素为ϕ30H7孔的轴线，基准要素为ϕ16H6孔的轴线，公差值为ϕ0.04mm。

2）斜向圆跳动公差：被测提取要素为圆锥面，基准要素为ϕ16H6孔的轴线，公差值为0.04mm。

3）位置度公差：被测提取要素为4×ϕ11H9孔的轴线，基准要素为零件右端面和ϕ30H7孔的轴线，公差值为0.10mm。

4）轴向圆跳动公差：被测提取要素为零件的右端面，基准要素为ϕ30H7孔的轴线，公差值为0.05mm。

5）全跳动公差：被测提取要素为ϕ30g7外圆柱面，基准要素为ϕ30H7孔的轴线，公差值为0.05mm。

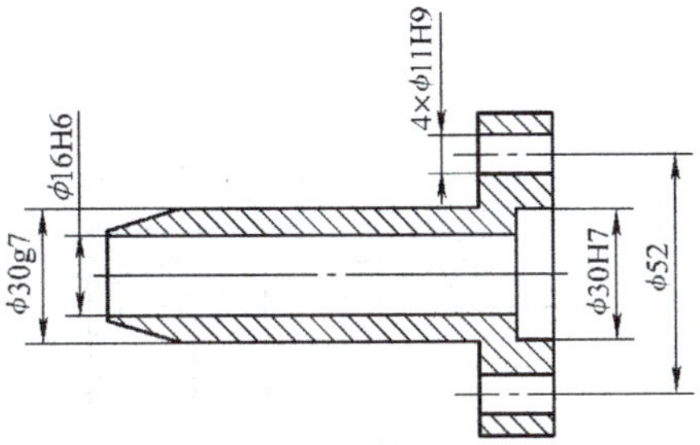

图3-87　题11图

12. 试说明图3-88、图3-89和图3-90中各几何公差代号的含义。

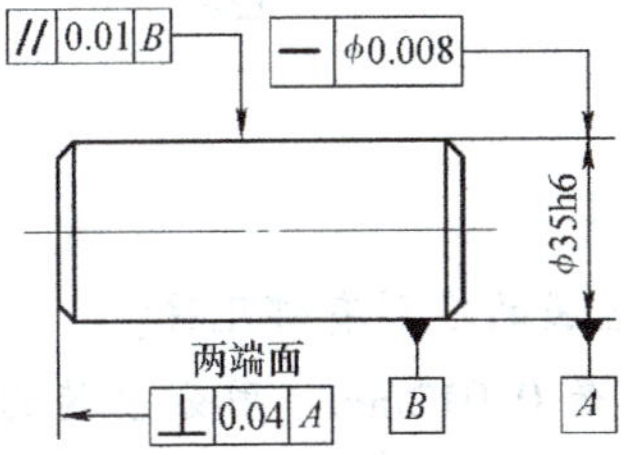

图3-88　题12图（一）

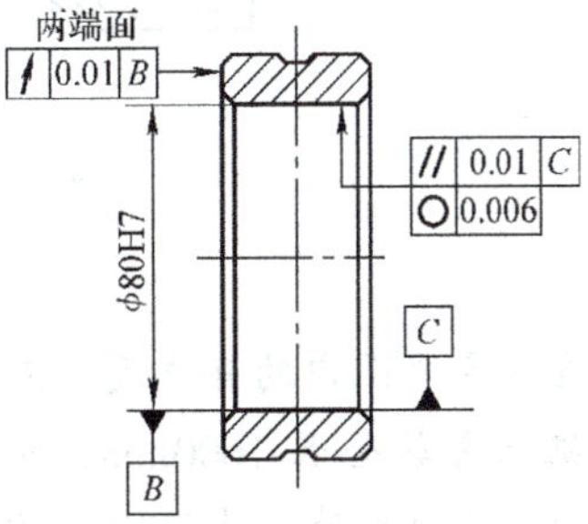

图3-89　题12图（二）

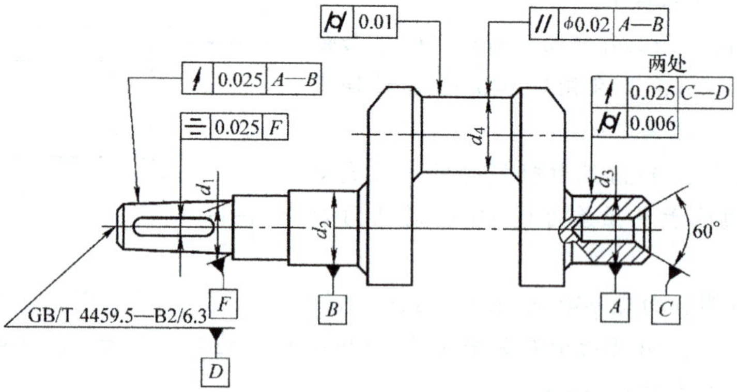

图 3-90　题 12 图（三）

13. 试分别指出图 3-91 中两个图样上的标注错误，并在下边的图样中做出正确标注（不得改变几何公差项目及被测提取要素）。

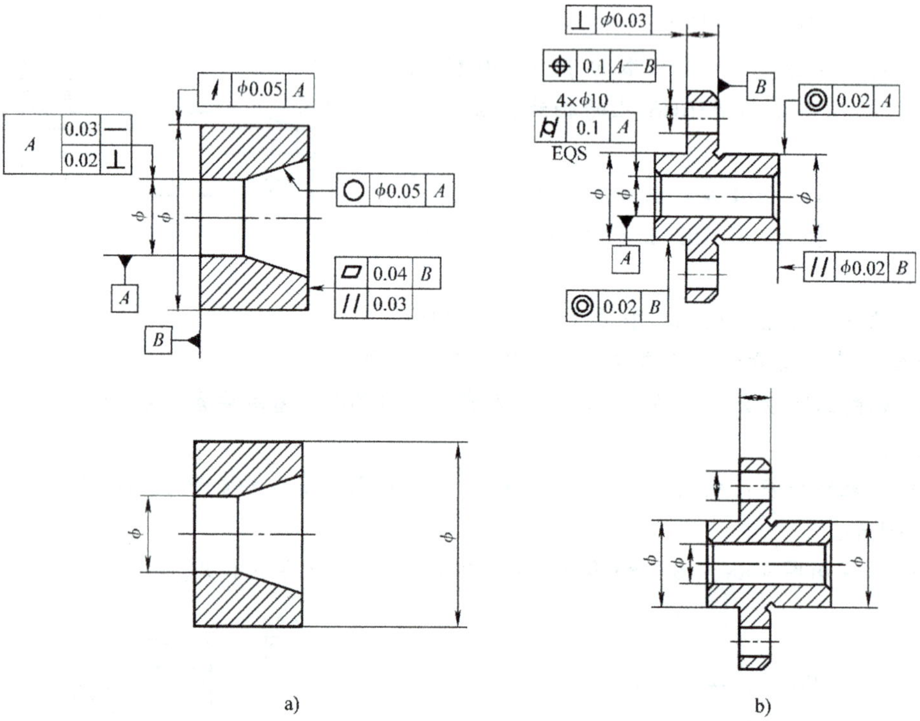

图 3-91　题 13 图

14. 在评定平面内的直线度误差时，确定最小包容区域的准则有哪几种？

15. 机床导轨全长 1600mm，全长上的直线度公差是 0.012mm。用分度值为 0.02mm/1000mm 的水平仪和节距为 200mm 的桥板分 8 段测量导轨在垂直平面内的直线度误差，测量结果见表 3-25。要求：

表 3-25 题 15 表

测点序号	0	1	2	3	4	5	6	7	8
水平仪读数/格	0	+1	+2	−0.5	+2	0	−1	0	+0.5

1）作出该导轨的直线度误差曲线图。

2）分别用最小包容区域法和两端点连线法确定该导轨在垂直平面内的直线度误差。

3）判断直线度误差是否合格。

16. 图 3-92 所示为对一被测平面进行布点测量后获得的数据（单位为 μm）。试用旋转法确定其平面度误差。

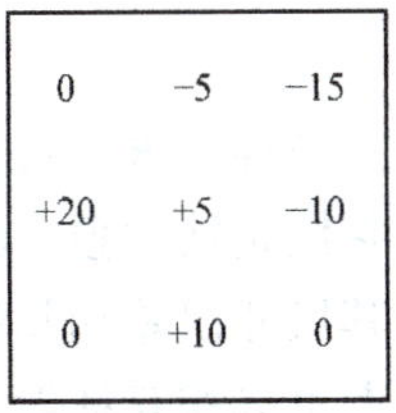

图 3-92 题 16 图

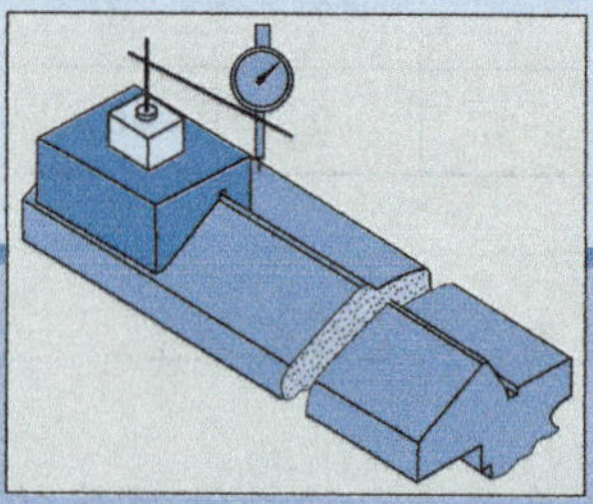

第四单元

公差原则及其应用

在设计零件时，根据使用功能和互换性要求，对零件上重要的几何要素，常常同时给出尺寸公差和几何公差。一般情况下，它们是彼此独立的，应该分别满足各自的要求。但由于零件上被测提取要素的实际形状综合其尺寸误差和几何误差，因而尺寸公差和几何公差之间又有一定的关系，在一定条件下，两者可以相互补偿。所以，必须研究尺寸公差和几何公差的关系。通常把确定几何公差与尺寸公差之间相互关系的原则称为公差原则。

公差原则涉及的标准主要包括：GB/T 4249—2009《产品几何技术规范（GPS） 公差原则》、GB/T 16671—2009《产品几何技术规范（GPS） 几何公差 最大实体要求、最小实体要求和可逆要求》。

课题一 基本概念

知识目标

- 理解公差原则的相关概念。
- 掌握最大实体状态及最大实体尺寸的概念。
- 能确定最大实体尺寸和最大实体实效尺寸。

情景导入

图 4-1 所示为两个轴套。从表面看，图 4-1a 和图 4-1b 给出的尺寸公差和垂直度公差都一样。仔细观察，两个图样标注有何不同？

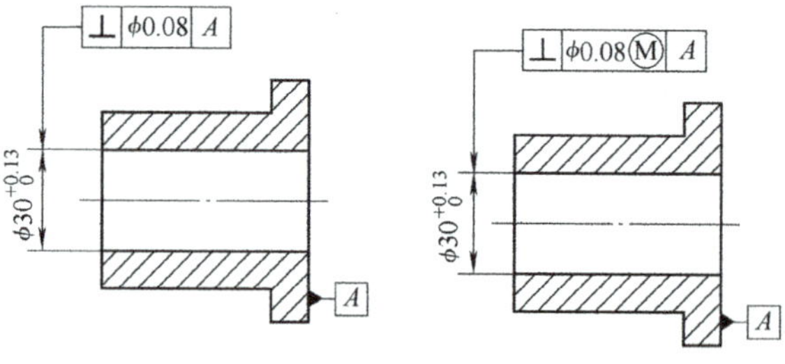

图 4-1 轴套

任务要求

确定图 4-1b 中 $\phi 30^{+0.13}_{0}$mm 的最大实体尺寸、最小实体尺寸、最大实体实效尺寸和最小实体实效尺寸。

知识准备

一、实体状态及其尺寸

1. 最大实体状态及其尺寸

（1）最大实体状态（MMC） 假定提取组成要素的局部尺寸处处位于极限尺寸且使其具有实体最大时的状态，即假定提取组成要素的局部尺寸在极限尺寸范围内具有材料量最多的状态。

（2）最大实体尺寸（MMS） 确定要素最大实体状态的尺寸称为最大实体尺寸。即内尺寸要素的下极限尺寸和外尺寸要素的上极限尺寸，分别用符号 D_M 和 d_M 表示，即

$$D_M = D_{min}$$

$$d_M = d_{max}$$

2. 最小实体状态及其尺寸

（1）最小实体状态（LMC） 假定提取组成要素的局部尺寸处处位于极限尺寸且使其具有实体最小时的状态，即假定提取组成要素的局部尺寸在极限尺寸范围内具有材料量最少的状态。

（2）最小实体尺寸（LMS） 确定要素最小实体状态的尺寸称为最小实体尺寸。即内尺寸要素的上极限尺寸和外尺寸要素的下极限尺寸，分别用符号 D_L 和 d_L 表示，即

$$D_L = D_{max}$$

$$d_L = d_{min}$$

二、实效状态及其尺寸

1. 最大实体实效状态及其尺寸

（1）最大实体实效尺寸（MMVS） 即尺寸要素的最大实体尺寸与其导出要素的几何公差（形状、方向或位置）共同作用产生的尺寸。内、外尺寸要素的最大实体实效尺寸分别用 D_{MV}、d_{MV} 表示。

对于内尺寸要素，MMVS = MMS − 几何公差，即

$$D_{MV} = D_M - t$$

对于外尺寸要素，MMVS = MMS + 几何公差，即

$$d_{MV} = d_M + t$$

（2）最大实体实效状态（MMVC） 拟合要素的尺寸为其最大实体实效尺寸（MMVS）时的状态。最大实体实效状态对应的极限包容面是最大实体实效边界（见本课题三）。当几何公差是方向公差时，最大实体状态和最大实体实效边界受其方向所约束；当几何公差是位置公差时，最大实体状态和最大实体实效边界受其位置所约束。

2. 最小实体实效状态及其尺寸

（1）最小实体实效尺寸（LMVS） 即尺寸要素的最小实体尺寸与其导出要素的几何公差（形状、方向或位置）共同作用产生的尺寸。内、外尺寸要素的最小实体实效尺寸分别用 D_{LV}、d_{LV} 表示。

对于内尺寸要素，LMVS = LMS ＋几何公差，即

$$D_{LV} = D_L + t$$

对于外尺寸要素，LMVS = LMS − 几何公差，即

$$d_{LV} = d_L - t$$

（2）最小实体实效状态（LMVC） 拟合要素的尺寸为其最小实体实效尺寸（LMVS）时的状态。最小实体实效状态对应的极限包容面是最小实体实效边界。当几何公差是方向公差时，最小实体状态和最小实体实效边界受其方向所约束；当几何公差是位置公差时，最小实体状态和最小实体实效边界受其位置所约束。

三、边界及其尺寸

边界是由设计者给定的具有理想形状的极限包容面。内尺寸要素（即孔）的理想边界是一个理想外尺寸要素（即轴），外尺寸要素（即轴）的理想边界是一个理想内尺寸要素（即孔）。

1. 边界

（1）最大实体边界（MMB） 最大实体状态的理想形状的极限包容面。

（2）最小实体边界（LMB） 最小实体状态的理想形状的极限包容面。

（3）最大实体实效边界（MMVB） 最大实体实效状态的理想形状的极限包容面。

（4）最小实体实效边界（LMVB） 最小实体实效状态的理想形状的极限包容面。

2. 边界尺寸

（1）最大实体边界尺寸

对于内尺寸要素 $MMB_D = D_M = D_{min}$

对于外尺寸要素 $MMB_d = d_M = d_{max}$

（2）最小实体边界尺寸

对于内尺寸要素 $LMB_D = D_L = D_{max}$

对于外尺寸要素 $LMB_d = d_L = d_{min}$

（3）最大实体实效边界尺寸

对于内尺寸要素 $MMVB_D = D_{MV} = D_M - t = D_{min} - t$

对于外尺寸要素 $MMVB_d = d_{MV} = d_M + t = d_{max} + t$

（4）最小实体实效边界尺寸

对于内尺寸要素 $LMVB_D = D_{LV} = D_L + t = D_{max} + t$

对于外尺寸要素 $LMVB_d = d_{LV} = d_L - t = d_{min} - t$

任务实施

确定图 4-1b 中孔 $\phi 30^{+0.13}_{0}$mm 各个尺寸：

最大实体尺寸 $D_M = D_{min} = \phi30\text{mm} + 0 = \phi30\text{mm}$。

最小实体尺寸 $D_L = D_{max} = \phi30mm + (+0.13)mm = \phi30.13mm$。
最大实体实效尺寸 $D_{MV} = D_M - t = \phi30mm - 0.08mm = \phi29.92mm$。
最小实体实效尺寸 $D_{LV} = D_L + t = \phi30.13mm + 0.08mm = \phi30.21mm$。

课题二　公差原则

国家标准规定，公差原则包括独立原则和相关要求，相关要求又包括包容要求、最大实体要求（及其可逆要求）和最小实体要求（及其可逆要求）。本课题仅讨论独立原则、相关要求中的包容要求和最大实体要求（及其可逆要求）。

知识目标

- 熟悉各种公差原则的标记。
- 能对包容要求进行正确解释。
- 能对最大实体要求进行正确解释。

情景导入

图 4-1a 和图 4-1b 中采用的是独立原则还是相关要求？这样标注的含义如何？

任务要求

1. 说明图 4-1b 中几何公差框格中公差值后面标注符号Ⓜ的含义。
2. 对图 4-1b 中的标注进行正确解释。

知识准备

一、独立原则

1. 独立原则的含义

图样上给定的每一个尺寸和几何要求均是独立的，应分别满足要求。它是尺寸公差和几何公差相互关系遵循的基本原则，因为对于绝大多数产品零件，其功能对要素的尺寸公差和几何公差的要求均是独立的。

2. 独立原则的特点

1）尺寸公差仅控制提取组成要素的局部尺寸，不控制其几何误差。

2）给出的几何公差为定值，不随要素的提取组成要素局部尺寸的变化而变化。

3）采用独立原则时，在图样上未加注任何符号表示尺寸公差和几何公差的相互关系。

图 4-2a 所示为独立原则的应用示例。图样上注出的尺寸要求为 $\phi150h7\ (^{\ 0}_{-0.04})$，它仅限制轴的提取组成要素的局部尺寸，即不管轴线怎样弯曲，各提取组成要素的局部尺寸 d_{a1}、d_{a2}、d_{a3} 只能在 $\phi149.96 \sim \phi150mm$；同样，无论轴的提取组成要素的局部尺寸如何变动，轴线的直线度误差不得超过 $\phi0.02mm$，如图 4-2b 所示。

3. 独立原则的应用

（1）对尺寸公差无严格要求，对几何公差有较高要求　例如，对于印刷机的滚筒，重

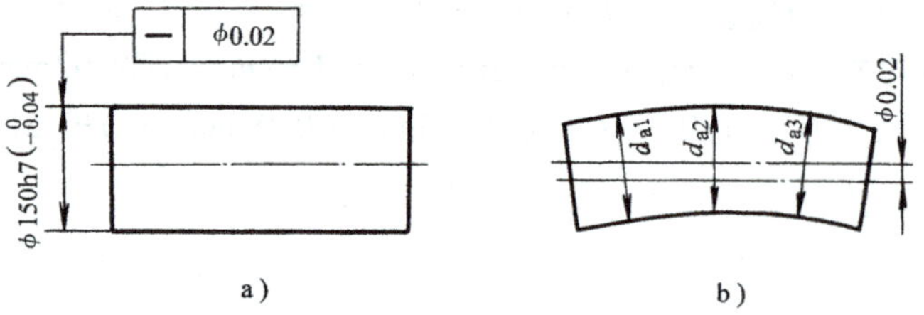

图 4-2 独立原则的应用示例

要的是控制其圆柱度误差，以保证印刷时与纸面接触均匀，使图文清晰，而滚筒的直径大小对印刷质量没有影响。故可按独立原则给出圆柱度公差，而尺寸公差按一般公差处理，这样可获得最佳的技术经济效益。

（2）保证运动精度要求　例如，当孔和轴配合后有轴向运动精度和回转精度要求时，除了要给出孔和轴的直径公差外，还需给出直线度公差以满足轴向运动精度要求，给出圆度（或圆柱度）公差以满足回转精度要求，并且不允许随着孔和轴的提取组成要素的局部尺寸变化而使直线度误差和圆度（或圆柱度）误差超过给定的公差值。这时要求尺寸公差和形状公差相互独立，彼此无关，可采用独立原则。

（3）用于非配合要求的要素　例如，各种长度尺寸、退刀槽、间距和圆角等。

二、相关要求

相关要求是图样上给定的尺寸公差和几何公差相互有关的要求。

1. 包容要求

（1）包容要求的含义　包容要求是尺寸要素的非拟合要素不得违反其最大实体边界（MMB）的一种尺寸要素要求，即提取组成要素不得超越其最大实体边界（MMB），其被测提取要素的局部尺寸不得超出最小实体尺寸（LMS）。即被测提取要素的局部尺寸不得超出上极限尺寸和下极限尺寸，以保证配合规定的最小间隙或最大过盈要求。当轴、孔的精度要求较高或配合要求严格时，采用包容要求是最佳选择。

（2）包容要求的标注　采用包容要求的尺寸要素应在其尺寸的极限偏差或公差带代号之后加注符号“Ⓔ”，如图 4-3a 所示。

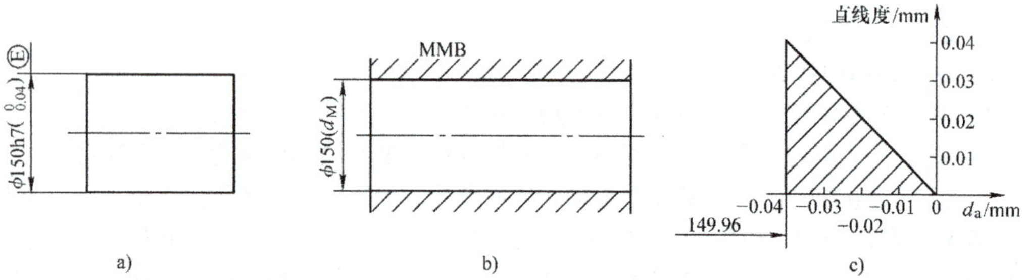

图 4-3 包容要求的标注与动态公差图

此标注说明，提取圆柱面应在其最大实体边界之内，其边界的尺寸为最大实体尺寸 ϕ150mm，其被测提取要素的局部尺寸不得小于 ϕ149.96mm，如图 4-4 所示。

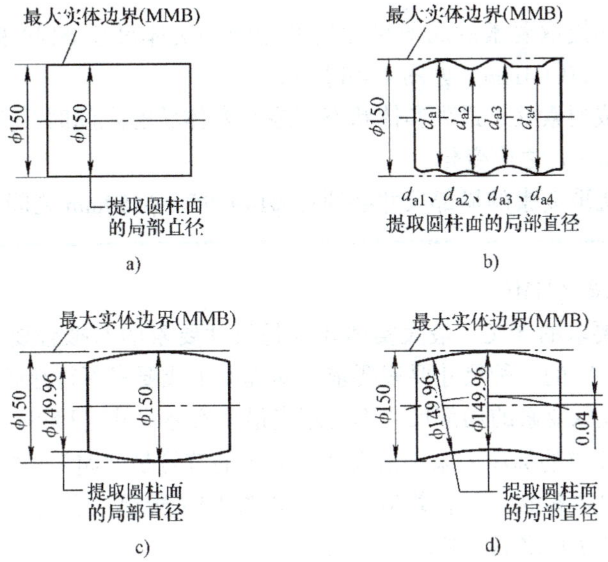

图 4-4　包容要求标注说明

（3）包容要求的解释　按包容要求在图样上给出的尺寸公差具有双重职能，即双重控制被测提取要素的尺寸变动量和几何误差大小的职能。

当被测提取要素处处皆为最大实体状态时，其几何公差数值为零，就是不允许有任何几何误差的产生，如图 4-4a 所示；当被测提取要素偏离了最大实体状态时（图 4-4b、c、d），其几何误差可获得补偿，补偿值的大小为被测提取要素偏离最大实体尺寸的量，相当于尺寸公差富裕的量；当被测提取要素处处皆为最小实体状态时，其几何误差可获得最大补偿值，如图 4-4d 所示，轴线直线度误差的最大补偿值等于给定的尺寸公差值 0.04mm。

形状公差 t_1 与尺寸公差 T 的关系可以用动态公差图表示，如图 4-3c 所示。

（4）包容要求的应用　主要用于保证配合性质，特别是配合公差较小的精密配合。例如，滚动轴承内圈与轴颈、滑动套筒与孔、滑块与滑块槽的配合等。

（5）包容要求的检测　生产中采用光滑极限量规检测。检测时，如果通规通过，止规停止，则说明此零件合格，否则为不合格。

练一练

对图 4-3 做出解释。

解　析

此轴按包容要求给出了尺寸公差。提取圆柱面应满足以下要求：

1）轴的提取圆柱面必须在最大实体边界之内，该理想边界为直径等于 $d_M = d_{max} = \phi150$mm 的理想圆柱面（孔），如图 4-3b 所示。

2）当轴的被测提取要素的局部尺寸处处为最大实体尺寸 $\phi150$mm 时，该轴轴线的直线度误差为零，即该轴必须具有理想形状，如图 4-3b 所示。

3）当轴的被测提取要素的局部尺寸处处为最小实体尺寸 ϕ149.96mm 时，允许该轴轴线的直线度误差为 0.04mm，如图 4-4d 所示。

4）当提取组成要素处于最大实体状态与最小实体状态之间时，其几何公差在给定的尺寸公差 T（0.04mm）之内变化。

5）轴的被测提取要素的局部尺寸必须在 ϕ149.96～ϕ150mm 之间。

2. 最大实体要求（MMR）

（1）最大实体要求的含义　最大实体要求是尺寸要素的非拟合要素不得超越其最大实体实效边界（MMVB）的一种尺寸要素要求，即提取组成要素不得超越其最大实体实效边界（MMVB），其被测提取要素的局部尺寸不得超出最小实体尺寸（LMS）。

（2）最大实体要求的标注　采用最大实体要求的符号是“Ⓜ”，当它用于注有公差的要素时，应标注在导出要素的几何公差值之后，如图 4-5a 所示；当它用于基准要素时，应标注在公差框格内基准字母之后，如图 4-6a 所示。

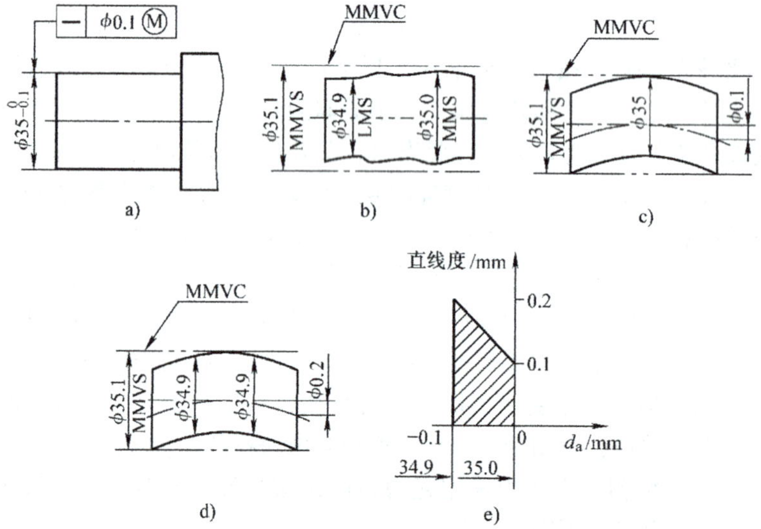

图 4-5　最大实体要求应用于注有公差的标注（单一要素）

（3）最大实体要求的解释　提取组成要素不得违反其最大实体实效边界（MMVB），被测提取要素的局部尺寸同时受最大实体尺寸和最小实体尺寸所限。几何公差值 t_1 是被测要素在最大实体状态下给定的；当被测提取要素为最小实体状态时，几何公差可达到最大值，即

$$t_2 = T_h(T_s) + t_1$$

当被测提取要素处于最大实体状态与最小实体状态之间时，其几何公差在 t_1 和 t_2 之间变化。

几何公差 t 与尺寸公差 T 的关系可以用动态公差图表示，如图 4-5e 所示。

（4）最大实体要求的应用　最大实体要求主要保证装配的互换性。采用最大实体要求，遵守最大实体实效边界，在一定条件下扩大了几何公差，极大地满足了其可装配性，提高了零件合格率，减少了浪费，降低了成本。例如，盖板、箱体及法兰盘孔系的位置度通常采用最大实体要求。

1）最大实体要求应用于注有公差的要素，如图 4-5a 所示。

① 注有公差要素的提取组成要素不得违反其最大实体实效状态（MMVC）或最大实体实效边界（MMVB）。此时应注意，当几何公差为形状公差时，标注 0 Ⓜ或 ϕ0 Ⓜ（零形状公差）与Ⓔ含义相同。

② 被测提取要素的局部尺寸不得超出最大实体尺寸和最小实体尺寸，即上极限尺寸和下极限尺寸。

练一练

对图 4-5 做出解释。

解析

此轴遵守最大实体要求。轴的尺寸公差 T_s = 0.1mm，轴的直线度公差（t = ϕ0.1mm）是在该轴为最大实体状态下（MMC）时给定的。

提取圆柱面应满足以下要求。

① 轴的提取组成要素必须在最大实体实效边界之内，该理想边界为直径 MMVS = d_M + t = ϕ35mm + ϕ0.1mm = ϕ35.1mm 的理想圆柱面，如图 4-5b 所示。

② 当轴的被测提取要素的局部尺寸处处为最大实体尺寸 ϕ35mm 时，该轴轴线的直线度公差为 ϕ0.1mm，如图 4-5c 所示。

③ 当轴的被测提取要素的局部尺寸处处为最小实体尺寸 ϕ34.9mm 时，其轴线的直线度误差允许达到最大值，即图中给定的直线度公差 ϕ0.1mm 与尺寸公差 0.1mm 之和 ϕ0.2mm，如图 4-5d 所示。

④ 当被测提取要素处于最大实体状态与最小实体状态之间时，其轴线的直线度公差在 ϕ0.1 ~ ϕ0.2mm 之间变化。

⑤ 轴的被测提取要素的局部尺寸必须在 ϕ34.9 ~ ϕ35mm 之间。

2）最大实体要求应用于基准要素。

① 基准要素的提取组成要素不得违反基准要素的最大实体实效状态（MMVC）或最大实体实效边界（MMVB）。

② 当基准要素的导出要素没有标注几何公差要求，或虽注有几何公差但没有符号Ⓜ时，基准要素的最大实体实效尺寸（MMVS）为最大实体尺寸（MMS）。

练一练

对图 4-6 做出解释。

解析

此轴遵守最大实体要求。被测要素的尺寸公差 T_s = 0.1mm，基准要素的尺寸公差 T_s = 0.1mm。被测要素的轴线相对于基准要素轴线的同轴度公差（t = ϕ0.1mm）是在该被测要素和基准要素均为最大实体状态（MMC）时给定的（图 4-6c）。

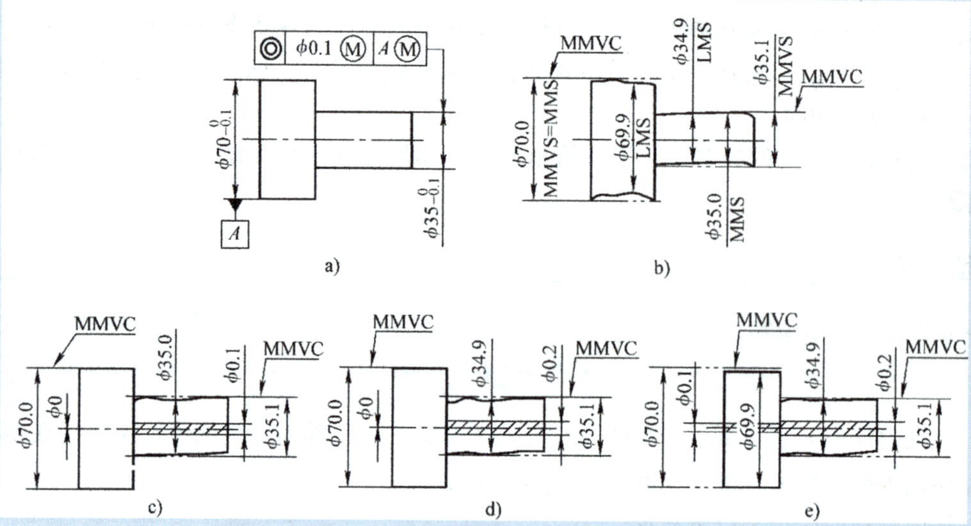

图 4-6 最大实体要求应用于基准要素的标注（一）

提取圆柱面应满足以下要求。

① 被测要素的提取组成要素必须在最大实体实效边界之内，该理想边界为直径 MMVS = ϕ35. 1mm 的理想圆柱面，提取要素各处的局部尺寸必须在 ϕ34. 9 ~ ϕ35mm 之间，如图 4-6b 所示。

基准要素的提取组成要素必须在最大实体实效边界之内，该理想边界为直径 MMVS = MMS = ϕ70mm 的理想圆柱面，基准要素的提取要素各处的局部尺寸必须在 ϕ69. 9 ~ ϕ70mm 之间，如图 4-6b 所示。

② 当轴的被测提取要素的局部尺寸处处为最小实体尺寸 ϕ34. 9mm，且基准要素仍为最大实体状态（MMC）时，被测要素轴线的同轴度误差允许达到的最大值为 ϕ0. 2mm，即图中给定的同轴度公差 ϕ0. 1mm 与尺寸公差 0. 1mm 之和，如图 4-6d 所示。

当被测提取要素处于最大实体状态（MMC）与最小实体状态（LMC）之间，且基准要素仍为最大实体状态（MMC）时，其轴线的同轴度公差在 ϕ0. 1 ~ ϕ0. 2mm 之间变化。

③ 当基准要素偏离其最大实体状态（MMC）时，其轴线相对于其理论正确位置可有一些浮动（偏移、倾斜或弯曲）。

当基准要素为最小实体状态（LMC）时，其轴线相对于其理论正确位置的浮动量的最大值为 ϕ0. 1mm（图 4-6e）。如果在此情况下，被测要素也为最小实体状态（LMC），那么其轴线与基准要素轴线的同轴度误差可能会达到 ϕ0. 3mm（同轴度公差 ϕ0. 1mm、被测要素的尺寸公差 0. 1mm 与基准要素的尺寸公差 0. 1mm 之和）。

当最大实体要求应用于基准要素，而基准要素的导出要素注有形状公差，且其后有符号Ⓜ（图 4-7a）时，基准要素的最大实体实效尺寸（MMVS）为最大实体尺寸（MMS）加上或减去该形状公差值。对内尺寸要素为减，外尺寸要素为加。

练一练

对图 4-7 做出解释。

解　析

此轴遵守最大实体要求。被测要素的尺寸公差 T_s =0.1mm，基准要素的尺寸公差 T_s =0.1mm。被测要素的轴线相对于基准要素轴线的同轴度公差（t = ϕ0.1mm）是在被测要素和基准要素均为最大实体状态（MMC）时给定的，基准要素的轴线为其理论正确位置，如图 4-7c 所示。

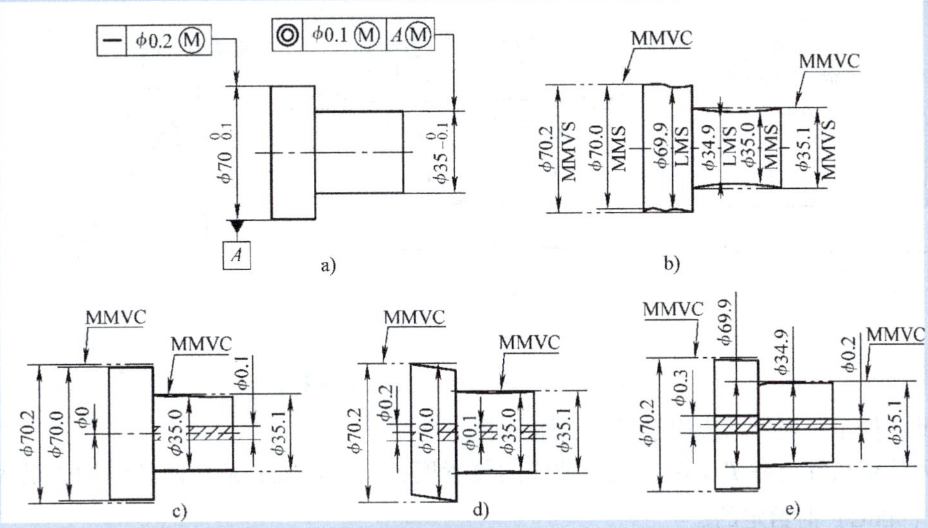

图 4-7　最大实体要求应用于基准要素的标注（二）

提取圆柱面应满足以下要求。

① 被测要素的提取组成要素必须在最大实体实效边界之内，该理想边界为直径 MMVS = ϕ35.1mm 的理想圆柱面，提取要素各处的局部尺寸必须在 ϕ34.9 ~ ϕ35mm 之间，如图 4-7b 所示。

基准要素的提取组成要素必须在最大实体实效边界之内，该理想边界为直径 MMVS = ϕ70mm +0.2mm = ϕ70.2mm 的理想圆柱面，基准要素的提取要素各处的局部尺寸必须在 ϕ69.9 ~ ϕ70mm 之间，如图 4-7b 所示。

② 若被测要素为最大实体状态（MMC），基准要素也处于最大实体状态（MMC），但由于基准要素的最大实体实效状态（MMVC）大于最大实体状态（MMC），因此其轴线相对于理论正确位置可以有一些浮动，最大浮动量为 ϕ0.2mm，即基准要素的直线度公差为 ϕ0.2mm，如图 4-7d 所示。

③ 若被测要素和基准要素都处于最小实体状态（LMC），则基准轴线相对于理论正确位置的最大浮动量为 ϕ0.3mm（基准要素的尺寸公差 0.1mm 与基准要素的直线度公差 ϕ0.2mm 之和），如图 4-7e 所示。

3）可逆要求（RPR）应用于最大实体要求。可逆要求是最大实体要求和最小实体要求的附加要求，表示尺寸公差在实际几何误差小于几何公差时可以获得补偿，将其增大。

可逆要求应用于最大实体要求时，在图样上用符号Ⓡ标注在Ⓜ之后，如图 4-8a 所示。

被测要素的提取组成要素不得违反其最大实体实效状态（MMVC）或最大实体实效边界（MMVB）。当被测要素的几何误差小于给定的几何公差时，允许其尺寸公差值超出给定的尺寸公差值，即其提取要素各处的局部尺寸均可大于最大实体尺寸；如果几何误差为零，则允许局部尺寸增大至最大实体实效尺寸（MMVS）。

练一练

对图 4-8 做出解释。

解析

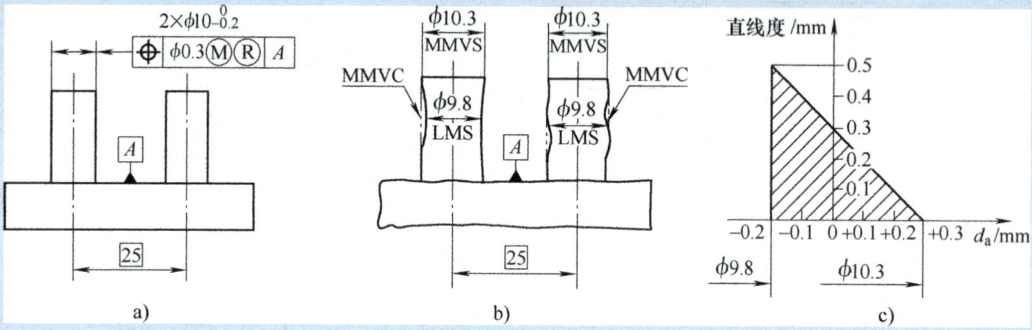

图 4-8　可逆要求应用于最大实体要求

此零件是可逆要求应用于最大实体要求。

两柱销尺寸公差 $T_s = 0.2$mm，轴线的位置度公差 $\phi 0.3$mm 是在两柱销均为最大实体状态（MMC）时给定的。

提取圆柱面应满足以下要求。

① 两柱销的提取组成要素必须在最大实体实效边界之内，该理想边界为直径 MMVS = $\phi 10.3$mm 的理想圆柱面，提取要素各处的局部尺寸应大于或等于 $\phi 9.8$mm，如图 4-8b 所示。可逆要求允许其局部尺寸从 MMS $\phi 10$mm 增加至 MMVS$\phi 10.3$mm。

② 当两柱销均为最小实体状态（LMC）时，其轴线的位置度误差允许达到的最大值为 0.5mm（轴线的位置度公差 $\phi 0.3$mm 与柱销的尺寸公差 0.2mm 之和）。

③ 若两柱销各自处于最大实体状态（MMC）与最小实体状态（LMC）之间，则其轴线的位置度公差在 $\phi 0.3 \sim \phi 0.5$mm 之间变化，如图 4-8c 所示。

④ 当两柱销轴线的位置度误差小于给定的公差值 $\phi 0.3$mm 时，两柱销的尺寸公差允许大于 0.2mm，即其被测提取要素各处的局部尺寸均可大于它们的最大实体尺寸（MMS）$\phi 10$mm。

⑤ 若两柱销轴线的位置度误差为零，则两柱销的尺寸允许增大至 $\phi 10.3$mm（最大实体尺寸 $\phi 10$mm 与位置度公差 $\phi 0.3$mm 之和），如图 4-8b 所示。

⑥ 两柱销的最大实体实效状态的位置应处于其轴线彼此相距为理论正确尺寸 25mm，且与基准 *A* 垂直。

（5）最大实体要求的检测　生产中先用通用量具按两点法测量提取要素的局部尺寸，以判定其是否超越上极限尺寸和下极限尺寸；再采用位置量规（只有通规）检验，通规按最大实体实效尺寸制造，如果通规通过，则此零件合格。

3. 最小实体要求（LMR）

最小实体要求用符号“Ⓛ”表示，其含义与最大实体要求正好相反。这里不做介绍。

任务实施

1. 说明图 4-1b 中几何公差框格中的公差值后面标注符号Ⓜ的含义

符号“Ⓜ”是尺寸公差与几何公差遵守最大实体要求，且应用于注有公差的要素。含义是注有公差要素的提取组成要素不得违反其最大实体实效状态（MMVC）或最大实体实效边界（MMVB），被测提取要素的局部尺寸不得超出最大实体尺寸和最小实体尺寸，即上极限尺寸和下极限尺寸。

2. 对图 4-1b 中的标注进行正确解释

此轴套遵守最大实体要求。内孔的尺寸公差 T_h =0.13mm，垂直度公差（t = ϕ0.08mm）是在该内孔为最大实体状态（MMC）时给定的。

提取轴套内孔应满足以下要求。

① 内孔的提取组成要素必须在最大实体实效边界之内，该理想边界为直径 = MMS − t = ϕ30mm − ϕ0.08mm = ϕ29.92mm 的理想圆柱面，如图 4-9b 所示。

② 当内孔的被测提取要素的局部尺寸处处为最大实体尺寸 ϕ30mm 时，该内孔轴线的垂直度公差为 ϕ0.08mm，如图 4-9b 所示。

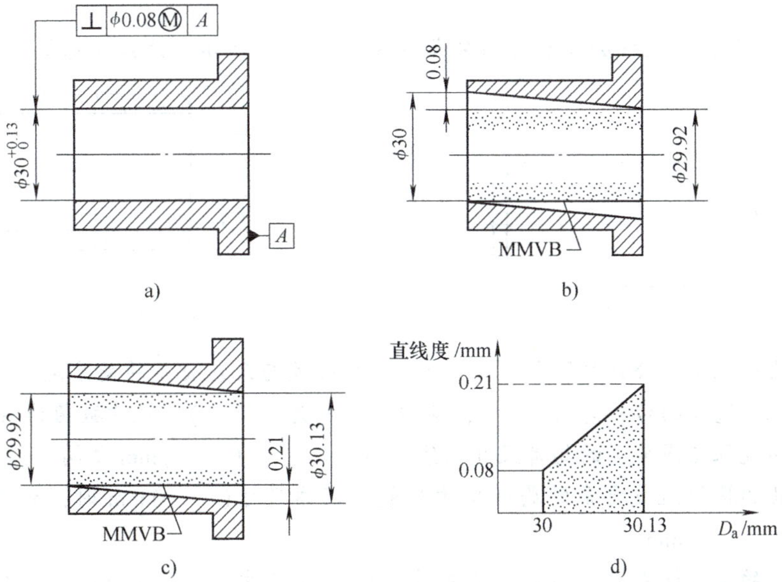

图 4-9　最大实体要求应用于注有公差的要素（关联要素）

③ 当内孔的被测提取要素的局部尺寸处处为最小实体尺寸 ϕ30.13mm 时，其轴线的直线度误差允许达到最大值，即图中给定的垂直度公差 ϕ0.08mm 与尺寸公差 0.13mm 之和 ϕ0.21mm，如图 4-9c 所示。

④ 当被测提取要素处于最大实体状态与最小实体状态之间时，其轴线的垂直度公差在 ϕ0.08 ~ ϕ0.21mm 之间变化。

⑤ 被测提取要素内孔的局部尺寸必须在 ϕ30 ~ ϕ30.13mm 之间。

复习思考题

1. 什么是公差原则？
2. 什么是最大实体状态？什么是最小实体状态？
3. 什么是最大实体尺寸？什么是最小实体尺寸？它们与上极限尺寸和下极限尺寸有何关系？
4. 最大实体实效尺寸和最小实体实效尺寸如何确定？
5. 公差原则有哪两种？
6. 什么是独立原则？它应用于什么场合？
7. 相关要求有哪几种？它们在图样中怎样标注？
8. 什么是包容要求？为什么包容要求多用于配合性质要求较严的场合？
9. 什么是最大实体要求？采用最大实体要求的好处是什么？
10. 现有一轴，其尺寸公差和几何公差标注如图 4-10 所示。试按题意要求填空。

(1) 此轴所采用的公差原则是（　　），尺寸公差与几何公差的关系是（　　）。

(2) 轴的最大实体尺寸为（　　）mm，轴的最小实体尺寸为（　　）mm。

(3) 当轴的提取组成要素的局部尺寸为 φ15mm 时，轴线的直线度误差允许值为(　　)mm。

(4) 当轴的提取组成要素的局部尺寸为 φ14.982mm 时，轴线的直线度误差允许值为（　　）mm。

11. 现有一孔，其尺寸公差和几何公差标注如图 4-11 所示。试按题意要求填空。

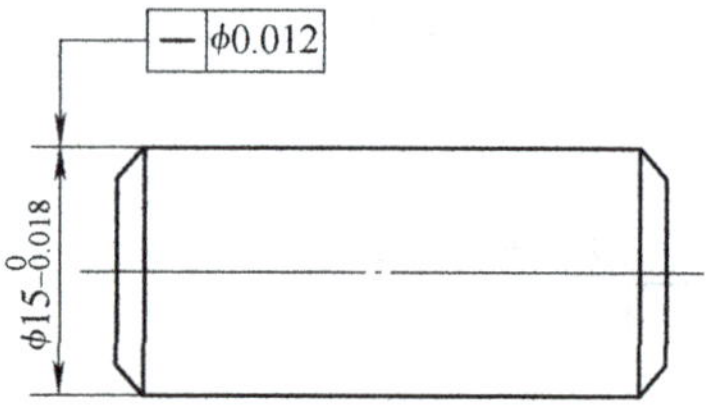

图 4-10　题 10 图

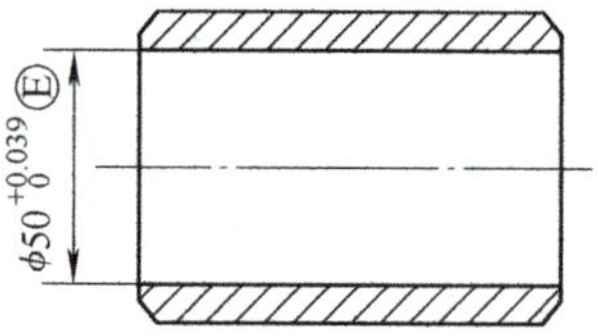

图 4-11　题 11 图

(1) 此孔所采用的公差原则是（　　），尺寸公差与几何公差的关系是（　　）。

(2) 此孔应遵守的边界为（　　），其边界尺寸为（　　），尺寸数值为（　　）mm。

(3) 孔的提取组成要素的局部尺寸必须在（　　）~(　　)mm 之间。

(4) 当孔的提取组成要素的局部尺寸为最大实体尺寸(　　)mm 时，允许的轴线直线度误差值为（　　）mm。

(5) 当孔的提取组成要素的局部尺寸为最小实体尺寸（　　）mm 时，允许的轴线直线度误差值为（　　）mm。

12. 现有一轴套，其孔的尺寸公差和几何公差标注如图 4-12 所示。试按题意要求填空。

(1) 此孔所采用的公差原则是（　　），所遵守的边界是（　　），其边界尺寸为（　　），尺寸数值为（　　）mm。

(2) 孔的提取组成要素的局部尺寸必须在（　　）~（　　）mm 之间。

(3) 当孔的提取组成要素的局部尺寸为最大实体尺寸（　　）mm 时，允许的轴线直线度误差值为（　　）mm。

（4）孔轴线的直线度误差允许值为最大时，其数值是（　　）mm，此时孔的提取组成要素的局部尺寸应为（　　）mm。

13. 某零件尺寸公差和几何公差标注如图 4-13 所示。试按题意要求填空。

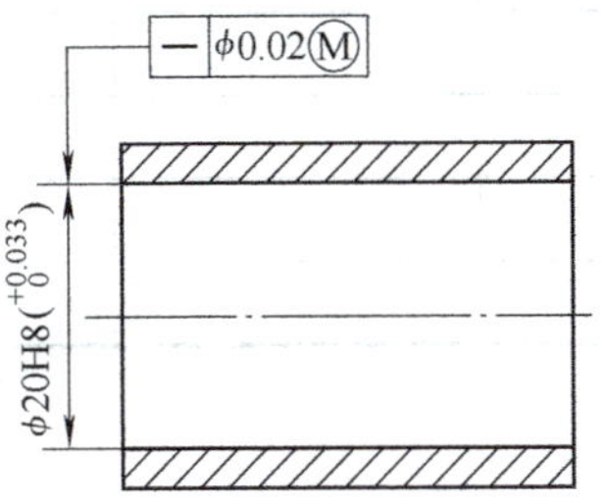

图 4-12　题 12 图

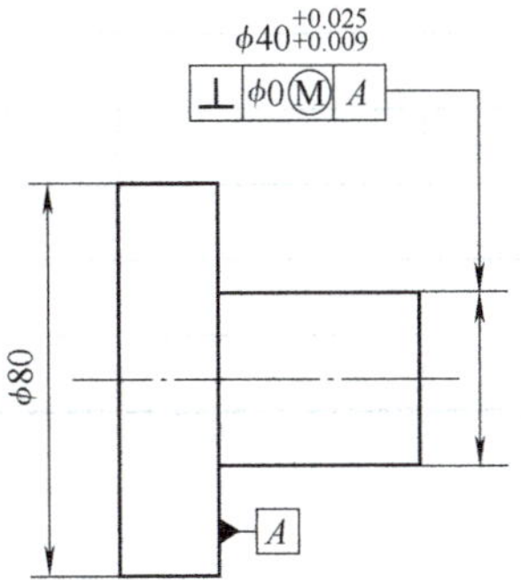

图 4-13　题 13 图

（1）此零件中 φ40mm 轴所采用的公差原则是（　　），所遵守的边界为（　　），其边界尺寸为（　　），尺寸数值为（　　）mm。

（2）φ40mm 轴的提取组成要素的局部尺寸必须在（　　）~（　　）mm 之间。

（3）φ40mm 轴的提取组成要素的局部尺寸为最大实体尺寸（　　）mm 时，其轴线对 *A* 基准面的垂直度误差允许值为（　　）mm。

（4）φ40mm 轴的提取组成要素的局部尺寸为最小实体尺寸（　　）mm 时，其轴线对 *A* 基准面的垂直度误差允许值为（　　）mm。

14. 对图 4-14 中 6 个图样上标注的几何公差做出解释，并填入表 4-1 中。

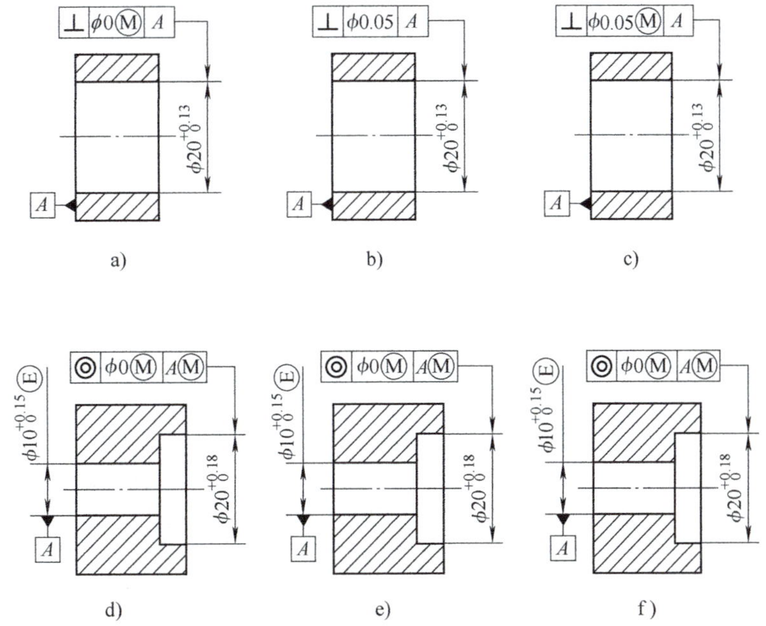

图 4-14　题 14 图

表 4-1　题 14 表

图样序号	采用的公差原则	理想边界名称及边界尺寸	最大实体状态下的几何公差值	允许的最大几何误差值	基准能否浮动及最大浮动量
a					
b					
c					
d					
e					
f					

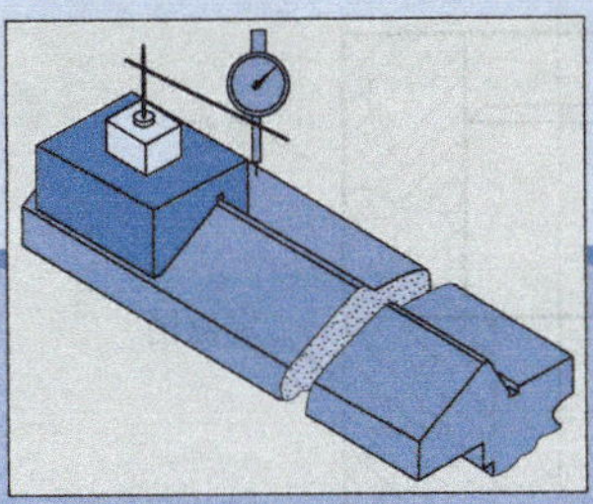

第五单元

表面粗糙度

在切削加工过程中，由于刀痕、切屑分离时的塑性变形、刀具和已加工表面间的摩擦及工艺系统的高频振动等原因，在零件已加工表面上总会出现由较小间距和微小峰谷组成的微观几何形状特征，此特征称为表面粗糙度。

表面粗糙度的标准主要包括 GB/T 3505—2009《产品几何技术规范（GPS） 表面结构 轮廓法 术语、定义及表面结构参数》、GB/T 7220—2005《产品几何技术规范（GPS） 表面结构 轮廓法 表面粗糙度 术语 参数测量》、GB/T 1031—2009《产品几何技术规范（GPS） 表面结构 轮廓法 表面粗糙度参数及其数值》、GB/T 10610—2009《产品几何技术规范（GPS） 表面结构 轮廓法 评定表面结构的规则和方法》、GB/T 131—2006《产品几何技术规范（GPS） 技术产品文件中表面结构的表示法》。

课题一 表面粗糙度的评定

知识目标

- 掌握表面粗糙度的概念。
- 知道表面粗糙度对零件使用性能的影响。
- 了解三种表面轮廓反映的各种几何形状误差。
- 知道取样长度和评定长度的概念。
- 了解轮廓算术平均偏差和轮廓最大高度的概念。

情景导入

图 5-1 所示为定位销的零件图和装配图。因 $\phi 18_{-0.018}^{\ 0}$ mm 圆柱面和 $\phi 12_{-0.011}^{\ 0}$ mm 圆柱面需与模板及座体形成配合，图中除了对两圆柱面提出了尺寸公差和同轴度公差以外，还要求两圆柱面的表面质量比其他表面好。如何才能在图样中表达出对零件表面微观质量的要求呢？

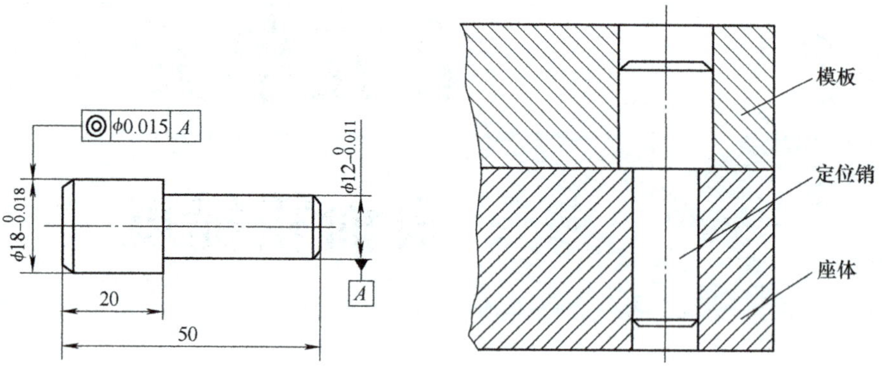

a) b)

图 5-1 定位销的零件图及装配图

a）零件图 b）装配图

任务要求

图 5-1 所示的定位销，对其提出的表面质量要求一般是用表面结构代号表示的，如图 5-2所示。

1. 读懂图 5-2 中各表面结构代号是对哪些表面提出的。
2. 表面结构代号中的数值属于哪个参数？

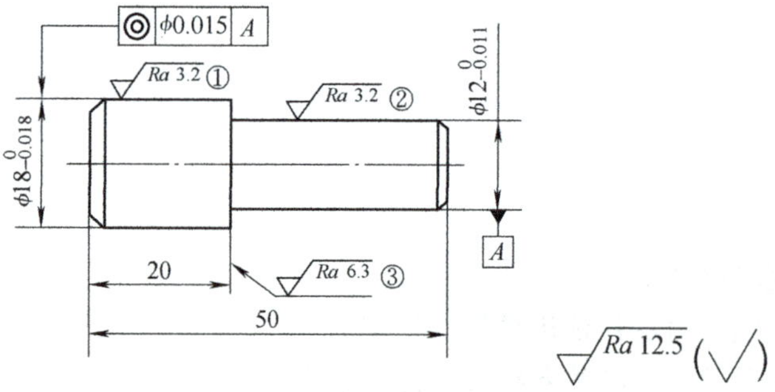

图 5-2 定位销

知识准备

一、表面轮廓的概念

无论是用机械加工还是其他方法获得的零件表面，都不可能是理想的，总存在着几何形状误差，零件的这种表面结构特性，可按照轮廓法用表面轮廓来反映。

表面轮廓是理想平面与实际表面相截所得到的交线，按照截取方向的不同，分为法向实际轮廓和纵向实际轮廓两种。在评定和测量表面结构时，通常是指法向实际轮廓，即与加工纹理方向垂直的截面上的轮廓，如图 5-3 所示。

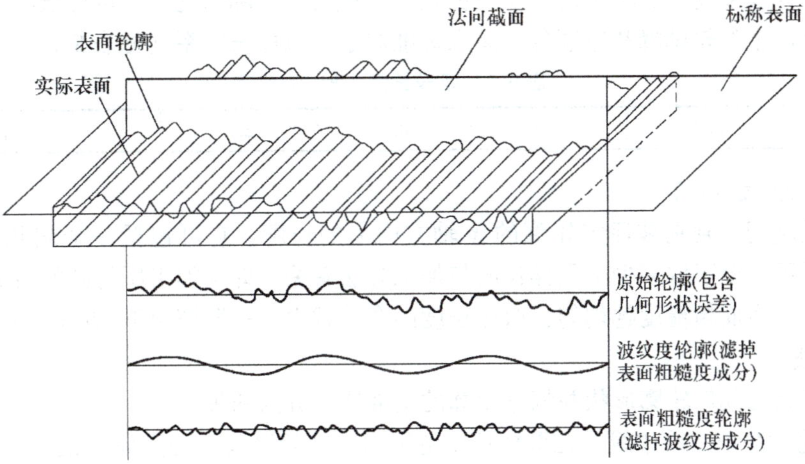

图 5-3　表面结构特征

零件的表面轮廓可分为原始轮廓（*P* 轮廓）、波纹度轮廓（*W* 轮廓）和表面粗糙度轮廓（*R* 轮廓）三种，而这三种轮廓各有不同的波长范围，且又同时叠加在同一表面轮廓上。因此在测量评定三类参数时，必须先将表面轮廓在特定的仪器上进行滤波，以便分离获得所需波长范围的轮廓。这种可将轮廓分成长波和短波成分的仪器就是轮廓滤波器。由两个不同截止波长的滤波器分离获得的轮廓波长范围称为传输带。

滤波器按不同的截止波长值，由小到大顺次分为 λs、λc 和 λf 三种，表面粗糙度等三类轮廓就是分别应用这些滤波器修正表面轮廓后获得的。

原始轮廓是对表面轮廓采用 λs 轮廓滤波器修正后的总轮廓，它反映宏观几何形状误差，即形状误差。它是由机床几何精度方面的误差引起的。

表面粗糙度轮廓是对原始轮廓采用 λc 轮廓滤波器修正后形成的轮廓，它反映微观几何形状误差，即表面粗糙度。其产生的原因与加工方法、切削刃形状、吃刀量大小、表面撕裂挤压和摩擦振动等有关。

波纹度轮廓是对原始轮廓连续应用 λf 和 λc 两个轮廓滤波器修正后形成的轮廓，它反映中间几何形状误差，即表面波纹度。在机械加工过程中，机床、工件和刀具系统的振动等会形成波纹度。

表面粗糙度会影响零件的使用性能。一般来说，表面越粗糙，摩擦阻力越大，零件的磨损越快，配合性质越不稳定，还会促使腐蚀、疲劳，接触刚度的下降，密封性能的降低。此外，表面粗糙度还影响检验零件时的测量不确定性、零件外形的美观性等。

二、评定基准

1. 取样长度（*lr*）

在 *X* 轴方向上判别被评定轮廓不规则特征的长度，用 *lr* 表示，如图 5-4 所示。规定和选择这段长度是为了限制和减弱表面波纹度对表面粗糙度测量结果的影响。取样长度 *lr* 过长，有可能将表面波纹度的成分引入表面粗糙度的

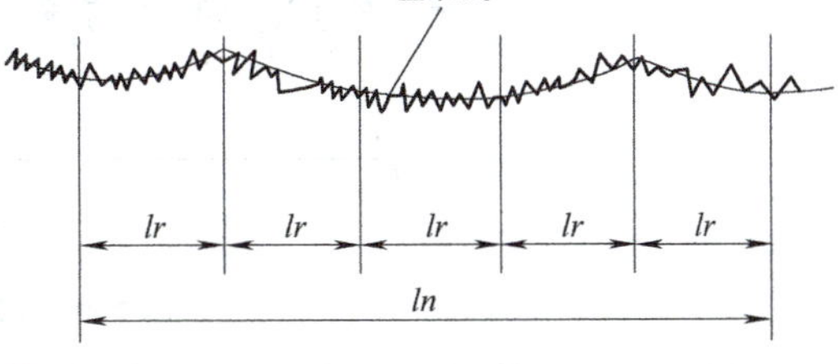

图 5-4　取样长度和评定长度

结果中；取样长度过短，将不能反映待测表面粗糙度的实际情况。在取样长度范围内，一般应包含5个以上的轮廓峰和轮廓谷。国家标准规定的取样长度系列见表5-1。

表5-1　取样长度（lr）的数值　（单位：mm）

lr	0.08	0.25	0.8	2.5	8	25

2. 评定长度（ln）

评定长度用于判别被评定轮廓的 X 轴方向上的长度，它可包括一个或几个取样长度，如图5-4所示。至于取多少个取样长度与加工方法有关，即与加工所得到的表面粗糙度的均匀程度有关。表面粗糙度越均匀，取样长度的个数越少。一般情况下，$lr = 5ln$。

3. 中线

中线是具有几何轮廓形状并划分轮廓的基准线，分为两种。

（1）轮廓最小二乘中线　在取样长度范围内，使轮廓线上各点轮廓偏距 Z_i 的平方和为最小的线（图5-5），即

$$\sum_{i=1}^{n} Z_i^2 = \text{最小}$$

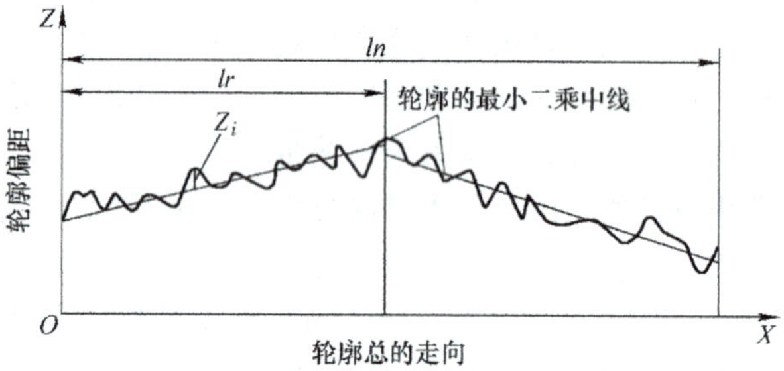

图5-5　轮廓最小二乘中线

（2）轮廓算术平均中线　在取样长度范围内，将实际轮廓划分上下两部分，且使上下两部分面积相等的基准线（图5-6），即

$$\sum_{i=1}^{n} F_i = \sum_{i=1}^{n} F'_i$$

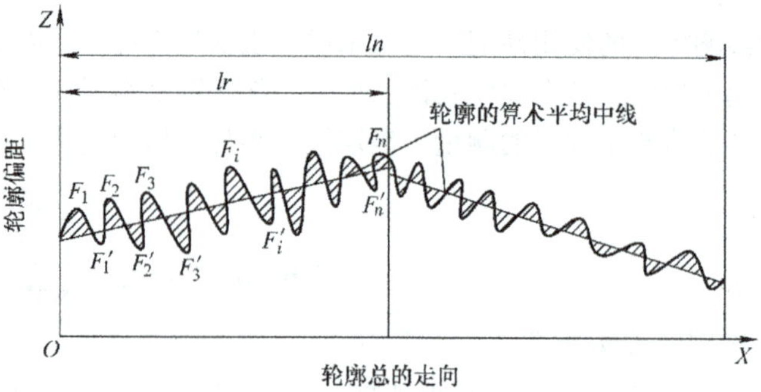

图5-6　轮廓算术平均中线

最小二乘中线符合最小二乘原则，从理论上讲它是理想的、唯一的基准线，但由于在轮

廓图形上确定其位置比较困难，故较少使用。而轮廓算术平均中线可用目测估计来确定，比较简便，因此它是确定基准线的一种常用方法。

三、评定参数

标准规定，表面粗糙度的评定参数有幅度参数、间距参数、混合参数及曲线和相关参数四类。其中幅度参数是我国机械图样中最常用的评定参数。本课题仅介绍评定表面粗糙度轮廓（*R* 轮廓）的两个高度评定参数 *Ra* 和 *Rz* 。

1. 轮廓算术平均偏差 *Ra*

轮廓算术平均偏差指在一个取样长度 *lr* 内，纵坐标 $Z(X)$ 绝对值的算术平均值（图 5-7）。其表达式为

$$Ra \approx \frac{1}{n}(|Z_1| + |Z_2| + \cdots + |Z_n|) = \frac{1}{n}\sum_{i=1}^{n}|Z_i|$$

式中　$|Z_1|$，$|Z_2|$，…，$|Z_n|$——轮廓上各点的轮廓偏距。

Ra 值越大，表面越粗糙；*Ra* 值越小，表面越平整。

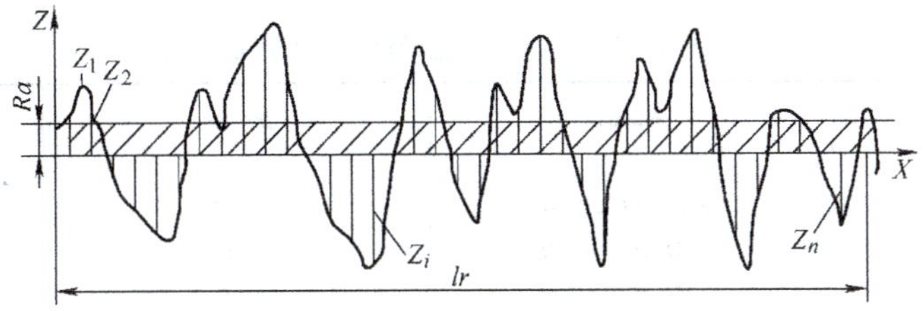

图 5-7　轮廓算术平均偏差

Ra 参数定义直观，可用电动轮廓仪方便地测量，且能充分反映表面微观几何形状高度方面的特性，故应用最广泛。但因受计量器具功能的限制，不宜用作过于粗糙或不太光滑表面的评定。

国家标准规定的 *Ra* 数值见表 5-2。

表 5-2　轮廓算术平均偏差 *Ra* 的数值　　（单位：μm）

Ra	0.012 0.025 0.05 0.1	0.2 0.4 0.8 1.6	3.2 6.3 12.5 25	50 100

2. 轮廓最大高度 *Rz*

轮廓最大高度指在取样长度 *lr* 内，最大轮廓峰高 *Zp* 和最大轮廓谷深 *Zv* 之和（图 5-8）。其表达式为

$$Rz = Zp + Zv$$

式中，*Zp* 、*Zv* 都是正值。在图 5-8 中，轮廓最大高度 $Rz = Zp_4 + Zv_2$

国家标准规定的 *Rz* 数值见表 5-3。*Rz* 值对某些表面上不允许出现较深的加工痕迹和小零件的表面质量有实用意义。在常用数值范围内（*Ra*6.3 ~ 0.025μm，*Rz*25 ~ 0.1μm）推荐优先选用 *Ra* 参数。*Ra* 、*Rz* 参数值与 *lr* 值的对应关系见表 5-4。

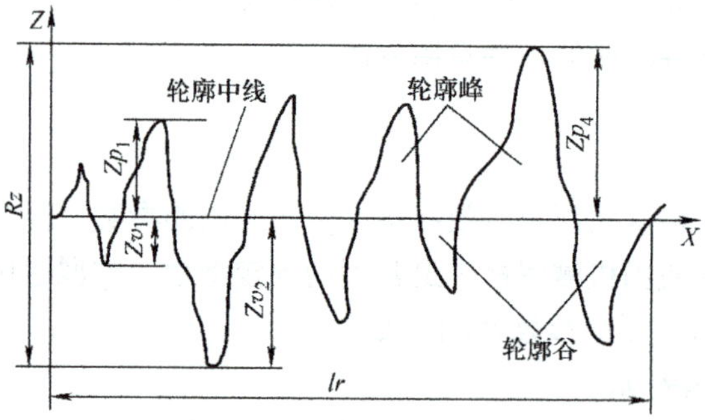

图 5-8 轮廓最大高度

表 5-3 轮廓最大高度 *Rz*（单位：μm）

Rz	0.025 0.05 0.1 0.2	0.4 0.8 1.6 3.2	6.3 12.5 25 50	100 200 400 800	1600

表 5-4 *Ra*、*Rz* 参数值与 *lr* 值的对应关系

Ra/μm	*Rz*/μm	*lr*/μm	*ln*/mm（*ln* = 5*lr*）
≥0.008～0.02	>0.025～0.10	0.08	0.4
>0.02～0.10	>0.10～0.50	0.25	1.25
>0.10～2.0	>0.50～10.0	0.8	4.0
>2.0～10.0	>10.0～50.0	2.5	12.5
>10.0～80.0	>50.0～320	8.0	40.0

四、极限判断规则

完工零件的表面测得轮廓参数后，需与图样上给定的极限相比较，以判断其是否合格。极限的判断规则有以下两种。

（1）“16%规则” 在同一评定长度下的表面粗糙度参数的全部实测值中，最多允许有16 % 超过允许值。

（2）“最大规则” 当要求表面粗糙度参数的所有实测值不得超过规定值时，称为“最大规则”。

“16 % 规则”是表面粗糙度标注的默认规则。如果“最大规则”应用于表面粗糙度要求，则在参数符号后面要增加一个“max”。

任务实施

1. 图 5-2 中表面结构代号①是对 $\phi 18_{-0.018}^{\ 0}$ mm 圆柱面提出的；表面结构代号②是对 $\phi 12_{-0.011}^{\ 0}$ mm圆柱面提出的；表面结构代号③是对 $\phi 18_{-0.018}^{\ 0}$ mm 圆柱面的右端面提出的。

2. 表面结构代号中的数值均是轮廓算术平均偏差参数 *Ra* 。

课题二　表面结构的图样表示法

图样上所标注的表面粗糙度符号、代号，是对该表面完工后的要求。表面粗糙度的标注应符合国家标准的规定。

知识目标

- 掌握常见表面结构代号在图样上的标注方法。
- 会在图样上标注表面结构代号。

情景导入

图 5-9 所示为 V 形带轮，表 5-5 中给出了表面粗糙度要求。如何在 V 形带轮的图样上将这些表面结构要求标注出来？

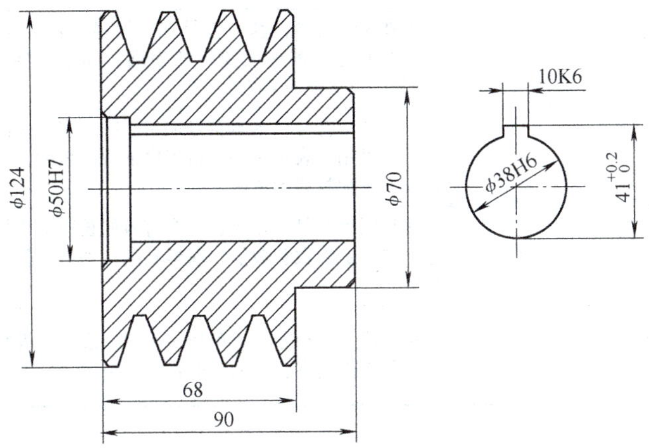

图 5-9　带轮

表 5-5　带轮表面粗糙度要求

序号	标注部位	要　求
1	φ38H6 圆柱孔	用去除材料的方法获得的表面粗糙度，*Ra* 的上限值为 0.8μm，传输带、评定长度及评定规则按默认
2	φ50H7 圆柱孔及孔底	用去除材料的方法获得的表面粗糙度，*Ra* 的上限值为 1.6μm，传输带、评定长度及评定规则按默认
3	10K6 键槽两侧及槽底	用去除材料的方法获得的表面粗糙度，*Ra* 的上限值为 3.2μm，传输带、评定长度及评定规则按默认
4	φ124mm 圆柱左端面	用去除材料的方法获得的表面粗糙度，*Ra* 的上限值为 3.2μm，传输带、评定长度及评定规则按默认
5	V 带槽两侧面	用去除材料的方法获得的表面粗糙度，*Ra* 的上限值为 6.3μm，下限值为 1.6μm，传输带、评定长度及评定规则按默认
6	其他表面	用去除材料的方法获得的表面粗糙度，*Ra* 的上限值为 6.3μm，传输带、评定长度及评定规则按默认

任务要求

1. 将表 5-5 中给定的表面粗糙度要求转换为表面结构代号。
2. 在图样上标注出表面结构代号。

知识准备

一、表面粗糙度的符号

图样上表示的零件表面粗糙度符号及其说明见表 5-6。

表 5-6　表面粗糙度符号及其说明

符　　号	意义及说明
	基本符号，表示表面可用任何工艺获得。仅用于简化代号标注，没有补充说明时不能单独使用
	扩展图形符号，基本符号加一短横，表示表面是用去除材料的方法获得，如通过机械加工获得的表面。如果单独使用，仅表示所标注表面“被加工并去除材料”
	扩展图形符号，基本符号加一小圆，表示表面是用不去除材料的方法获得。也可用于表示保持上道工序形成的表面，不管这种状况是通过去除材料或不去除材料形成的
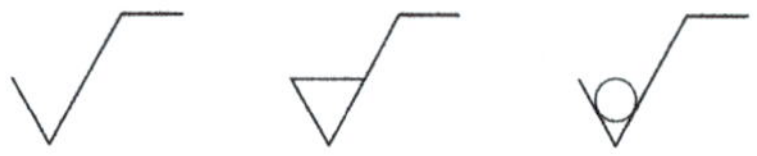	完整图形符号，在上述三个符号的长边上均加一横线，用于标注补充信息，如评定参数和数值、取样长度、加工工艺、表面纹理及方向、加工余量等
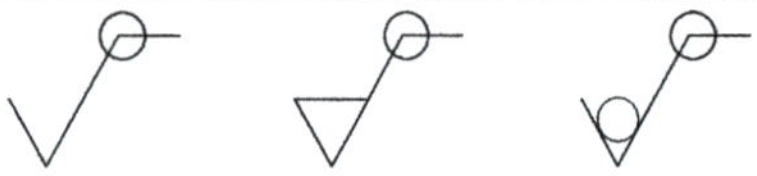	在上述三个符号上均可加一小圆，表示对投影视图上封闭的轮廓线所表示的各表面具有相同的表面粗糙度要求

二、表面结构要求在图形符号中的注写位置

为了明确表面结构要求，除了标注表面结构参数和数值外，必要时应标注补充要求，包含传输带、取样长度、加工工艺、表面加工纹理方向、加工余量等。这些要求在图形符号中的注写位置如图 5-10 所示。

（1）位置 a　注写表面结构的单一要求，即注写表面结构参数代号、极限值和传输带（或取样长度）。传输带或取样长度后应有一斜线“/”，之后是表面结构参数代号，最后是数值。为了避免误解，在参数代号和极限值之间应有空格。

（2）位置 a 和位置 b　注写两个或多个表面结构要求。在位置 a、b 分别注写第一、第二表面结构要求；如果注写多个表面结构要求，则 a、b 的位置随之上移，如图 5-11 所示（图中 Fe 表示基体材料为钢，Ep 表示加工工艺为电镀，镀铬）。

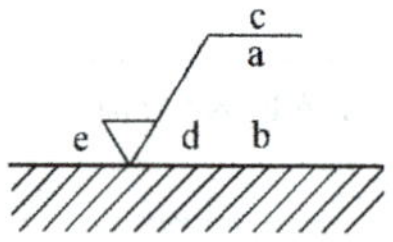

图 5-10　补充要求的注写位置

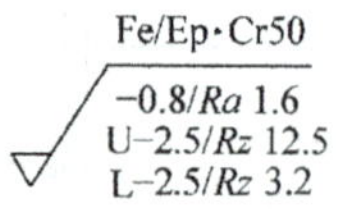

图 5-11　多个表面结构要求

（3）位置 c　注写加工方法、表面处理或其他加工工艺要求，如：车、磨、镀等。

（4）位置 d　注写表面加工纹理方向，如“＝”“M”“×”等，见表 5-7。

（5）位置 e　注写加工余量（单位为 mm）。

表 5-7　常见的加工纹理方向符号

符　号	说　明	示 意 图
=	纹理平行于视图所在的投影面	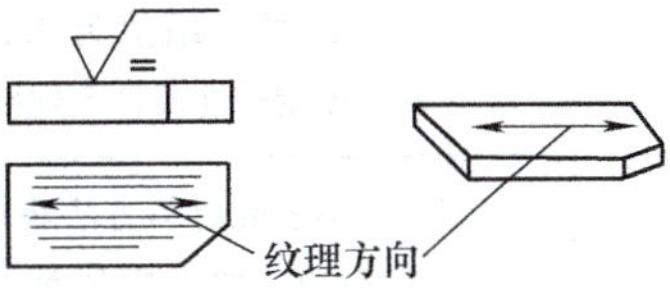
⊥	纹理垂直于视图所在的投影面	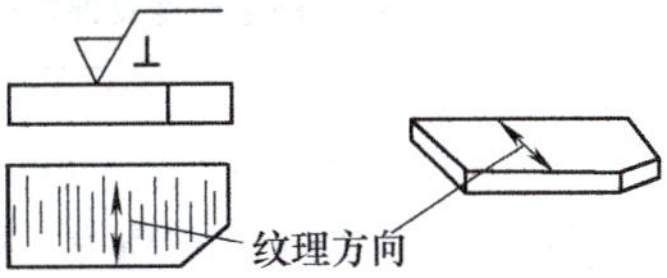
×	纹理呈两斜向交叉且与视图所在的投影面相交	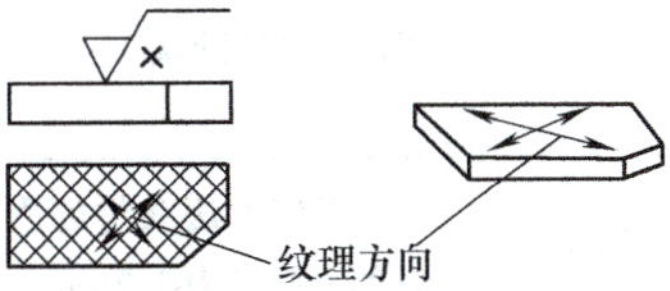
M	纹理呈多方向	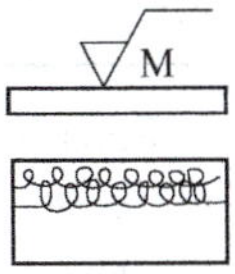
C	纹理呈近似同心圆且圆心与表面中心相关	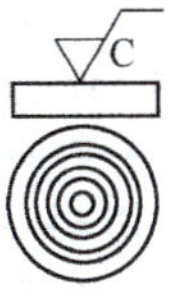
R	纹理呈近似的放射状且与表面圆心相关	
P	纹理无方向，呈凸起、微粒	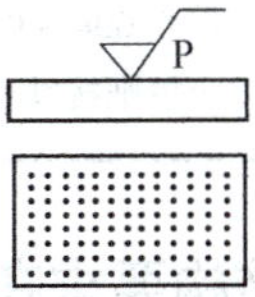

三、表面结构代号

表面结构符号中注写了具体参数代号及数值等要求后称为表面结构代号。表面结构代号的示例及含义见表 5-8。

表 5-8　表面结构代号的示例及含义

代　号	意　义	代　号	意　义
Ra 3.2	用任何方法获得的表面粗糙度，Ra 的上限值为 3.2μm，传输带、评定长度及评定规则按默认	Ra max 3.2	用任何方法获得的表面粗糙度，Ra 的上限值为 3.2μm，传输带、评定长度按默认，“最大规则”
Ra 3.2	用去除材料方法获得的表面粗糙度，Ra 的上限值为 3.2μm，传输带、评定长度及评定规则按默认	Ra max 3.2	用去除材料方法获得的表面粗糙度，Ra 的上限值为 3.2μm，传输带、评定长度按默认，“最大规则”
Ra 3.2	用不去除材料方法获得的表面粗糙度，Ra 的上限值为 3.2μm，传输带、评定长度及评定规则按默认	Ra max 3.2	用不去除材料方法获得的表面粗糙度，Ra 的上限值为 3.2μm，传输带、评定长度按默认，“最大规则”
U Ra 3.2 L Ra 1.6	用去除材料方法获得的表面粗糙度，Ra 的上限值为 3.2μm，下限值为 1.6μm，传输带、评定长度及评定规则按默认	U Ra max 3.2 L Ra 1.6	用去除材料方法获得的表面粗糙度，Ra 的上限值为 3.2μm，传输带、评定长度按默认，“最大规则”；Ra 的下限值为 1.6μm，传输带、评定长度及评定规则按默认
Rz 3.2	用任何方法获得的表面粗糙度，Rz 的上限值为 3.2μm，传输带、评定长度及评定规则按默认	Rz max 3.2	用任何方法获得的表面粗糙度，Rz 的上限值为 3.2μm，传输带、评定长度按默认，“最大规则”
U Rz 3.2 L Rz 1.6 Rz 3.2 Rz 1.6	用去除材料方法获得的表面粗糙度，Rz 的上限值为 3.2μm，下限值为 1.6μm（在不引起误会的情况下，也可省略标注 U、L），传输带、评定长度及评定规则按默认	U Rz max 3.2 L Rz 1.6	用去除材料方法获得的表面粗糙度，Rz 的上限值为 3.2μm，传输带、评定长度按默认，“最大规则”；Rz 的下限值为 1.6μm，传输带、评定长度及评定规则按默认
U Ra 0.4 U Rz 1.6	用去除材料方法获得的表面粗糙度，Ra 的上限值为 0.4μm，Rz 的上限值为 1.6μm，传输带、评定长度及评定规则按默认	Ra max 0.4 Rz max 1.6	用去除材料方法获得的表面粗糙度，Ra 的上限值为 0.4μm，Rz 的上限值为 1.6μm，传输带、评定长度按默认，“最大规则”
0.008–0.8/Ra 3.2	用去除材料方法获得的表面粗糙度，Ra 的上限值为 3.2μm，传输带 0.008 ~ 0.8mm，评定长度及评定规则按默认	–0.8/Ra 3 3.2	用去除材料方法获得的表面粗糙度，Ra 的上限值为 3.2μm，取样长度为 0.8mm，评定长度包含 3 个取样长度，评定规则按默认

四、表面结构要求在图样和其他技术文件中的注法

1）表面结构要求对每一表面一般只注一次，并尽可能注在相应的尺寸及其公差的同一视图上。

2）表面结构的注写和读取方向与尺寸的注写和读取方向一致。表面结构要求可标注在轮廓线上，其符号应从材料外指向并接触表面，如图 5-12 所示。必要时，表面结构也可用

带黑点或箭头的指引线引出标注，如图 5-13 所示。

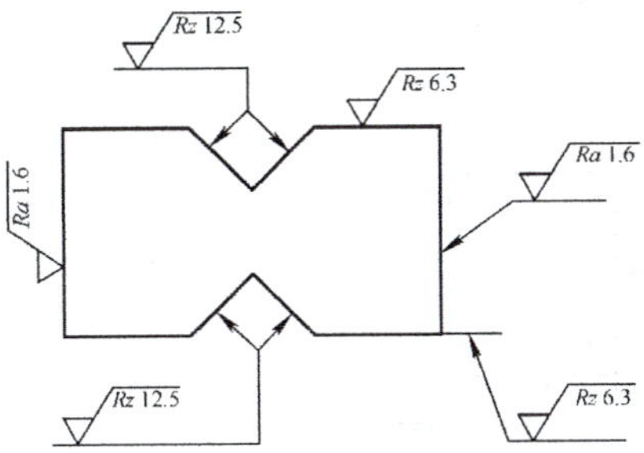

图 5-12　表面结构要求在轮廓线上的标注

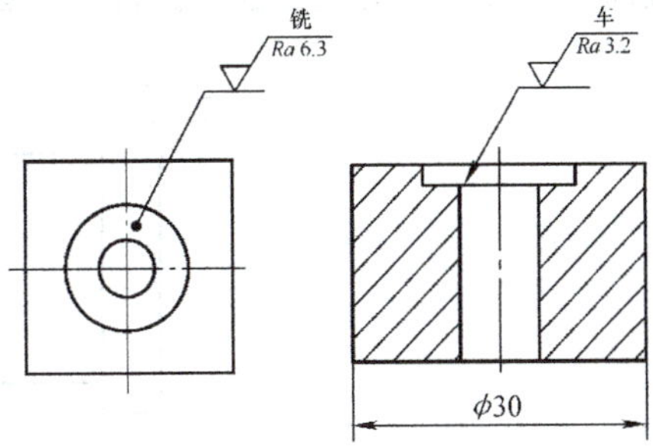

图 5-13　用指引线引出标注表面结构要求

3）在不致引起误解时，表面结构要求可以标注在尺寸线上，如图 5-14 所示。

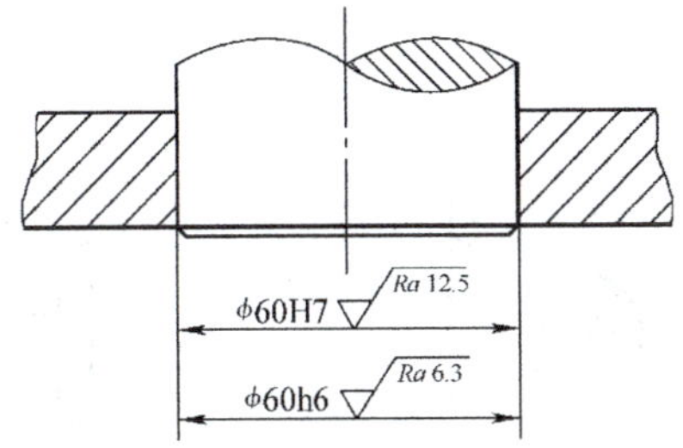

图 5-14　表面结构要求标注在尺寸线上

4）表面结构要求可标注在几何公差框格的上方，如图 5-15 所示。

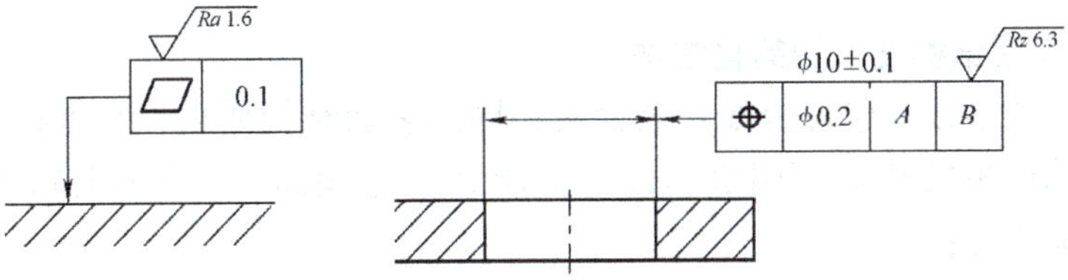

图 5-15　表面结构要求标注在几何公差框格的上方

5）表面结构要求可标注在轮廓延长线上，或用带箭头的指引线引出标注，如图 5-16 所示。

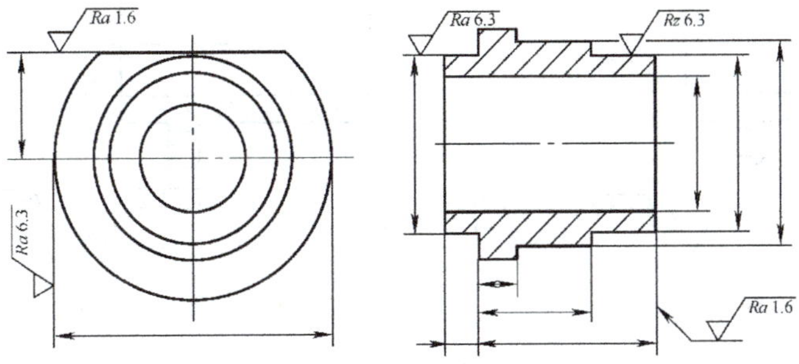

图 5-16　表面结构要求标注在圆柱特征的延长线上

6）圆柱和棱柱的表面结构要求只标注一次，如图 5-16 所示。如果每个棱柱表面有不同的表面结构要求，则应分别单独标出，如图 5-17 所示。

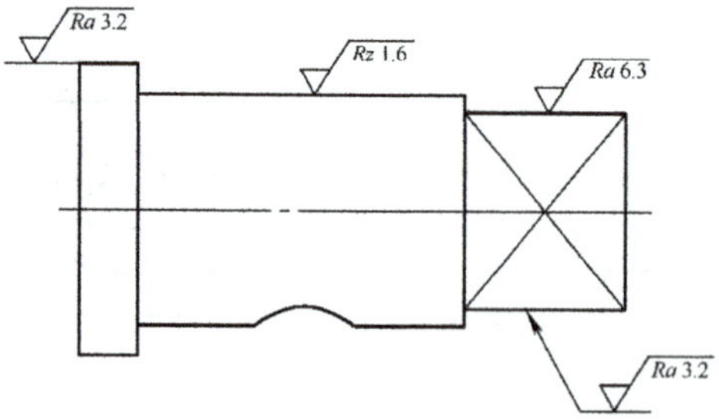

图 5-17　圆柱和棱柱表面结构要求的注法

7）键槽、圆角和倒角表面结构要求的标注方法如图 5-18 和图 5-19 所示。

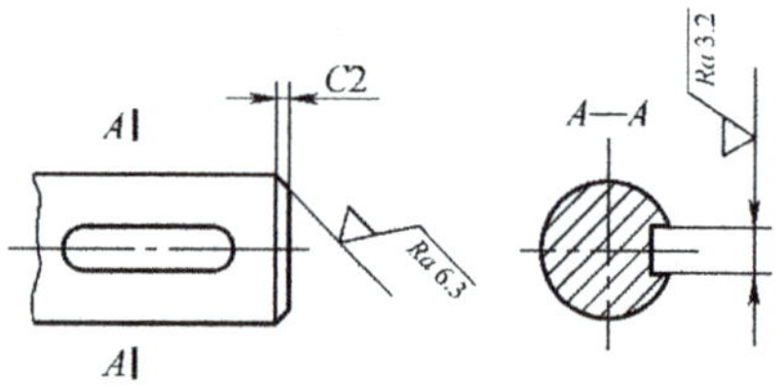

图 5-18　键槽表面结构要求的注法

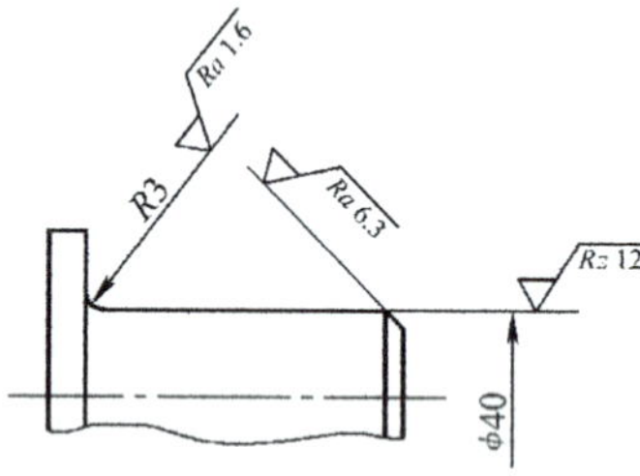

图 5-19　圆角和倒角表面结构要求的注法

五、表面结构要求在图样中的简化注法

1. 有相同表面结构要求的简化注法

如果在工件的多数（包含全部）表面有相同的表面结构要求，则可将表面结构要求统一标注在图样的标题栏附近（不同的表面结构要求应直接标注在图形上）。此时，表面结构要求的符号后面应有：

1）在圆括号内给出无任何其他标注的基本符号，如图 5-20a 所示。

2）在圆括号内给出不同的表面结构要求，如图 5-20b 所示。

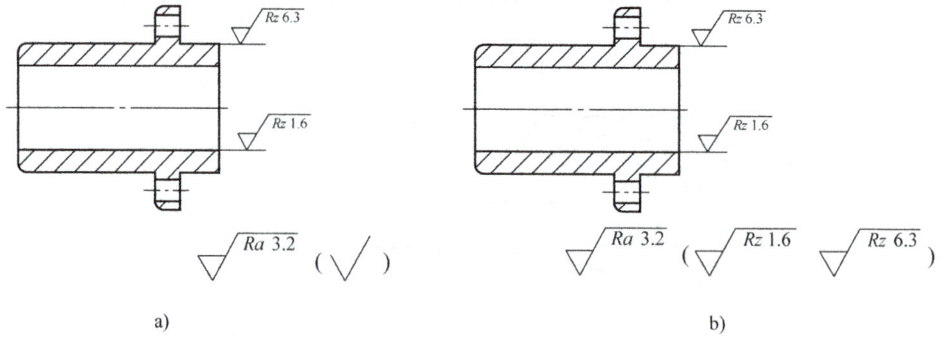

图 5-20　大多数表面有相同表面结构要求的简化注法

2. 多个表面有共同要求的注法

1）用带字母的完整符号的简化注法。用带字母的完整符号，以等式的形式，在图形或标题栏附近，对有相同表面结构要求的表面进行简化标注，如图 5-21 所示。

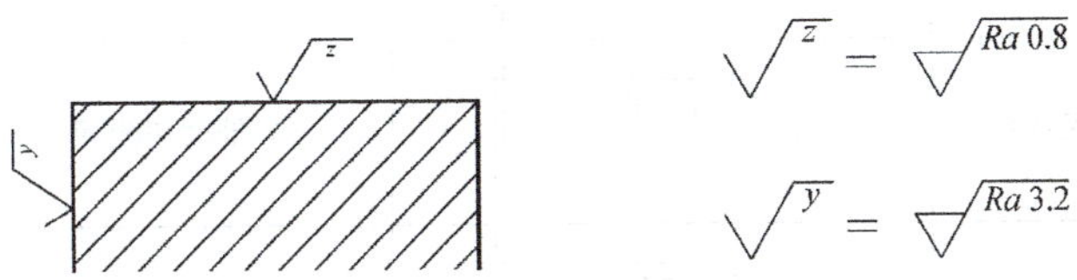

图 5-21　图纸空间有限时的简化注法

2）只用表面结构符号的简化标注。用表面结构符号，以等式的形式给出多个表面共同的表面结构要求，如图 5-22 所示。

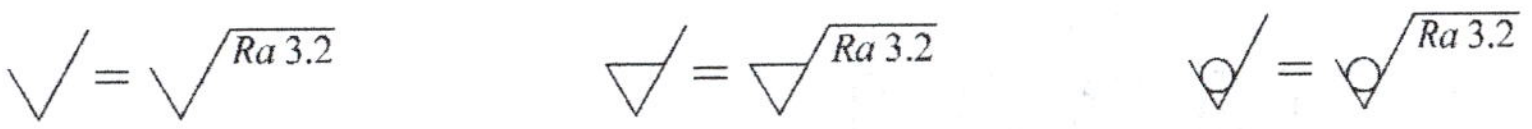

a)　b)　c)

图 5-22　多个表面结构要求的简化注法

a）未指定工艺方法　b）要求去除材料　c）不允许去除材料

六、表面结构附加参数的注法

除表面结构幅度参数（基本参数）以外的参数为附加参数。图 5-23a 所示为轮廓单元的平均宽度 *Rsm* 上限值的标注示例；图 5-23b 所示为轮廓支承长度率 *Rmr*（*c*）的标注示例，表示水平截距 *c* 在 *Rz* 的 50% 位置上，*Rmr*（*c*）为 70%，此时 *Rmr*（*c*）为下限值。

七、表面结构其他项目的注法

1）当某表面的结构要求由指定的加工方法（如铣削）获得时，可按图 5-24a 所示进行标注。

2）若需要标注加工余量 3mm，则应按图 5-24b 所示进行标注。

3）若需要控制表面加工纹理方向，则按图 5-24b 进行标注。

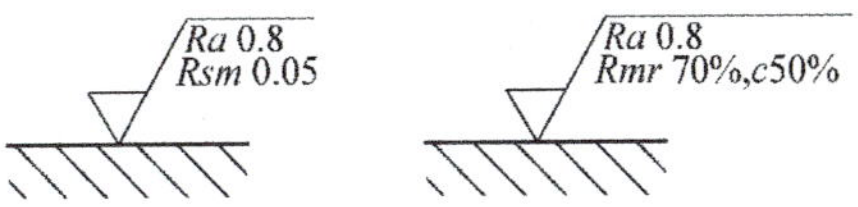

a)　b)

图 5-23　附加参数标注

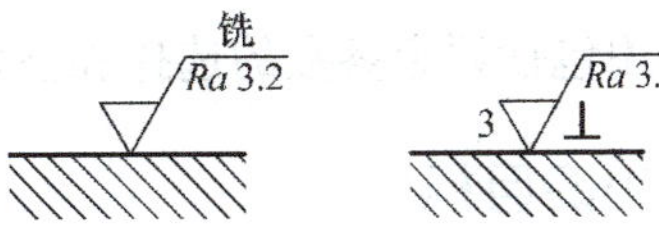

a)　b)

图 5-24　表面结构其他项目的标注

任务实施

1. 根据表 5-5 对图 5-9 带轮给定的表面粗糙度要求，按国家标准规定分别转换为表面结构代号，见表 5-9。

表 5-9　带轮各表面结构代号

序号	标注部分	各表面结构代号	序号	标注部分	各表面结构代号
1	ϕ38H6 圆柱孔	√Ra 0.8	4	ϕ124mm 圆柱左端面	√Ra 3.2
2	ϕ50H7 圆柱孔及孔底	√Ra 1.6	5	V 带槽两侧面	√Ra 6.3 Ra 1.6
3	10K6 键槽两侧及槽底	√Ra 3.2	6	其他表面	√Ra 6.3

2. 在图样上标注出表面结构代号，如图 5-25 所示。

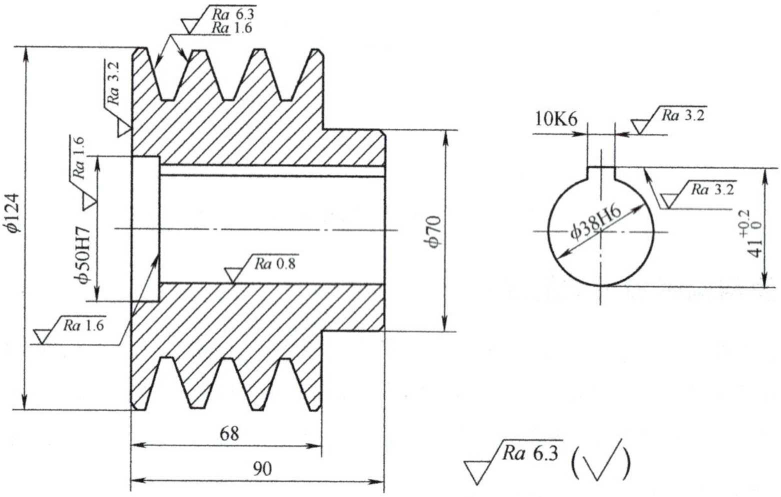

图 5-25　带轮表面结构代号标注

课题三　表面粗糙度的选用及检测

确定零件表面粗糙度时，既要考虑满足零件表面的功能要求，又要经济合理。表面粗糙度的选用包括评定参数的选择和参数值的选择。

知识目标

- 掌握表面粗糙度参数的选用原则和方法。
- 能熟练使用表面粗糙度比较样块检验零件的表面粗糙度值。

情景导入

表面粗糙度用于限制零件的微观表面质量，用一般的计量器具是无法测出的。那么，采用什么计量器具能检测出零件表面粗糙度值的大小呢？

任务要求

图5-26所示为滚轮轴。在实际生产中，检测表面粗糙度值的方法中比较法简单易行，用得较多。

用表面粗糙度比较样块检测滚轮轴各表面的轮廓算术平均偏差 *Ra* 值，并判断零件是否合格。

a)

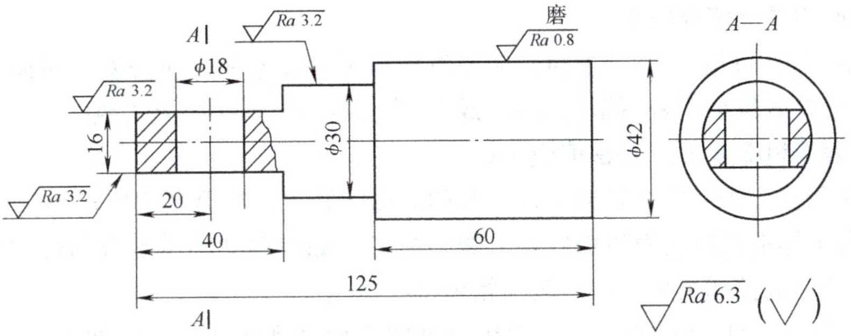

b)

图5-26　滚轮轴

a）实物　b）图样

知识准备

一、评定参数的选择

评定参数的选择首先要考虑使用功能要求，同时也要考虑检测的方便性及仪器设备条件等因素。

1. 幅度参数的选择

幅度参数 *Ra* 的常用参数值范围为6.3～0.025μm，在该范围内用电动轮廓仪能很方便地测出，故优先选用 *Ra*。在 *Ra*＜0.025μm 或 *Ra*＞6.3μm 时，由于表面太光滑或过于粗糙，用光切显微镜和干涉显微镜测量很方便，故多采用 *Rz*。

当表面不允许出现较深的加工痕迹，要求保证零件的抗疲劳强度和密封性能时，应选用 *Rz*；当测量面积很小时，如顶尖、刀具的刃部、仪表小零件表面，难以取得一个规定的取样长度，用 *Ra* 困难，也应采用 *Rz* 。

2. **附加参数的选择**

附加参数一般不单独使用。当表面功能控制加工痕迹的疏密度时，可选用间距特性参数 *Rsm*，它主要影响表面的喷漆性能、耐蚀性能、流体流动摩擦阻力等要求。

在对于耐磨性、接触刚度及密封性等要求较高的重要零件表面，应规定轮廓支承长度率 *Rmr*（*c*）。

二、评定参数值的选用

表面粗糙度评定参数值的选用原则：在满足功能要求的前提下，参数的允许值应尽可能大些［*Rmr*（*c*）除外］，以减小加工难度，降低生产成本。

评定参数值的选用方法目前一般多采用类比法。根据类比法初步确定表面粗糙度，同时考虑下述原则再做适当调整。

1）同一零件上，工作表面的 *Ra* 或 *Rz* 值比非工作表面小。

2）摩擦表面的 *Ra* 或 *Rz* 值比非摩擦表面小。

3）运动速度高、单位面积压力大，以及受交变应力作用的重要零件的圆角沟槽的表面粗糙度值较小。

4）配合性质要求高的配合表面（如小间隙配合的配合表面）、受重载荷作用的过盈配合表面的表面粗糙度值要较小。

5）在确定表面粗糙度参数值时，应注意它与尺寸公差和几何公差的协调。通常尺寸公差值和几何公差值越小，表面粗糙度 *Ra* 或 *Rz* 值应越小。同一公差等级时，小尺寸比大尺寸或轴比孔的表面粗糙度 *Ra* 或 *Rz* 值应小。

6）要求耐蚀、密封性能好或外表美观的表面，其表面粗糙度值要较小。

7）凡有关标准已对表面粗糙度要求做出规定（如与滚动轴承配合的轴颈和外壳孔的表面粗糙度）的，应按相关规定确定表面粗糙度参数值。

表 5-10 和表 5-11 分别列出了表面粗糙度的表面微观特征、经济加工方法和应用举例，以及轴和孔的表面粗糙度参数推荐值，供选取时参考。

表 5-10 表面粗糙度的表面微观特征、经济加工方法和应用举例

表面微观特性		*Ra*/μm	经济加工方法	应用举例
粗糙表面	微见刀痕	≤20	粗车、粗刨、粗铣、钻、毛锉、锯断	半成品粗加工过的表面，非配合的加工表面，如轴端面、倒角、钻孔、齿轮和带轮侧面、键槽底面、垫圈接触面
半光表面	微见加工痕迹	≤10	车、刨、铣、镗、钻、粗铰	轴上不安装轴承、齿轮处的非配合表面，紧固件的自由装配面，轴和孔的退刀槽
	微见加工痕迹	≤5	车、刨、铣、镗、磨、拉、粗刮、滚压	半精加工表面，箱体、支架、盖面、套筒等和其他零件接合而无配合要求的表面，需要发蓝的表面等
	看不清加工痕迹	≤2.5	车、刨、铣、镗、磨、拉、刮、滚压、铣齿	接近于精加工表面，箱体上安装轴承的镗孔表面，齿轮的工作面

（续）

表面微观特性		Ra/μm	经济加工方法	应用举例
光表面	可辨加工痕迹方向	≤1.25	车、镗、磨、拉、刮、粗铰、滚压、磨齿	圆柱销、圆锥销、与滚动轴承配合的表面，卧式车床导轨面，内、外花键定心表面
	微辨加工痕迹方向	≤0.63	精铰、精镗、磨、刮、滚压	要求配合性质稳定的配合表面，工作时受交变应力的重要零件，较高精度车床的导轨面
	不可辨加工痕迹方向	≤0.32	精磨、珩磨、研磨、超精加工	精密机床主轴锥孔、顶尖圆锥面，发动机曲轴、凸轮轴工作表面，高精度齿轮齿面
极光表面	暗光泽面	≤0.16	精磨、研磨、普通抛光	精密机床主轴轴颈表面，一般量规工作表面，气缸套内表面，活塞销表面
	亮光泽面	≤0.08	超精磨、精抛光、镜面磨削	精密机床主轴轴颈表面，滚动轴承的滚珠，高压油泵中柱塞和柱塞套配合面
	镜状光泽面	≤0.04		
	镜面	0.01	镜面磨削、超精研	高精度量仪、量块的工作表面，光学仪器中的金属镜面

表 5-11　轴和孔的表面粗糙度参数推荐值

表面特征			Ra 的上限值/μm		
轻度装卸零件的配合表面	公差等级	尺寸要素	公称尺寸/mm		
			≤50	>50～100	
	IT5	轴	0.2	0.4	
		孔	0.4	0.8	
	IT6	轴	0.4	0.8	
		孔	0.8～0.4	1.6～0.8	
	IT7	轴	0.8～0.4	1.6～0.8	
		孔	0.8	1.6	
	IT8	轴	0.8	1.6	
		孔	1.6～0.8	3.2～1.6	
过盈配合的配合表面 ①装配按机械压入法 ②装配按热胀法	公差等级	尺寸要素	公称尺寸		
			≤50	>50～120	>120～500
	IT5	轴	0.2～0.1	0.4	0.4
		孔	0.4～0.2	0.8	0.8
	IT6～IT7	轴	0.4	0.8	1.6
		孔	0.8	1.6	1.6
	IT8	轴	0.8	1.6～0.8	3.2～1.6
		孔	1.6	3.2～1.6	3.2～1.6
	—	轴	1.6		
		孔	3.2～1.6		

（续）

表面特征		Ra 的上限值/μm					
精密定心用配合零件的表面	尺寸要素	径向圆跳动公差/μm					
		2.5	4	6	10	16	25
		Ra 的上限值/μm					
	轴	0.05	0.1	0.1	0.2	0.4	0.8
	孔	0.1	0.2	0.2	0.4	0.8	1.6
滑动轴承的配合表面	尺寸要素	公差等级					
		IT6 ~ IT9		IT10 ~ IT12		液体湿摩擦条件	
		Ra 的上限值/μm					
	轴	0.8 ~ 0.4		3.2 ~ 0.8		0.4 ~ 0.1	
	孔	1.6 ~ 0.8		3.2 ~ 1.6		0.8 ~ 0.2	

三、表面粗糙度的检测

1. 比较法

比较法是借助视觉、触觉或放大镜、比较显微镜等工具，将被测表面与标有一定评定参数值的表面粗糙度样板进行比较，从而判断被测表面粗糙度值的一种方法。选择样板时，其材料、形状、加工方法、加工纹理方向等应尽可能与被测表面相同，否则将产生较大的误差。

用比较法评定表面粗糙度，虽然不能精确地得出被测表面的粗糙度值，但由于器具简单，使用方便，能满足一般的生产需要，故常用于生产现场中评定表面粗糙度参数值较大的表面。

2. 光切法

光切法是应用光切原理测量表面粗糙度值的一种测量方法。按光切原理制成的仪器称为光切显微镜。

这种测量方法主要用于测量采用车、铣、刨或其他类似加工方法加工的金属零件表面。光切法主要用于测量 *Rz* 值，其测量范围一般为 60 ~ 0.6μm。

3. 干涉法

干涉法是应用光波干涉原理测量表面粗糙度值的一种测量方法。按干涉原理制成的仪器称为干涉显微镜。

干涉法主要用于测量 *Rz* 值，其测量范围为 0.8 ~ 0.032μm。

4. 针描法（感触法或电动轮廓仪法）

针描法是一种接触式测量表面粗糙度值的方法。采用此法测量的仪器称为电动轮廓仪。

电动轮廓仪可直接显示 *Ra* 值，还可测出 *Rz* 等多个参数值，并能在车间现场使用，因此该方法得到了广泛的应用。

任务实施

用表面粗糙度比较样块检测滚轮轴各表面的轮廓算术平均偏差 *Ra* 值的具体步骤如下。

（1）准备表面粗糙度比较样块 图 5-27 所示为组合式表面粗糙度比较样块，它由研磨、外磨、平磨、车床、刨床、立铣、平铣七组样块组成。样块工作表面的表面粗糙度用轮廓算术平均偏差 *Ra* 参数值评定。检测时，应根据被测对象选择样块。样块的表面粗糙度特征要与被检测件的表面粗糙度特征尽量相同，即样块的材料、表面加工方法与被检测件表面应尽量相同。

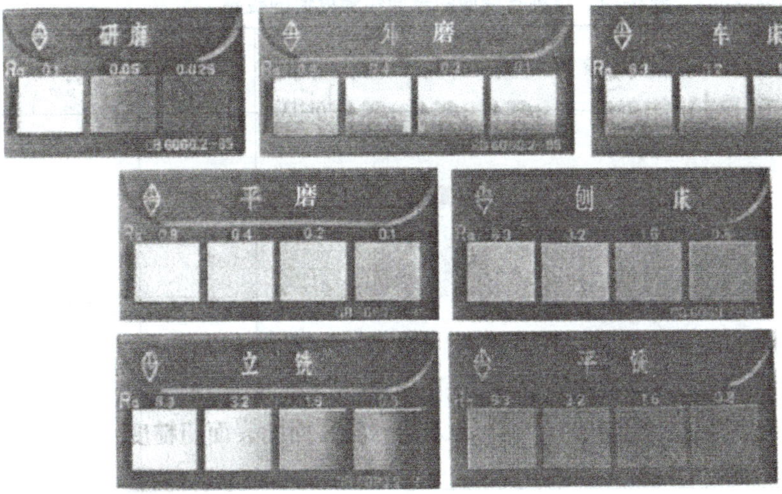

图 5-27 组合式表面粗糙度比较样块

（2）用表面粗糙度比较样块检测滚轮轴各表面粗糙度值，并判断表面质量是否合格

1）检测 $\phi42$mm 圆柱面的表面粗糙度值。$\phi42$mm 圆柱面的轮廓算术平均偏差 *Ra* 的上限值为 0.8μm。图 5-26b 中标注该圆柱面是用磨削加工方法获得的，所以选取外磨比较样块来检测，如图 5-28 所示。将被检测的表面与样块工作面靠在一起，用眼睛反复观察，比较两表面的加工痕迹、反光的强弱和色彩等，找出与被检测表面相当的样块，从而获得被检测表面的表面粗糙度值。必要时，可借助放大镜或低倍率显微镜观察比较。

通过对样块与 $\phi42$mm 圆柱面的比较，估计该表面的表面粗糙度参数值 *Ra* 为 0.8μm，符合图样要求，所以该表面质量合格。

2）检测 $\phi30$mm 圆柱面。$\phi30$mm 圆柱面的轮廓算术平均偏差 *Ra* 的上限值为 3.2μm。该表面是用车削的方法获得的，因此选用车床表面粗糙度比较样块进行检测，如图 5-29 所示。

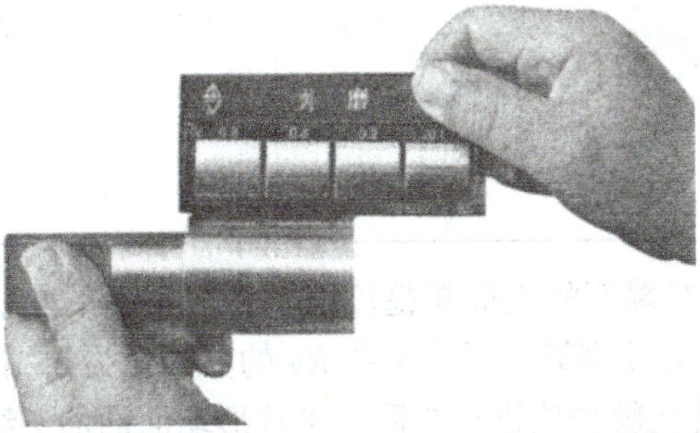

图 5-28 检测 $\phi42$mm 圆柱面的表面粗糙度值

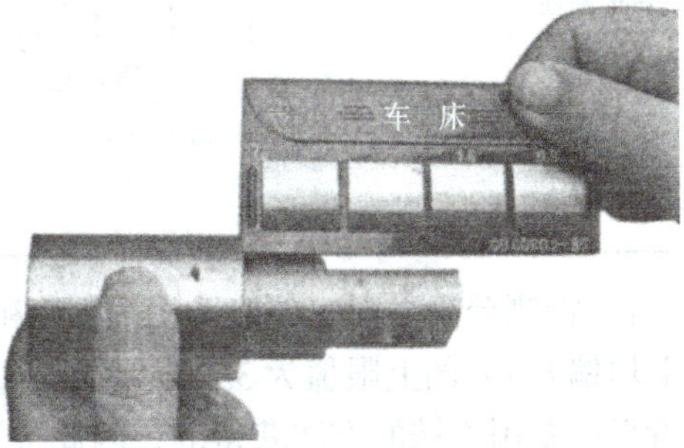

图 5-29 检测 $\phi30$mm 圆柱面的表面粗糙度值

通过对样块与 $\phi30$mm 圆柱面进行比较，估计该表面的表面粗糙度参数值 *Ra* 为 3.2μm，

符合图样要求，所以该表面质量合格。

3）检测 ϕ42mm 圆柱左（右）端面、ϕ30mm 圆柱左端面的表面粗糙度值。ϕ 42mm 圆柱的左（右）端面、ϕ30mm 圆柱左端面的轮廓算术平均偏差 *Ra* 的上限值为 6.3μm。这些表面虽然是用车削加工方法获得的，但是其表面的纹理与立铣的纹理相似，因此选用立铣表面粗糙度比较样块进行检测，其检测方法及结果见表 5-12。

表 5-12　车削各端面的表面粗糙度值的检测

被测表面	检测方法	图样要求 *Ra*/μm	检测结果 *Ra*/μm	是否合格
ϕ42mm 圆柱右端面	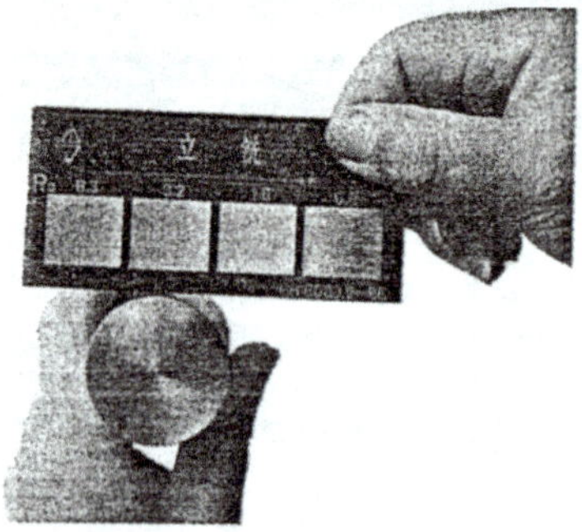	6.3	6.3	合格
ϕ42mm 圆柱左端面	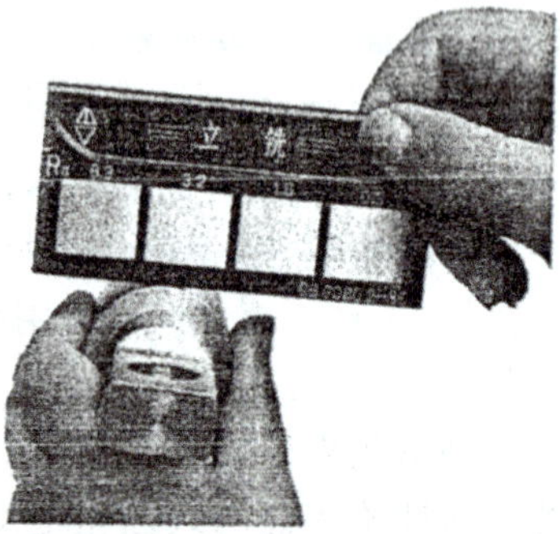	6.3	3.2	合格
ϕ30mm 圆柱左端面		6.3	6.3	合格

4）检测台阶平面（厚度为 16mm）和半月形端面的表面粗糙度值。台阶平面的轮廓算术平均偏差 *Ra* 的上限值为 3.2μm，半月形端面的轮廓算术平均偏差 *Ra* 的上限值为 6.3μm。台阶平面是用立铣的方法获得的，因此选用立铣比较样块进行检测。半月形端面的加工纹理与平铣的加工纹理相似，选用平铣比较样块进行检测。台阶平面和半月形端面的检测方法及结果见表 5-13。

表 5-13　台阶平面和半月形端面的表面粗糙度值的检测

被测表面	检测方法	图样要求 Ra/μm	检测结果 Ra/μm	是否合格
上台阶平面		3.2	3.2	合格
下台阶平面			3.2	合格
上半月形端面	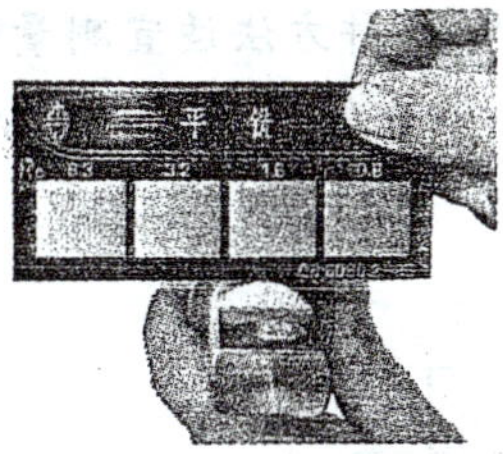	6.3	3.2	合格
下半月形端面			3.2	合格

5）检测 ϕ18mm 圆柱孔的表面粗糙度值。ϕ18mm 圆柱孔的轮廓算术平均偏差 *Ra* 的上限值为 6.3μm，该孔用钻床加工而成，其加工表面的纹理与车削加工类似，因此选用车床比较样块进行检测，检测方法如图 5-30 所示。

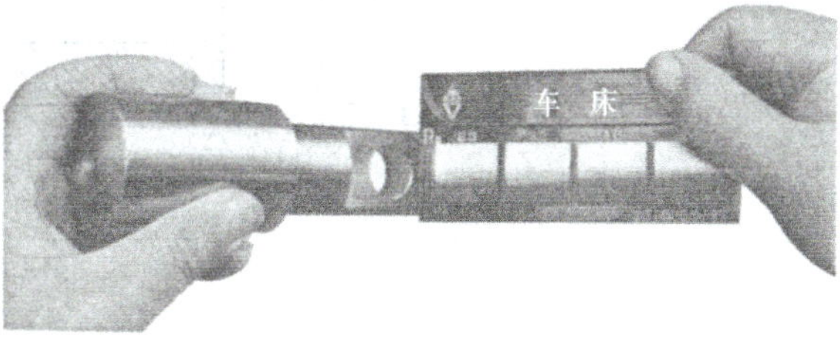

图 5-30　检测 ϕ18mm 圆柱孔的表面粗糙度值

通过对样块与 ϕ18mm 圆柱孔进行比较，估计该表面的表面粗糙度 *Ra* 值为 6.3μm，正好达到图样要求，所以该表面质量合格。

通过上述检测，确定该零件所有表面的表面粗糙度 *Ra* 值都符合图样要求，零件表面质量全都合格。

复习思考题

1. 什么是表面粗糙度？它对零件的使用性能有哪些影响？

2. 表面轮廓与原始轮廓、波纹度及表面粗糙度之间有何关系？各反映哪种几何形状误差？

3. 什么是取样长度？取样长度为什么既不能太长，也不能太短？

4. 什么是评定长度？评定长度与取样长度在数值上有何关系？

5. 表面结构的幅度参数 *Ra* 和 *Rz* 的含义是什么？哪个应用得最广泛？

6. 用表面结构图形符号表示出下列表面结构要求。

（1）表面粗糙度　上限值 *Ra* = 12.5μm，下限值 *Ra* = 6.3μm，均为“16% 规则”，两个传输带均为 0.008 ~ 4mm，默认的评定长度为 5 × 4mm = 20mm，表面纹理呈近似同心圆且圆心与表面中心有关，加工方法是铣削。

（2）表面粗糙度

1）$Ra=1.6\mu m$，“16%规则”，默认传输带，默认的评定长度为$5lr$。

2）$Rz\max=6.3\mu m$，“最大规则”，传输带均为$-2.5mm$，默认的评定长度$5\times2.5mm$，表面纹理垂直于视图投影面，加工方法是磨削。

7. 选择表面粗糙度参数值时应考虑哪些因素？

8. 在一般情况下，ϕ40H7和ϕ80H7相比，ϕ40H6/f5和ϕ40H6/s5相比，哪个应选用较小的Ra值？

9. 选用表面粗糙度时一般用什么方法？其遵循的总的原则是什么？

10. 常用的表面粗糙度值检测方法有哪几种？各种方法适宜测量哪些评定参数？

11. 改正图5-31所示导向套表面结构代号标注中的错误，并在合适的位置标注出正确的代号。

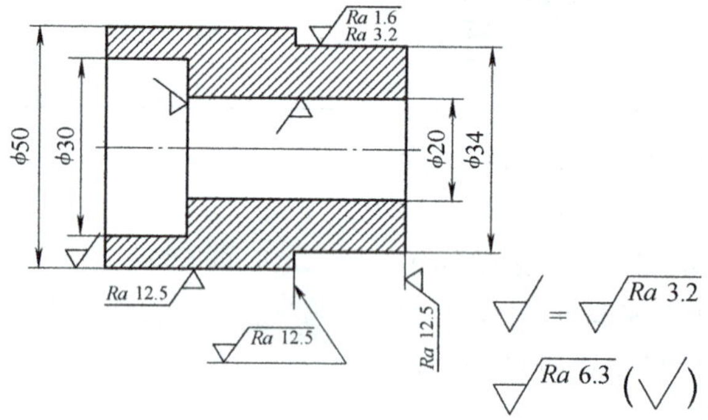

图5-31　题11图

12. 将表面结构代号标注在图5-32上，要求如下。

（1）用去除材料方法加工圆柱面ϕd_3，要求Ra的上限值为$3.2\mu m$，传输带、评定长度及评定规则按默认。

（2）用去除材料方法加工圆柱面ϕd_1，要求Ra的上限值为$3.2\mu m$，传输带、评定长度及评定规则按默认。

（3）用去除材料方法加工表面a，要求Ra的上限值为$3.2\mu m$，传输带、评定长度及评定规则按默认。

（4）其余表面用不去除材料的方法获得，要求Ra的上限值均为$25\mu m$，传输带、评定长度及评定规则按默认。

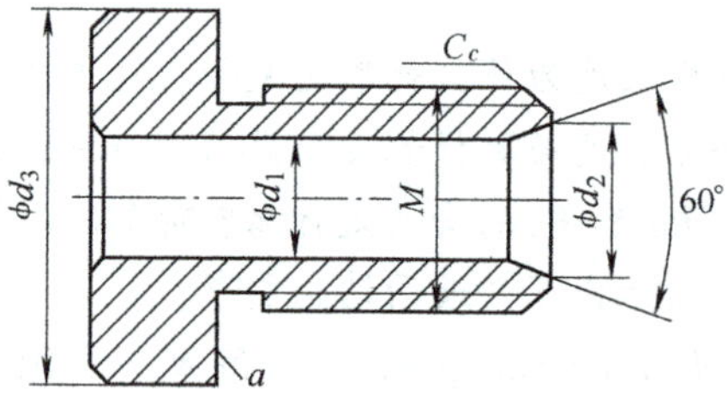

图5-32　题12图

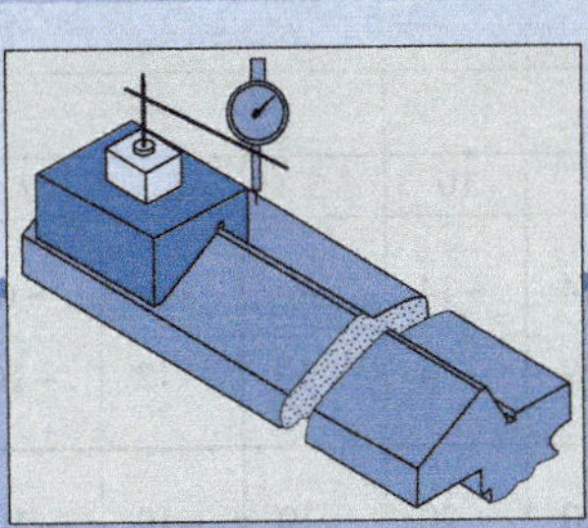

附　录

附录 A　轴的极限偏差

（单位：μm）

公称尺寸/mm		公差带														
		a					b					c				
大于	至	9	10	11	12	13	9	10	11	12	13	8	9	10	11	12
—	3	-270 -295	-270 -310	-270 -330	-270 -370	-270 -410	-140 -165	-140 -180	-140 -200	-140 -240	-140 -280	-60 -74	-60 -85	-60 -100	-60 -120	-60 -160
3	6	-270 -300	-270 -318	-270 -345	-270 -390	-270 -450	-140 -170	-140 -188	-140 -215	-140 -260	-140 -320	-70 -88	-70 -100	-70 -118	-70 -145	-70 -190
6	10	-280 -316	-280 -338	-280 -370	-280 -430	-280 -500	-150 -186	-150 -208	-150 -240	-150 -300	-150 -370	-80 -102	-80 -116	-80 -138	-80 -170	-80 -230
10	18	-290 -333	-290 -360	-290 -400	-290 -470	-290 -560	-150 -193	-150 -220	-150 -260	-150 -330	-150 -420	-95 -122	-95 -138	-95 -165	-95 -205	-95 -275
18	30	-300 -352	-300 -384	-300 -430	-300 -510	-300 -630	-160 -212	-160 -244	-160 -290	-160 -370	-160 -490	-110 -143	-110 -162	-110 -194	-110 -240	-110 -320
30	40	-310 -372	-310 -410	-310 -470	-310 -560	-310 -700	-170 -232	-170 -270	-170 -330	-170 -420	-170 -560	-120 -159	-120 -182	-120 -220	-120 -280	-120 -370
40	50	-320 -382	-320 -420	-320 -480	-320 -570	-320 -710	-180 -242	-180 -280	-180 -340	-180 -430	-180 -570	-130 -169	-130 -192	-130 -230	-130 -290	-130 -380
50	65	-340 -414	-340 -460	-340 -530	-340 -640	-340 -800	-190 -264	-190 -310	-190 -380	-190 -490	-190 -650	-140 -186	-140 -214	-140 -260	-140 -330	-140 -440
65	80	-360 -434	-360 -480	-360 -550	-360 -660	-360 -820	-200 -274	-200 -320	-200 -390	-200 -500	-200 -660	-150 -196	-150 -224	-150 -270	-150 -340	-150 -450
80	100	-380 -467	-380 -520	-380 -600	-380 -730	-380 -920	-220 -307	-220 -360	-220 -440	-220 -570	-220 -760	-170 -224	-170 -257	-170 -310	-170 -390	-170 -520
100	120	-410 -497	-410 -550	-410 -630	-410 -760	-410 -950	-240 -327	-240 -380	-240 -460	-240 -590	-240 -780	-180 -234	-180 -267	-180 -320	-180 -400	-180 -530
120	140	-460 -560	-460 -620	-460 -710	-460 -860	-460 -1090	-260 -360	-260 -420	-260 -510	-260 -660	-260 -890	-200 -263	-200 -300	-200 -360	-200 -450	-200 -600
140	160	-520 -620	-520 -680	-520 -770	-520 -920	-520 -1150	-280 -380	-280 -440	-280 -530	-280 -680	-280 -910	-210 -273	-210 -310	-210 -370	-210 -460	-210 -610
160	180	-580 -680	-580 -740	-580 -830	-580 -980	-580 -1210	-310 -410	-310 -470	-310 -560	-310 -710	-310 -940	-230 -293	-230 -330	-230 -390	-230 -480	-230 -630
180	200	-660 -775	-660 -845	-660 -950	-660 -1120	-660 -1380	-340 -455	-340 -525	-340 -630	-340 -800	-340 -1060	-240 -312	-240 -355	-240 -425	-240 -530	-240 -700
200	225	-740 -855	-740 -925	-740 -1030	-740 -1200	-740 -1460	-380 -495	-380 -565	-380 -670	-380 -840	-380 -1100	-260 -332	-260 -375	-260 -445	-260 -550	-260 -720
225	250	-820 -935	-820 -1005	-820 -1110	-820 -1280	-820 -1540	-420 -535	-420 -605	-420 -710	-420 -880	-420 -1140	-280 -352	-280 -395	-280 -465	-280 -570	-280 -740
250	280	-920 -1050	-920 -1130	-920 -1240	-920 -1440	-920 -1730	-480 -610	-480 -690	-480 -800	-480 -1000	-480 -1290	-300 -381	-300 -430	-300 -510	-300 -620	-300 -820
280	315	-1050 -1180	-1050 -1260	-1050 -1370	-1050 -1570	-1050 -1860	-540 -670	-540 -750	-540 -860	-540 -1060	-540 -1350	-330 -411	-330 -460	-330 -540	-330 -650	-330 -850
315	355	-1200 -1340	-1200 -1430	-1200 -1560	-1200 -1770	-1200 -2090	-600 -740	-600 -830	-600 -960	-600 -1170	-600 -1490	-360 -449	-360 -500	-360 -590	-360 -720	-360 -930
355	400	-1350 -1490	-1350 -1580	-1350 -1710	-1350 -1920	-1350 -2240	-680 -820	-680 -910	-680 -1040	-680 -1250	-680 -1570	-400 -489	-400 -540	-400 -630	-400 -760	-400 -970
400	450	-1500 -1655	-1500 -1750	-1500 -1900	-1500 -2130	-1500 -2470	-760 -915	-760 -1010	-760 -1160	-760 -1390	-760 -1730	-440 -537	-440 -595	-440 -690	-440 -840	-440 -1070
450	500	-1650 -1805	-1650 -1900	-1650 -2050	-1650 -2280	-1650 -2620	-840 -995	-840 -1090	-840 -1240	-840 -1470	-840 -1810	-480 -577	-480 -635	-480 -730	-480 -880	-480 -1110

（续）

公称尺寸/mm		公差带												
		d					e					f		
大于	至	7	8	9	10	11	6	7	8	9	10	5	6	7
—	3	-20 -30	-20 -34	-20 -45	-20 -60	-20 -80	-14 -20	-14 -24	-14 -28	-14 -39	-14 -54	-6 -10	-6 -12	-6 -16
3	6	-30 -42	-30 -48	-30 -60	-30 -78	-30 -105	-20 -28	-20 -32	-20 -38	-20 -50	-20 -68	-10 -15	-10 -18	-10 -22
6	10	-40 -55	-40 -62	-40 -76	-40 -98	-40 -130	-25 -34	-25 -40	-25 -47	-25 -61	-25 -83	-13 -19	-13 -22	-13 -28
10	18	-50 -68	-50 -77	-50 -93	-50 -120	-50 -160	-32 -43	-32 -50	-32 -59	-32 -75	-32 -102	-16 -24	-16 -27	-16 -34
18	30	-65 -86	-65 -98	-65 -117	-65 -149	-65 -195	-40 -53	-40 -61	-40 -73	-40 -92	-40 -124	-20 -29	-20 -33	-20 -41
30	50	-80 -105	-80 -119	-80 -142	-80 -180	-80 -240	-50 -66	-50 -75	-50 -89	-50 -112	-50 -150	-25 -36	-25 -41	-25 -50
50	80	-100 -130	-100 -146	-100 -174	-100 -220	-100 -290	-60 -79	-60 -90	-60 -106	-60 -134	-60 -180	-30 -43	-30 -49	-30 -60
80	120	-120 -155	-120 -174	-120 -207	-120 -260	-120 -340	-72 -94	-72 -107	-72 -126	-72 -159	-72 -212	-36 -51	-36 -58	-36 -71
120	180	-145 -185	-145 -208	-145 -245	-145 -305	-145 -395	-85 -110	-85 -125	-85 -148	-85 -185	-85 -245	-43 -61	-43 -68	-43 -83
180	250	-170 -216	-170 -242	-170 -285	-170 -355	-170 -460	-100 -129	-100 -146	-100 -172	-100 -215	-100 -285	-50 -70	-50 -79	-50 -96
250	315	-190 -242	-190 -271	-190 -320	-190 -400	-190 -510	-110 -142	-110 -162	-110 -191	-110 -240	-110 -320	-56 -79	-56 -88	-56 -108
315	400	-210 -267	-210 -299	-210 -350	-210 -440	-210 -570	-125 -161	-125 -182	-125 -214	-125 -265	-125 -355	-62 -87	-62 -98	-62 -119
400	500	-230 -293	-230 -327	-230 -385	-230 -480	-230 -630	-135 -175	-135 -198	-135 -232	-135 -290	-135 -385	-68 -95	-68 -108	-68 -131

（续）

公称尺寸/mm		公差带												
		f		g					h					
大于	至	8	9	4	5	6	7	8	1	2	3	4	5	6
—	3	-6 -20	-6 -31	-2 -5	-2 -6	-2 -8	-2 -12	-2 -16	0 -0.8	0 -1.2	0 -2	0 -3	0 -4	0 -6
3	6	-10 -28	-10 -40	-4 -8	-4 -9	-4 -12	-4 -16	-4 -22	0 -1	0 -1.5	0 -2.5	0 -4	0 -5	0 -8
6	10	-13 -35	-13 -49	-5 -9	-5 -11	-5 -14	-5 -20	-5 -27	0 -1	0 -1.5	0 -2.5	0 -4	0 -6	0 -9
10	18	-16 -43	-16 -59	-6 -11	-6 -14	-6 -17	-6 -24	-6 -33	0 -1.2	0 -2	0 -3	0 -5	0 -8	0 -11
18	30	-20 -53	-20 -72	-7 -13	-7 -16	-7 -20	-7 -28	-7 -40	0 -1.5	0 -2.5	0 -4	0 -6	0 -9	0 -13
30	50	-25 -64	-25 -87	-9 -16	-9 -20	-9 -25	-9 -34	-9 -48	0 -1.5	0 -2.5	0 -4	0 -7	0 -11	0 -16
50	80	-30 -76	-30 -104	-10 -18	-10 -23	-10 -29	-10 -40	-10 -56	0 -2	0 -3	0 -5	0 -8	0 -13	0 -19
80	120	-36 -90	-36 -123	-12 -22	-12 -27	-12 -34	-12 -47	-12 -66	0 -2.5	0 -4	0 -6	0 -10	0 -15	0 -22
120	180	-43 -106	-43 -143	-14 -26	-14 -32	-14 -39	-14 -54	-14 -77	0 -3.5	0 -5	0 -8	0 -12	0 -18	0 -25
180	250	-50 -122	-50 -165	-15 -29	-15 -35	-15 -44	-15 -61	-15 -87	0 -4.5	0 -7	0 -10	0 -14	0 -20	0 -29
250	315	-56 -137	-56 -186	-17 -33	-17 -40	-17 -49	-17 -69	-17 -98	0 -6	0 -8	0 -12	0 -16	0 -23	0 -32
315	400	-62 -151	-62 -202	-18 -36	-18 -43	-18 -54	-18 -75	-18 -107	0 -7	0 -9	0 -13	0 -18	0 -25	0 -36
400	500	-68 -165	-68 -223	-20 -40	-20 -47	-20 -60	-20 -83	-20 -117	0 -8	0 -10	0 -15	0 -20	0 -27	0 -40

（续）

公称尺寸/mm		公差带												
		h							j			js		
大于	至	7	8	9	10	11	12	13	5	6	7	1	2	3
—	3	0 -10	0 -14	0 -25	0 -40	0 -60	0 -100	0 -140	±2	+4 -2	+6 -4	±0.4	±0.6	±1
3	6	0 -12	0 -18	0 -30	0 -48	0 -75	0 -120	0 -180	+3 -2	+6 -2	+8 -4	±0.5	±0.75	±1.25
6	10	0 -15	0 -22	0 -36	0 -58	0 -90	0 -150	0 -220	+4 -2	+7 -2	+10 -5	±0.5	±0.75	±1.25
10	18	0 -18	0 -27	0 -43	0 -70	0 -110	0 -180	0 -270	+5 -3	+8 -3	+12 -6	±0.6	±1	±1.5
18	30	0 -21	0 -33	0 -52	0 -84	0 -130	0 -210	0 -330	+5 -4	+9 -4	+13 -8	±0.75	±1.25	±2
30	50	0 -25	0 -39	0 -62	0 -100	0 -160	0 -250	0 -390	+6 -5	+11 -5	+15 -10	±0.75	±1.25	±2
50	80	0 -30	0 -46	0 -74	0 -120	0 -190	0 -300	0 -460	+6 -7	+12 -7	+18 -12	±1	±1.5	±2.5
80	120	0 -35	0 -54	0 -87	0 -140	0 -220	0 -350	0 -540	+6 -9	+13 -9	+20 -15	±1.25	±2	±3
120	180	0 -40	0 -63	0 -100	0 -160	0 -250	0 -400	0 -630	+7 -11	+14 -11	+22 -18	±1.75	±2.5	±4
180	250	0 -46	0 -72	0 -115	0 -185	0 -290	0 -460	0 -720	+7 -13	+16 -13	+25 -21	±2.25	±3.5	±5
250	315	0 -52	0 -81	0 -130	0 -210	0 -320	0 -520	0 -810	+7 -16	±16	±26	±3	±4	±6
315	400	0 -57	0 -89	0 -140	0 -230	0 -360	0 -570	0 -890	+7 -18	±18	+29 -28	±3.5	±4.5	±6.5
400	500	0 -63	0 -97	0 -155	0 -250	0 -400	0 -630	0 -970	+7 -20	±20	+31 -32	±4	±5	±7.5

（续）

公称尺寸/mm		公差带											
		js										k	
大于	至	4	5	6	7	8	9	10	11	12	13	4	5
—	3	±1.5	±2	±3	±5	±7	±12	±20	±30	±50	±70	+3 0	+4 0
3	6	±2	±2.5	±4	±6	±9	±15	±24	±37	±60	±90	+5 +1	+6 +1
6	10	±2	±3	±4.5	±7	±11	±18	±29	±45	±75	±110	+5 +1	+7 +1
10	18	±2.5	±4	±5.5	±9	±13	±21	±35	±55	±90	±135	+6 +1	+9 +1
18	30	±3	±4.5	±6.5	±10	±16	±26	±42	±65	±105	±165	+8 +2	+11 +2
30	50	±3.5	±5.5	±8	±12	±19	±31	±50	±80	±125	±195	+9 +2	+13 +2
50	80	±4	±6.5	±9.5	±15	±23	±37	±60	±95	±150	±230	+10 +2	+15 +2
80	120	±5	±7.5	±11	±17	±27	±43	±70	±110	±175	±270	+13 +3	+18 +3
120	180	±6	±9	±12.5	±20	±31	±50	±80	±125	±200	±315	+15 +3	+21 +3
180	250	±7	±10	±14.5	±23	±36	±57	±92	±145	±230	±360	+18 +4	+24 +4
250	315	±8	±11.5	±16	±26	±40	±65	±105	±160	±260	±405	+20 +4	+27 +4
315	400	±9	±12.5	±18	±28	±44	±70	±115	±180	±285	±445	+22 +4	+29 +4
400	500	±10	±13.5	±20	±31	±48	±77	±125	±200	±315	±485	+25 +5	+32 +5

（续）

公称尺寸/mm		公差带												
		k			m					n				
大于	至	6	7	8	4	5	6	7	8	4	5	6	7	8
—	3	+6 0	+10 0	+14 0	+5 +2	+6 +2	+8 +2	+12 +2	+16 +2	+7 +4	+8 +4	+10 +4	+14 +4	+18 +4
3	6	+9 +1	+13 +1	+18 0	+8 +4	+9 +4	+12 +4	+16 +4	+22 +4	+12 +8	+13 +8	+16 +8	+20 +8	+26 +8
6	10	+10 +1	+16 +1	+22 0	+10 +6	+12 +6	+15 +6	+21 +6	+28 +6	+14 +10	+16 +10	+19 +10	+25 +10	+32 +10
10	18	+12 +1	+19 +1	+27 0	+12 +7	+15 +7	+18 +7	+25 +7	+34 +7	+17 +12	+20 +12	+23 +12	+30 +12	+39 +12
18	30	+15 +2	+23 +2	+33 0	+14 +8	+17 +8	+21 +8	+29 +8	+41 +8	+21 +15	+24 +15	+28 +15	+36 +15	+48 +15
30	50	+18 +2	+27 +2	+39 0	+16 +9	+20 +9	+25 +9	+34 +9	+48 +9	+24 +17	+28 +17	+33 +17	+42 +17	+56 +17
50	80	+21 +2	+32 +2	+46 0	+19 +11	+24 +11	+30 +11	+41 +11		+28 +20	+33 +20	+39 +20	+50 +20	
80	120	+25 +3	+38 +3	+54 0	+23 +13	+28 +13	+35 +13	+48 +13		+33 +23	+38 +23	+45 +23	+58 +23	
120	180	+28 +3	+43 +3	+63 0	+27 +15	+33 +15	+40 +15	+55 +15		+39 +27	+45 +27	+52 +27	+67 +27	
180	250	+33 +4	+50 +4	+72 0	+31 +17	+37 +17	+46 +17	+63 +17		+45 +31	+51 +31	+60 +31	+77 +31	
250	315	+36 +4	+56 +4	+81 0	+36 +20	+43 +20	+52 +20	+72 +20		+50 +34	+57 +34	+66 +34	+86 +34	
315	400	+40 +4	+61 +4	+89 0	+39 +21	+46 +21	+57 +21	+78 +21		+55 +37	+62 +37	+73 +37	+94 +37	
400	500	+45 +5	+68 +5	+97 0	+43 +23	+50 +23	+63 +23	+86 +23		+60 +40	+67 +40	+80 +40	+103 +40	

（续）

公称尺寸/mm		公差带												
		p					r					s		
大于	至	4	5	6	7	8	4	5	6	7	8	4	5	6
—	3	+9 +6	+10 +6	+12 +6	+16 +6	+20 +6	+13 +10	+14 +10	+16 +10	+20 +10	+24 +10	+17 +14	+18 +14	+20 +14
3	6	+16 +12	+17 +12	+20 +12	+24 +12	+30 +12	+19 +15	+20 +15	+23 +15	+27 +15	+33 +15	+23 +19	+24 +19	+27 +19
6	10	+19 +15	+21 +15	+24 +15	+30 +15	+37 +15	+23 +19	+25 +19	+28 +19	+34 +19	+41 +19	+27 +23	+29 +23	+32 +23
10	18	+23 +18	+26 +18	+29 +18	+36 +18	+45 +18	+28 +23	+31 +23	+34 +23	+41 +23	+50 +23	+33 +28	+36 +28	+39 +28
18	30	+28 +22	+31 +22	+35 +22	+43 +22	+55 +22	+34 +28	+37 +28	+41 +28	+49 +28	+61 +28	+41 +35	+44 +35	+48 +35
30	50	+33 +26	+37 +26	+42 +26	+51 +26	+65 +26	+41 +34	+45 +34	+50 +34	+59 +34	+73 +34	+50 +43	+54 +43	+59 +43
50	65	+40 +32	+45 +32	+51 +32	+62 +32	+78 +32	+49 +41	+54 +41	+60 +41	+71 +41	+87 +41	+61 +53	+66 +53	+72 +53
65	80						+51 +43	+56 +43	+62 +43	+73 +43	+89 +43	+67 +59	+72 +59	+78 +59
80	100	+47 +37	+52 +37	+59 +37	+72 +37	+91 +37	+61 +51	+66 +51	+73 +51	+86 +51	+105 +51	+81 +71	+86 +71	+93 +71
100	120						+64 +54	+69 +54	+76 +54	+89 +54	+108 +54	+89 +79	+94 +79	+101 +79
120	140	+55 +43	+61 +43	+68 +43	+83 +43	+106 +43	+75 +63	+81 +63	+88 +63	+103 +63	+126 +63	+104 +92	+110 +92	+117 +92
140	160						+77 +65	+83 +65	+90 +65	+105 +65	+128 +65	+112 +100	+118 +100	+125 +100
160	180						+80 +68	+86 +68	+93 +68	+108 +68	+131 +68	+120 +108	+126 +108	+133 +108
180	200	+64 +50	+70 +50	+79 +50	+96 +50	+122 +50	+91 +77	+97 +77	+106 +77	+123 +77	+149 +77	+136 +122	+142 +122	+151 +122
200	225						+94 +80	+100 +80	+109 +80	+126 +80	+152 +80	+144 +130	+150 +130	+159 +130
225	250						+98 +84	+104 +84	+113 +84	+130 +84	+156 +84	+154 +140	+160 +140	+169 +140
250	280	+72 +56	+79 +56	+88 +56	+108 +56	+137 +56	+110 +94	+117 +94	+126 +94	+146 +94	+175 +94	+174 +158	+181 +158	+190 +158
280	315						+114 +98	+121 +98	+130 +98	+150 +98	+179 +98	+186 +170	+193 +170	+202 +170
315	355	+80 +62	+87 +62	+98 +62	+119 +62	+151 +62	+126 +108	+133 +108	+144 +108	+165 +108	+197 +108	+208 +190	+215 +190	+226 +190
355	400						+132 +114	+139 +114	+150 +114	+171 +114	+203 +114	+226 +208	+233 +208	+244 +208
400	450	+88 +68	+95 +68	+108 +68	+131 +68	+165 +68	+146 +126	+153 +126	+166 +126	+189 +126	+223 +126	+252 +232	+259 +232	+272 +232
450	500						+152 +132	+159 +132	+172 +132	+195 +132	+229 +132	+272 +252	+279 +252	+292 +252

（续）

公称尺寸/mm		公差带												
		s		t				u				v		
大于	至	7	8	5	6	7	8	5	6	7	8	5	6	7
—	3	+24 +14	+28 +14					+22 +18	+24 +18	+28 +18	+32 +18			
3	6	+31 +19	+37 +19					+28 +23	+31 +23	+35 +23	+41 +23			
6	10	+38 +23	+45 +23					+34 +28	+37 +28	+43 +28	+50 +28			
10	14	+46 +28	+55 +28					+41 +33	+44 +33	+51 +33	+60 +33			
14	18											+47 +39	+50 +39	+57 +39
18	24	+56 +35	+68 +35					+50 +41	+54 +41	+62 +41	+74 +41	+56 +47	+60 +47	+68 +47
24	30			+50 +41	+54 +41	+62 +41	+74 +41	+57 +48	+61 +48	+69 +48	+81 +48	+64 +55	+68 +55	+76 +55
30	40	+68 +43	+82 +43	+59 +48	+64 +48	+73 +48	+87 +48	+71 +60	+76 +60	+85 +60	+99 +60	+79 +68	+84 +68	+93 +68
40	50			+65 +54	+70 +54	+79 +54	+93 +54	+81 +70	+86 +70	+95 +70	+109 +70	+92 +81	+97 +81	+106 +81
50	65	+83 +53	+99 +53	+79 +66	+85 +66	+96 +66	+112 +66	+100 +87	+106 +87	+117 +87	+133 +87	+115 +102	+121 +102	+132 +102
65	80	+89 +59	+105 +59	+88 +75	+94 +75	+105 +75	+121 +75	+115 +102	+121 +102	+132 +102	+148 +102	+133 +120	+139 +120	+150 +120
80	100	+106 +71	+125 +71	+106 +91	+113 +91	+126 +91	+145 +91	+139 +124	+146 +124	+159 +124	+178 +124	+161 +146	+168 +146	+181 +146
100	120	+114 +79	+133 +79	+119 +104	+126 +104	+139 +104	+158 +104	+159 +144	+166 +144	+179 +144	+198 +144	+187 +172	+194 +172	+207 +172
120	140	+132 +92	+155 +92	+140 +122	+147 +122	+162 +122	+185 +122	+188 +170	+195 +170	+210 +170	+233 +170	+220 +202	+227 +202	+242 +202
140	160	+140 +100	+163 +100	+152 +134	+159 +134	+174 +134	+197 +134	+208 +190	+215 +190	+230 +190	+253 +190	+246 +228	+253 +228	+268 +228
160	180	+148 +108	+171 +108	+164 +146	+171 +146	+186 +146	+209 +146	+228 +210	+235 +210	+250 +210	+273 +210	+270 +252	+277 +252	+292 +252
180	200	+168 +122	+194 +122	+186 +166	+195 +166	+212 +166	+238 +166	+256 +236	+265 +236	+282 +236	+308 +236	+304 +284	+313 +284	+330 +284
200	225	+176 +130	+202 +130	+200 +180	+209 +180	+226 +180	+252 +180	+278 +258	+287 +258	+304 +258	+330 +258	+330 +310	+339 +310	+356 +310
225	250	+186 +140	+212 +140	+216 +196	+225 +196	+242 +196	+268 +196	+304 +284	+313 +284	+330 +284	+356 +284	+360 +340	+369 +340	+386 +340
250	280	+210 +158	+239 +158	+241 +218	+250 +218	+270 +218	+299 +218	+338 +315	+347 +315	+367 +315	+396 +315	+408 +385	+417 +385	+437 +385
280	315	+222 +170	+251 +170	+263 +240	+272 +240	+292 +240	+321 +240	+373 +350	+382 +350	+402 +350	+431 +350	+448 +425	+457 +425	+477 +425
315	355	+247 +190	+279 +190	+293 +268	+304 +268	+325 +268	+357 +268	+415 +390	+426 +390	+447 +390	+479 +390	+500 +475	+511 +475	+532 +475
355	400	+265 +208	+297 +208	+319 +294	+330 +294	+351 +294	+383 +294	+460 +435	+471 +435	+492 +435	+524 +435	+555 +530	+566 +530	+587 +530
400	450	+295 +232	+329 +232	+357 +330	+370 +330	+393 +330	+427 +330	+517 +490	+530 +490	+553 +490	+587 +490	+622 +595	+635 +595	+658 +595
450	500	+315 +252	+349 +252	+387 +360	+400 +360	+423 +360	+457 +360	+567 +540	+580 +540	+603 +540	+637 +540	+687 +660	+700 +660	+723 +660

（续）

公称尺寸/mm		公差带										
		v	x				y			z		
大于	至	8	5	6	7	8	6	7	8	6	7	8
—	3		+24 +20	+26 +20	+30 +20	+34 +20				+32 +26	+36 +26	+40 +26
3	6		+33 +28	+36 +28	+40 +28	+46 +28				+43 +35	+47 +35	+53 +35
6	10		+40 +34	+43 +34	+49 +34	+56 +34				+51 +42	+57 +42	+64 +42
10	14		+48 +40	+51 +40	+58 +40	+67 +40				+61 +50	+68 +50	+77 +50
14	18	+66 +39	+53 +45	+56 +45	+63 +45	+72 +45				+71 +60	+78 +60	+87 +60
18	24	+80 +47	+63 +54	+67 +54	+75 +54	+87 +54	+76 +63	+84 +63	+96 +63	+86 +73	+94 +73	106 +73
24	30	+88 +55	+73 +64	+77 +64	+85 +64	+97 +64	+88 +75	+96 +75	+108 +75	+101 +88	+109 +88	+121 +88
30	40	+107 +68	+91 +80	+96 +80	+105 +80	+119 +80	+110 +94	+119 +94	+133 +94	+128 +112	+137 +112	+151 +112
40	50	+120 +81	+108 +97	+113 +97	+122 +97	+136 +97	+130 +114	+139 +114	+153 +114	+152 +136	+161 +136	+175 +136
50	65	+148 +102	+135 +122	+141 +122	+152 +122	+168 +122	+163 +144	+174 +144	+190 +144	+191 +172	+202 +172	+218 +172
65	80	+166 +120	+159 +146	+165 +146	+176 +146	+192 +146	+193 +174	+204 +174	+220 +174	+229 +210	+240 +210	+256 +210
80	100	+200 +146	+193 +178	+200 +178	+213 +178	+232 +178	+236 +214	+249 +214	+268 +214	+280 +258	+293 +258	+312 +258
100	120	+226 +172	+225 +210	+232 +210	+245 +210	+264 +210	+276 +254	+289 +254	+308 +254	+332 +310	+345 +310	+364 +310
120	140	+265 +202	+266 +248	+273 +248	+288 +248	+311 +248	+325 +300	+340 +300	+363 +300	+390 +365	+405 +365	+428 +365
140	160	+291 +228	+298 +280	+305 +280	+320 +280	+343 +280	+365 +340	+380 +340	+403 +340	+440 +415	+455 +415	+478 +415
160	180	+315 +252	+328 +310	+335 +310	+350 +310	+373 +310	+405 +380	+420 +380	+443 +380	+490 +465	+505 +465	+528 +465
180	200	+356 +284	+370 +350	+379 +350	+396 +350	+422 +350	+454 +425	+471 +425	+497 +425	+549 +520	+566 +520	+592 +520
200	225	+382 +310	+405 +385	+414 +385	+431 +385	+457 +385	+499 +470	+516 +470	+542 +470	+604 +575	+621 +575	+647 +575
225	250	+412 +340	+445 +425	+454 +425	+471 +425	+497 +425	+549 +520	+566 +520	+592 +520	+669 +640	+686 +640	+712 +640
250	280	+466 +385	+498 +475	+507 +475	+527 +475	+556 +475	+612 +580	+632 +580	+661 +580	+742 +710	+762 +710	+791 +710
280	315	+506 +425	+548 +525	+557 +525	+577 +525	+606 +525	+682 +650	+702 +650	+731 +650	+822 +790	+842 +790	+871 +790
315	355	+564 +475	+615 +590	+626 +590	+647 +590	+679 +590	+766 +730	+787 +730	+819 +730	+936 +900	+957 +900	+989 +900
355	400	+619 +530	+685 +660	+696 +660	+717 +660	+749 +660	+856 +820	+877 +820	+909 +820	+1036 +1000	+1057 +1000	+1089 +1000
400	450	+692 +595	+767 +740	+780 +740	+803 +740	+837 +740	+960 +920	+983 +920	+1017 +920	+1140 +1100	+1163 +1100	+1197 +1100
450	500	+757 +660	+847 +820	+860 +820	+883 +820	+917 +820	+1040 +1000	+1063 +1000	+1097 +1000	+1290 +1250	+1313 +1250	+1347 +1250

注：公称尺寸小于1mm时，各级的a和b均不采用。

附录 B 孔的极限偏差

（单位：μm）

公称尺寸/mm		公差带												
		A				B				C				
大于	至	9	10	11	12	9	10	11	12	8	9	10	11	12
—	3	+295 +270	+310 +270	+330 +270	+370 +270	+165 +140	+180 +140	+200 +140	+240 +140	+74 +60	+85 +60	+100 +60	+120 +60	+160 +60
3	6	+300 +270	+318 +270	+345 +270	+390 +270	+170 +140	+188 +140	+215 +140	+260 +140	+88 +70	+100 +70	+118 +70	+145 +70	+190 +70
6	10	+316 +280	+338 +280	+370 +280	+430 +280	+186 +150	+208 +150	+240 +150	+300 +150	+102 +80	+116 +80	+138 +80	+170 +80	+230 +80
10	18	+333 +290	+360 +290	+400 +290	+470 +290	+193 +150	+220 +150	+260 +150	+330 +150	+122 +95	+138 +95	+165 +95	+205 +95	+275 +95
18	30	+352 +300	+384 +300	+430 +300	+510 +300	+212 +160	+244 +160	+290 +160	+370 +160	+143 +110	+162 +110	+194 +110	+240 +110	+320 +110
30	40	+372 +310	+410 +310	+470 +310	+560 +310	+232 +170	+270 +170	+330 +170	+420 +170	+159 +120	+182 +120	+220 +120	+280 +120	+370 +120
40	50	+382 +320	+420 +320	+480 +320	+570 +320	+242 +180	+280 +180	+340 +180	+430 +180	+169 +130	+192 +130	+230 +130	+290 +130	+380 +130
50	65	+414 +340	+460 +340	+530 +340	+640 +340	+264 +190	+310 +190	+380 +190	+490 +190	+186 +140	+214 +140	+260 +140	+330 +140	+440 +140
65	80	+434 +360	+480 +360	+550 +360	+660 +360	+274 +200	+320 +200	+390 +200	+500 +200	+196 +150	+224 +150	+270 +150	+340 +150	+450 +150
80	100	+467 +380	+520 +380	+600 +380	+730 +380	+307 +220	+360 +220	+440 +220	+570 +220	+224 +170	+257 +170	+310 +170	+390 +170	+520 +170
100	120	+497 +410	+550 +410	+630 +410	+760 +410	+327 +240	+380 +240	+460 +240	+590 +240	+234 +180	+267 +180	+320 +180	+400 +180	+530 +180
120	140	+560 +460	+620 +460	+710 +460	+860 +460	+360 +260	+420 +260	+510 +260	+660 +260	+263 +200	+300 +200	+360 +200	+450 +200	+600 +200
140	160	+620 +520	+680 +520	+770 +520	+920 +520	+380 +280	+440 +280	+530 +280	+680 +280	+273 +210	+310 +210	+370 +210	+460 +210	+610 +210
160	180	+680 +580	+740 +580	+830 +580	+980 +580	+410 +310	+470 +310	+560 +310	+710 +310	+293 +230	+330 +230	+390 +230	+480 +230	+630 +230
180	200	+775 +660	+845 +660	+950 +660	+1120 +660	+455 +340	+525 +340	+630 +340	+800 +340	+312 +240	+355 +240	+425 +240	+530 +240	+700 +240
200	225	+855 +740	+925 +740	+1030 +740	+1200 +740	+495 +380	+565 +380	+670 +380	+840 +380	+332 +260	+375 +260	+445 +260	+550 +260	+720 +260
225	250	+935 +820	+1005 +820	+1110 +820	+1280 +820	+535 +420	+605 +420	+710 +420	+880 +420	+352 +280	+395 +280	+465 +280	+570 +280	+740 +280
250	280	+1050 +920	+1130 +920	+1240 +920	+1440 +920	+610 +480	+690 +480	+800 +480	+1000 +480	+381 +300	+430 +300	+510 +300	+620 +300	+820 +300
280	315	+1180 +1050	+1260 +1050	+1370 +1050	+1570 +1050	+670 +540	+750 +540	+860 +540	+1060 +540	+411 +330	+460 +330	+540 +330	+650 +330	+850 +330
315	355	+1340 +1200	+1430 +1200	+1560 +1200	+1770 +1200	+740 +600	+830 +600	+960 +600	+1170 +600	+449 +360	+500 +360	+590 +360	+720 +360	+930 +360
355	400	+1490 +1350	+1580 +1350	+1710 +1350	+1920 +1350	+820 +680	+910 +680	+1040 +680	+1250 +680	+489 +400	+540 +400	+630 +400	+760 +400	+970 +400
400	450	+1655 +1500	+1750 +1500	+1900 +1500	+2130 +1500	+915 +760	+1010 +760	+1160 +760	+1390 +760	+537 +440	+595 +440	+690 +440	+840 +440	+1070 +440
450	500	+1805 +1650	+1900 +1650	+2050 +1650	+2280 +1650	+995 +840	+1090 +840	1240 +840	+1470 +840	+577 +480	+635 +480	+730 +480	+880 +480	+1110 +480

（续）

公称尺寸/mm		公差带												
		D					E				F			
大于	至	7	8	9	10	11	7	8	9	10	6	7	8	9
—	3	+30 +20	+34 +20	+45 +20	+60 +20	+80 +20	+24 +14	+28 +14	+39 +14	+54 +14	+12 +6	+16 +6	+20 +6	+31 +6
3	6	+42 +30	+48 +30	+60 +30	+78 +30	+105 +30	+32 +20	+38 +20	+50 +20	+68 +20	+18 +10	+22 +10	+28 +10	+40 +10
6	10	+55 +40	+62 +40	+76 +40	+98 +40	+130 +40	+40 +25	+47 +25	+61 +25	+83 +25	+22 +13	+28 +13	+35 +13	+49 +13
10	18	+68 +50	+77 +50	+93 +50	+120 +50	+160 +50	+50 +32	+59 +32	+75 +32	+102 +32	+27 +16	+34 +16	+43 +16	+59 +16
18	30	+86 +65	+98 +65	+117 +65	+149 +65	+195 +65	+61 +40	+73 +40	+92 +40	+124 +40	+33 +20	+41 +20	+53 +20	+72 +20
30	50	+105 +80	+119 +80	+142 +80	+180 +80	+240 +80	+75 +50	+89 +50	+112 +50	+150 +50	+41 +25	+50 +25	+64 +25	+87 +25
50	80	+130 +100	+146 +100	+174 +100	+220 +100	+290 +100	+90 +60	+106 +60	+134 +60	+180 +60	+49 +30	+60 +30	+76 +30	+104 +30
80	120	+155 +120	+174 +120	+207 +120	+260 +120	+340 +120	+107 +72	+126 +72	+159 +72	+212 +72	+58 +36	+71 +36	+90 +36	+123 +36
120	180	+185 +145	+208 +145	+245 +145	+305 +145	+395 +145	+125 +85	+148 +85	+185 +85	+245 +85	+68 +43	+83 +43	+106 +43	+143 +43
180	250	+216 +170	+242 +170	+285 +170	+355 +170	+460 +170	+146 +100	+172 +100	+215 +100	+285 +100	+79 +50	+96 +50	+122 +50	+165 +50
250	315	+242 +190	+271 +190	+320 +190	+400 +190	+510 +190	+162 +110	+191 +110	+240 +110	+320 +110	+88 +56	+108 +56	+137 +56	+186 +56
315	400	+267 +210	+299 +210	+350 +210	+440 +210	+570 +210	+182 +125	+214 +125	+265 +125	+355 +125	+98 +62	+119 +62	+151 +62	+202 +62
400	500	+293 +230	+327 +230	+385 +230	+480 +230	+630 +230	+198 +135	+232 +135	+290 +135	+385 +135	+108 +68	+131 +68	+165 +68	+223 +68

（续）

公称尺寸/mm		公差带												
		G				H								
大于	至	5	6	7	8	1	2	3	4	5	6	7	8	9
—	3	+6 +2	+8 +2	+12 +2	+16 +2	+0.8 0	+1.2 0	+2 0	+3 0	+4 0	+6 0	+10 0	+14 0	+25 0
3	6	+9 +4	+12 +4	+16 +4	+22 +4	+1 0	+1.5 0	+2.5 0	+4 0	+5 0	+8 0	+12 0	+18 0	+30 0
6	10	+11 +5	+14 +5	+20 +5	+27 +5	+1 0	+1.5 0	+2.5 0	+4 0	+6 0	+9 0	+15 0	+22 0	+36 0
10	18	+14 +6	+17 +6	+24 +6	+33 +6	+1.2 0	+2 0	+3 0	+5 0	+8 0	+11 0	+18 0	+27 0	+43 0
18	30	+16 +7	+20 +7	+28 +7	+40 +7	+1.5 0	+2.5 0	+4 0	+6 0	+9 0	+13 0	+21 0	+33 0	+52 0
30	50	+20 +9	+25 +9	+34 +9	+48 +9	+1.5 0	+2.5 0	+4 0	+7 0	+11 0	+16 0	+25 0	+39 0	+62 0
50	80	+23 +10	+29 +10	+40 +10	+56 +10	+2 0	+3 0	+5 0	+8 0	+13 0	+19 0	+30 0	+46 0	+74 0
80	120	+27 +12	+34 +12	+47 +12	+66 +12	+2.5 0	+4 0	+6 0	+10 0	+15 0	+22 0	+35 0	+54 0	+87 0
120	180	+32 +14	+39 +14	+54 +14	+77 +14	+3.5 0	+5 0	+8 0	+12 0	+18 0	+25 0	+40 0	+63 0	+100 0
180	250	+35 +15	+44 +15	+61 +15	+87 +15	+4.5 0	+7 0	+10 0	+14 0	+20 0	+29 0	+46 0	+72 0	+115 0
250	315	+40 +17	+49 +17	+69 +17	+98 +17	+6 0	+8 0	+12 0	+16 0	+23 0	+32 0	+52 0	+81 0	+130 0
315	400	+43 +18	+54 +18	+75 +18	+107 +18	+7 0	+9 0	+13 0	+18 0	+25 0	+36 0	+57 0	+89 0	+140 0
400	500	+47 +20	+60 +20	+83 +20	+117 +20	+8 0	+10 0	+15 0	+20 0	+27 0	+40 0	+63 0	+97 0	+155 0

（续）

公称尺寸/mm		公差带												
		H				J			JS					
大于	至	10	11	12	13	6	7	8	1	2	3	4	5	6
—	3	+40 0	+60 0	+100 0	+140 0	+2 -4	+4 -6	+6 -8	±0.4	±0.6	±1	±1.5	±2	±3
3	6	+48 0	+75 0	+120 0	+180 0	+5 -3	±6	+10 -8	±0.5	±0.75	±1.25	±2	±2.5	±4
6	10	+58 0	+90 0	+150 0	+220 0	+5 -4	+8 -7	+12 -10	±0.5	±0.75	±1.25	±2	±3	±4.5
10	18	+70 0	+110 0	+180 0	+270 0	+6 -5	+10 -8	+15 -12	±0.6	±1	±1.5	±2.5	±4	±5.5
18	30	+84 0	+130 0	+210 0	+330 0	+8 -5	+12 -9	+20 -13	±0.75	±1.25	±2	±3	±4.5	±6.5
30	50	+100 0	+160 0	+250 0	+390 0	+10 -6	+14 -11	+24 -15	±0.75	±1.25	±2	±3.5	±5.5	±8
50	80	+120 0	+190 0	+300 0	+460 0	+13 -6	+18 -12	+28 -18	±1	±1.5	±2.5	±4	±6.5	±9.5
80	120	+140 0	+220 0	+350 0	+540 0	+16 -6	+22 -13	+34 -20	±1.25	±2	±3	±5	±7.5	±11
120	180	+160 0	+250 0	+400 0	+630 0	+18 -7	+26 -14	+41 -22	±1.75	±2.5	±4	±6	±9	±12.5
180	250	+185 0	+290 0	+460 0	+720 0	+22 -7	+30 -16	+47 -25	±2.25	±3.5	±5	±7	±10	±14.5
250	315	+210 0	+320 0	+520 0	+810 0	+25 -7	+36 -16	+55 -26	±3	±4	±6	±8	±11.5	±16
315	400	+230 0	+360 0	+570 0	+890 0	+29 -7	+39 -18	+60 -29	±3.5	±4.5	±6.5	±9	±12.5	±18
400	500	+250 0	+400 0	+630 0	+970 0	+33 -7	+43 -20	+66 -31	±4	±5	±7.5	±10	±13.5	±20

（续）

公称尺寸/mm		公差带													
		JS							K					M
大于	至	7	8	9	10	11	12	13	4	5	6	7	8	4
—	3	±5	±7	±12	±20	±30	±50	±70	0 -3	0 -4	0 -6	0 -10	0 -14	-2 -5
3	6	±6	±9	±15	±24	±37	±60	±90	+0.5 -3.5	0 -5	+2 -6	+3 -9	+5 -13	-2.5 -6.5
6	10	±7	±11	±18	±29	±45	±75	±110	+0.5 -3.5	+1 -5	+2 -7	+5 -10	+6 -16	-4.5 -8.5
10	18	±9	±13	±21	±35	±55	±90	±135	+1 -4	+2 -6	+2 -9	+6 -12	+8 -19	-5 -10
18	30	±10	±16	±26	±42	±65	±105	±165	0 -6	+1 -8	+2 -11	+6 -15	+10 -23	-6 -12
30	50	±12	±19	±31	±50	±80	±125	±195	+1 -6	+2 -9	+3 -13	+7 -18	+12 -27	-6 -13
50	80	±15	±23	±37	±60	±95	±150	±230		+3 -10	+4 -15	+9 -21	+14 -32	
80	120	±17	±27	±43	±70	±110	±175	±270		+2 -13	+4 -18	+10 -25	+16 -38	
120	180	±20	±31	±50	±80	±125	±200	±315		+3 -15	+4 -21	+12 -28	+20 -43	
180	250	±23	±36	±57	±92	±145	±230	±360		+2 -18	+5 -24	+13 -33	+22 -50	
250	315	±26	±40	±65	±105	±160	±260	±405		+3 -20	+5 -27	+16 -36	+25 -56	
315	400	±28	±44	±70	±115	±180	±285	±445		+3 -22	+7 -29	+17 -40	+28 -61	
400	500	±31	±48	±77	±125	±200	±315	±485		+2 -25	+8 -32	+18 -45	+29 -68	

（续）

公称尺寸/mm		公差带												
		M				N					P			
大于	至	5	6	7	8	5	6	7	8	9	5	6	7	8
—	3	-2 -6	-2 -8	-2 -12	-2 -16	-4 -8	-4 -10	-4 -14	-4 -18	-4 -29	-6 -10	-6 -12	-6 -16	-6 -20
3	6	-3 -8	-1 -9	0 -12	+2 -16	-7 -12	-5 -13	-4 -16	-2 -20	0 -30	-11 -16	-9 -17	-8 -20	-12 -30
6	10	-4 -10	-3 -12	0 -15	+1 -21	-8 -14	-7 -16	-4 -19	-3 -25	0 -36	-13 -19	-12 -21	-9 -24	-15 -37
10	18	-4 -12	-4 -15	0 -18	+2 -25	-9 -17	-9 -20	-5 -23	-3 -30	0 -43	-15 -23	-15 -26	-11 -29	-18 -45
18	30	-5 -14	-4 -17	0 -21	+4 -29	-12 -21	-11 -24	-7 -28	-3 -36	0 -52	-19 -28	-18 -31	-14 -35	-22 -55
30	50	-5 -16	-4 -20	0 -25	+5 -34	-13 -24	-12 -28	-8 -33	-3 -42	0 -62	-22 -33	-21 -37	-17 -42	-26 -65
50	80	-6 -19	-5 -24	0 -30	+5 -41	-15 -28	-14 -33	-9 -39	-4 -50	0 -74	-27 -40	-26 -45	-21 -51	-32 -78
80	120	-8 -23	-6 -28	0 -35	+6 -48	-18 -33	-16 -38	-10 -45	-4 -58	0 -87	-32 -47	-30 -52	-24 -59	-37 -91
120	180	-9 -27	-8 -33	0 -40	+8 -55	-21 -39	-20 -45	-12 -52	-4 -67	0 -100	-37 -55	-36 -61	-28 -68	-43 -106
180	250	-11 -31	-8 -37	0 -46	+9 -63	-25 -45	-22 -51	-14 -60	-5 -77	0 -115	-44 -64	-41 -70	-33 -79	-50 -122
250	315	-13 -36	-9 -41	0 -52	+9 -72	-27 -50	-25 -57	-14 -66	-5 -86	0 -130	-49 -72	-47 -79	-36 -88	-56 -137
315	400	-14 -39	-10 -46	0 -57	+11 -78	-30 -55	-26 -62	-16 -73	-5 -94	0 -140	-55 -80	-51 -87	-41 -98	-62 -151
400	500	-16 -43	-10 -50	0 -63	+11 -86	-33 -60	-27 -67	-17 -80	-6 -103	0 -155	-61 -88	-55 -95	-45 -108	-68 -165

（续）

公称尺寸/mm		公差带												
		P	R				S				T			U
大于	至	9	5	6	7	8	5	6	7	8	6	7	8	6
—	3	-6 -31	-10 -14	-10 -16	-10 -20	-10 -24	-14 -18	-14 -20	-14 -24	-14 -28				18 -24
3	6	-12 -42	-14 -19	-12 -20	-11 -23	-15 -33	-18 -23	-16 -24	-15 -27	-19 -37				-20 -28
6	10	-15 -51	-17 -23	-16 -25	-13 -28	-19 -41	-21 -27	-20 -29	-17 -32	-23 -45				-25 -34
10	18	-18 -61	-20 -28	-20 -31	-16 -34	-23 -50	-25 -33	-25 -36	-21 -39	-28 -55				-30 -41
18	24	-22 -74	-25 -34	-24 -37	-20 -41	-28 -61	-32 -41	-31 -44	-27 -48	-35 -68				-37 -50
24	30										-37 -50	-33 -54	-41 -74	-44 -57
30	40	-26 -88	-30 -41	-29 -45	-25 -50	-34 -73	-39 -50	-38 -54	-34 -59	-43 -82	-43 -59	-39 -64	-48 -87	-55 -71
40	50										-49 -65	-45 -70	-54 -93	-65 -81
50	65	-32 -106	-36 -49	-35 -54	-30 -60	-41 -87	-48 -61	-47 -66	-42 -72	-53 -99	-60 -79	-55 -85	-66 -112	-81 -100
65	80		-38 -51	-37 -56	-32 -62	-43 -89	-54 -67	-53 -72	-48 -78	-59 -105	-69 -88	-64 -94	-75 -121	-96 -115
80	100	-37 -124	-46 -61	-44 -66	-38 -73	-51 -105	-66 -81	-64 -86	-58 -93	-71 -125	-84 -106	-78 -113	-91 -145	-117 -139
100	120		-49 -64	-47 -69	-41 -76	-54 -108	-74 -89	-72 -94	-66 -101	-79 -133	-97 -119	-91 -126	-104 -158	-137 -159
120	140	-43 -143	-57 -75	-56 -81	-48 -88	-63 -126	-86 -104	-85 -110	-77 -117	-92 -155	-115 -140	-107 -147	-122 -185	-163 -188
140	160		-59 -77	-58 -83	-50 -90	-65 -128	-94 -112	-93 -118	-85 -125	-100 -163	-127 -152	-119 -159	-134 -197	-183 -208
160	180		-62 -80	-61 -86	-53 -93	-68 -131	-102 -120	-101 -126	-93 -133	-108 -171	-139 -164	-131 -171	-146 -209	-203 -228
180	200	-50 -165	-71 -91	-68 -97	-60 -106	-77 -149	-116 -136	-113 -142	-105 -151	-122 -194	-157 -186	-149 -195	-166 -238	-227 -256
200	225		-74 -94	-71 -100	-63 -109	-80 -152	-124 -144	-121 -150	-113 -159	-130 -202	-171 -200	-163 -209	-180 -252	-249 -278
225	250		-78 -98	-75 -104	-67 -113	-84 -156	-134 -154	-131 -160	-123 -169	-140 -212	-187 -216	-179 -225	-196 -268	-275 -304
250	280	-56 -186	-87 -110	-85 -117	-74 -126	-94 -175	-151 -174	-149 -181	-138 -190	-158 -239	-209 -241	-198 -250	-218 -299	-306 -338
280	315		-91 -114	-89 -121	-78 -130	-98 -179	-163 -186	-161 -193	-150 -202	-170 -251	-231 -263	-220 -272	-240 -321	-341 -373
315	355	-62 -202	-101 -126	-97 -133	-87 -144	-108 -197	-183 -208	-179 -215	-169 -226	-190 -279	-257 -293	-247 -304	-268 -357	-379 -415
355	400		-107 -132	-103 -139	-93 -150	-114 -203	-201 -226	-197 -233	-187 -244	-208 -297	-283 -319	-273 -330	-294 -383	-424 -460
400	450	-68 -223	-119 -146	-113 -153	-103 -166	-126 -223	-225 -252	-219 -259	-209 -272	-232 -329	-317 -357	-307 -370	-330 -427	-477 -517
450	500		-125 -152	-119 -159	-109 -172	-132 -229	-245 -272	-239 -279	-229 -292	-252 -349	-347 -387	-337 -400	-360 -457	-527 -567

（续）

公称尺寸/mm		公差带													
		U		V			X			Y			Z		
大于	至	7	8	6	7	8	6	7	8	6	7	8	6	7	8
—	3	18 -28	-18 -32				-20 -26	-20 -30	-20 -34				-26 -32	-26 -36	-26 -40
3	6	-19 -31	-23 -41				-25 -33	-24 -36	-28 -46				-32 -40	-31 -43	-35 -53
6	10	-22 -37	-28 -50				-31 -40	-28 -43	-34 -56				-39 -48	-36 -51	-42 -64
10	14	-26 -44	-33 -60				-37 -48	-33 -51	-40 -67				-47 -58	-43 -61	-50 -77
14	18			-36 -47	-32 -50	-39 -66	-42 -53	-38 -56	-45 -72				-57 -68	-53 -71	-60 -87
18	24	-33 -54	-41 -74	-43 -56	-39 -60	-47 -80	-50 -63	-46 -67	-54 -87	-59 -72	-55 -76	-63 -96	-69 -82	-65 -86	-73 -106
24	30	-40 -61	-48 -81	-51 -64	-47 -68	-55 -88	-60 -73	-56 -77	-64 -97	-71 -84	-67 -88	-75 -108	-84 -97	-80 -101	-88 -121
30	40	-51 -76	-60 -99	-63 -79	-59 -84	-68 -107	-75 -91	-71 -96	-80 -119	-89 -105	-85 -110	-94 -133	-107 -123	-103 -128	-112 -151
40	50	-61 -86	-70 -109	-76 -92	-72 -97	-81 -120	-92 -108	-88 -113	-97 -136	-109 -125	-105 -130	-114 -153	-131 -147	-127 -152	-136 -175
50	65	-76 -106	-87 -133	-96 -115	-91 -121	-102 -148	-116 -135	-111 -141	-122 -168	-138 -157	-133 -163	-144 -190		-161 -191	-172 -218
65	80	-91 -121	-102 -148	-114 -133	-109 -139	-120 -166	-140 -159	-135 -165	-146 -192	-168 -187	-163 -193	-174 -220		-199 -229	-210 -256
80	100	-111 -146	-124 -178	-139 -161	-133 -168	-146 -200	-171 -193	-165 -200	-178 -232	-207 -229	-201 -236	-214 -268		-245 -280	-258 -312
100	120	-131 -166	-144 -198	-165 -187	-159 -194	-172 -226	-203 -225	-197 -232	-210 -264	-247 -269	-241 -276	-254 -308		-297 -332	-310 -364
120	140	-155 -195	-170 -233	-195 -220	-187 -227	-202 -265	-241 -266	-233 -273	-248 -311	-293 -318	-285 -325	-300 -363		-350 -390	-365 -428
140	160	-175 -215	-190 -253	-221 -246	-213 -253	-228 -291	-273 -298	-265 -305	-280 -343	-333 -358	-325 -365	-340 -403		-400 -440	-415 -478
160	180	-195 -235	-210 -273	-245 -270	-237 -277	-252 -315	-303 -328	-295 -335	-310 -373	-373 -398	-365 -405	-380 -443		-450 -490	-465 -528
180	200	-219 -265	-236 -308	-275 -304	-267 -313	-284 -356	-341 -370	-333 -379	-350 -422	-416 -445	-408 -454	-425 -497		-503 -549	-520 -592
200	225	-241 -287	-258 -330	-301 -330	-293 -339	-310 -382	-376 -405	-368 -414	-385 -457	-461 -490	-453 -499	-470 -542		-558 -604	-575 -647
225	250	-267 -313	-284 -356	-331 -360	-323 -369	-340 -412	-416 -445	-408 -454	-425 -497	-511 -540	-503 -549	-520 -592		-623 -669	-640 -712
250	280	-295 -347	-315 -396	-376 -408	-365 -417	-385 -466	-466 -498	-455 -507	-475 -556	-571 -603	-560 -612	-580 -661		-690 -742	-710 -791
280	315	-330 -382	-350 -431	-416 -448	-405 -457	-425 -506	-516 -548	-505 -557	-525 -606	-641 -673	-630 -682	-650 -731		-770 -822	-790 -871
315	355	-369 -426	-390 -479	-464 -500	-454 -511	-475 -564	-579 -615	-560 -626	-590 -679	-719 -755	-709 -766	-730 -819		-879 -936	-900 -989
355	400	-414 -471	-435 -524	-519 -555	-509 -566	-530 -619	-649 -685	-639 -696	-660 -749	-809 -845	-799 -856	-820 -909		-979 -1036	-1000 -1089
400	450	-467 -530	-490 -587	-582 -622	-572 -635	-595 -692	-727 -767	-717 -780	-740 -837	-907 -947	-897 -969	-920 -1017		-1077 -1140	-1100 -1197
450	500	-517 -580	-540 -637	-647 -687	-637 -700	-660 -757	-807 -847	-797 -860	-820 -917	-987 -1027	-977 -1040	-1000 -1097		-1227 -1290	-1250 -1347

注：1. 公称尺寸小于 1mm 时，各级的 A 和 B 均不采用。
2. 公称尺寸小于 1mm 时，大于 IT8 的 N 不采用。

参 考 文 献

[1] 人力资源和社会保障部教材办公室．极限配合与技术测量［M］．北京：中国劳动社会保障出版社，2011.

[2] 吴清．公差配合与检测［M］．北京：清华大学出版社，2013.

[3] 马德成．机械零件测量技术基础及实例［M］．北京：化学工业出版社，2013.

[4] 孙开元，于战果．公差与配合［M］．北京：化学工业出版社，2012.

[5] 王宇平．互换性与精度检测［M］．北京：化学工业出版社，2012.

[6] 缪朝东．机械测量与测绘技术［M］．北京：北京理工大学出版社，2013.

[7] 何兆凤．公差与配合［M］．2 版．北京：机械工业出版社，2013.